Zu diesem Buch

Vom Sophisten Zenon über Galileo Galilei bis hin zu Albert Einstein spannt sich der Bogen derjenigen, denen die modernen Naturwissenschaften ihre Fundamente verdanken. Henning Genz, Physiker und erfahrener Sachbuchautor, stellt grundlegende und historisch bedeutsame Gedankenexperimente der Physik anschaulich dar. In drei Essays zu den erkenntnistheoretischen Grundlagen von Gedankenexperimenten geht er der Frage nach, woher das Denken seine erstaunliche Macht bezieht und wie weit diese reicht. Naturwissenschaftlich Interessierte werden dieses faszinierende Sachbuch mit Gewinn lesen, Fachleuten wird es neue Einsichten bringen und vertraute Zusammenhänge in neuem Licht erscheinen lassen.

Der Autor

Henning Genz, geboren 1938 in Braunschweig, lehrt nach Stationen in Hamburg und Berkeley seit 1978 als Professor am Institut für Theoretische Teilchenphysik der Universität Karlsruhe. Bei «science» bereits erschienen: «Wie die Zeit in die Welt kam» (60731), «Die Entdeckung des Nichts» (60729), «Wie die Naturgesetze Wirklichkeit schaffen» (61630) und «Was Professor Kuckuck noch nicht wußte» (zusammen mit Ernst Peter Fischer, 61580).

Henning Genz

Gedankenexperimente

Rowohlt Taschenbuch Verlag

rororo science
Lektorat Ludwig Moos

Überarbeitete Neuausgabe
Veröffentlicht im Rowohlt Taschenbuch Verlag
Reinbek bei Hamburg, Januar 2005
Copyright © 1999 by Wiley-VCH Verlag GmbH, Weinheim
Redaktion Astrid Grabow
Fachliche Beratung der Reihe Eva Ruhnau
Humanwissenschaftliches Zentrum,
Ludwig-Maximilians-Universität, München
Umschlaggestaltung: any.way, Barbara Hanke
(Fotos: Historical Picture Archive/Corbis, Royalty-Free/Corbis)
Satz aus der AdobeGaramond PostScript, QuarkXPress 4.1 bei KCS GmbH,
Buchholz/Hamburg
Druck und Bindung Clausen & Bosse, Leck
Printed in Germany
ISBN 3 499 61970 9

Inhalt

Daß wir hier nämlich nicht Versuche machen, sondern das Einleuchten anerkennen, legt schon die Verwendung fest. Denn wir sind nicht so naiv, das Einleuchten statt des Versuchs gelten zu lassen.

Nicht, daß er uns als wahr einleuchtet, sondern, daß wir das Einleuchten gelten lassen, macht ihn zum mathematischen Satz.

Ludwig Wittgenstein in *Bemerkungen über die Grundlagen der Mathematik* zu dem Satz des Euklid über die parallelen Geraden ([206], S. 225).

Das ewig Unbegreifliche an der Welt ist ihre Begreiflichkeit.

Albert Einstein in *Physik und Realität* ([55], S. 315).

Eine gewisse instinktive Kenntnis der Beharrung einer eingeleiteten Bewegung wird wohl keinem normalen Menschen fehlen.

Ernst Mach in *Die Mechanik* ([123], S. 118).

Kein Wissenschaftler denkt in Formeln.

Albert Einstein zu Leopold Infeld ([46], S. 80).

Vorwort

Dieses Buch ist, in der Sprache der Filmwirtschaft, ein Remake meines 1999 im Verlag Wiley-VCH erschienenen Buches mit demselben Titel. Es ist mehr als eine «gründlich überarbeitete» Neuauflage, zugleich aber auch weniger als ein neues, unabhängiges Buch. Buch und Remake handeln von demselben, nämlich von naturwissenschaftlichen, logischen und mathematischen Gedankenexperimenten. Geändert hat sich von Buch zu Remake erstens der Bereich der Adressaten. Zweitens haben sich mir während der Übergangszeit Themen und Darstellungsmöglichkeiten des Generalthemas «Gedankenexperimente» aufgedrängt, die mich die Möglichkeiten eines Remakes dankbar begrüßen ließen. So konnte ich in der Neufassung dem Thema Symmetrie Abschnitte widmen, die dieses, anders als zuvor, gebührend herausstellen. Die Änderung des Bereichs der Adressaten – von den Kunden der Universitäts- auch zu denen der Bahnhofsbuchhandlungen – hat die durch Mathematik dominierten Passagen, Informationskästen und Anhänge als überflüssig, ja unerwünscht erscheinen lassen. Denn nahezu jeder, der in einer Bahnhofsbuchhandlung beim Blättern auf die – sagen wir – von anderen Formeln umgebene Plancksche Strahlungsformel stößt, wird das Buch ohne weiteres Blättern beiseitelegen. Dies unabhängig davon, ob der von Formeln freie «eigentliche» Text ohne sie verstanden werden kann. Kunden von Universitätsbuchhandlungen hingegen akzeptieren Passagen mit komplizierten Formeln als Vertiefungen auch dann, wenn sie des Sinnes derselben nicht teilhaftig werden können. Dementsprechend fehlen in diesem Buch die mathematischen

Passagen seiner Vorlage, auf die aber an ihren Orten verwiesen wird. Beibehalten wurden wenige Formeln im Text, die keine über die elementare Schulmathematik hinausgehenden Anforderungen stellen und zudem ohne Schaden überlesen werden können. Außerdem beibehalten wurden zwei Ungleichungen für Eingeweihte, die der Uneingeweihte ebenfalls schadlos überlesen kann.

Zwei verschiedene Bücher also mit demselben Titel und von demselben Autor. Oberflächlich Urteilende werden dieses nicht von dem ärgerlich häufigen Auftreten eines Buches als Taschenbuch unter einem anderen Titel als dem der gebundenen Ausgabe unterscheiden. Umgekehrt wird mancher dieses Buch fälschlich für die Taschenbuchausgabe eines Buches halten, das er schon kennt. Aber trotz der Gleichheit seines Titels mit dem seines Vorgängers bei Wiley-VCH ist dies doch ein eigenständiges Buch über naturwissenschaftliche, logische und mathematische Gedankenexperimente mit einem wesentlich erweiterten Kreis von Adressaten.

Karlsruhe, im November 2004
Henning Genz

Kapitel 1:
Was sind und zu welchem Zweck unternimmt man Gedankenexperimente?

Gedankenexperimente ziehen aus Prämissen, die sie dadurch zur Disposition stellen, Schlüsse, die zumindest im Prinzip überprüft werden können. Weit ist das Feld der verschieden motivierten Prämissen, die als Annahmen von Gedankenexperimenten auftreten können – seien sie nun Gleichungen der Theoretischen Physik, Prinzipien des gesunden Menschenverstandes, an die zu glauben wir unbedingt geneigt sind, oder schlichtweg Vorurteile, die in günstigen Fällen eben durch das Gedankenexperiment widerlegt werden. Für das letzte bereits hier ein Beispiel: Der altgriechische Philosoph und Sophist Zenon von Elea (etwa 490–430 vor Christus) folgerte aus seinen philosophischen Vorstellungen, daß Achilles, der Held der Trojanischen Kriege, bei einem Hundertmeterlauf eine Schildkröte, der er einen Meter Vorsprung gewährte, nicht würde überholen können. Denn bei einem Meter Vorsprung müßte Achilles erst diesen Meter durchlaufen, wonach die Schildkröte noch zehn Zentimeter Vorsprung hätte, und so weiter – erst nach unendlich vielen, wenn auch kleiner werdenden Schritten könnte Achilles die Schildkröte überholen; laut Zenon also nie. Das aber ist nicht so, und damit treffen die Vorstellungen, aus denen Zenons Resultat im Lauf der Geschichte abgeleitet wurde, zusammengenommen nicht zu. Zenon wollte durch sein Gedankenexperiment die Möglichkeit von Bewegung widerlegen – was offensichtlich Unsinn ist, denn Achilles überholt die Schildkröte, und Bewegung gibt es. Weshalb aber und inwiefern die Annahmen Zenons fehlerhaft sind, verstehen wir dadurch noch nicht.

Gedankenexperimente werden oft so dargestellt, als könnten sie experimentell überprüfbare Schlüsse ziehen, ohne dafür Annahmen machen zu müssen – als seien ihre (im übrigen oft verschwiegenen) Voraussetzungen, und damit auch ihre Schlußfolgerungen, notwendig wahr. Es wird so getan, als ob es in der Sprache des großen deutschen Philosophen des 18. und 19. Jahrhunderts Immanuel Kant (1724–1804) «synthetische Urteile a priori» gebe und es sich bei den Gedankenexperimenten um solche handele. Welch ein Irrtum! Der österreichische Philosoph und Physiker Ernst Mach (1838–1916) hat wohl als erster darauf bestanden, daß auch anscheinend selbstverständliche Gedankenschlüsse wie der Beweis des Hebelgesetzes durch den griechischen Naturforscher und Mathematiker Archimedes (etwa 287–212 vor Christus) die Grundannahmen der gesamten Mechanik (oder Einsicht in sie) zu ihrer Herleitung benötigten: Anscheinend zwingende Beweise von Naturgesetzen durch Gedankenargumente beruhen laut Mach offenbar auf viel mehr Voraussetzungen, als sie offenlegen.

Ist dies anerkannt, tritt – neben der Überprüfung von Ideen, die Gedankenexperimente zumindest im Prinzip ermöglichen – ihre zweite wichtige Funktion in den Vordergrund: die Illustration der tatsächlichen Bedeutung dieser Ideen. Durch ihre Anwendung auf konkrete, wenn auch nicht notwendig praktisch realisierbare Situationen machen Gedankenexperimente deutlich, was eine Idee wie die *Symmetrie von Naturgesetzen,* das *Superpositionsprinzip,* die *Verschränkung der Quantenmechanik* oder auch Zenons philosophische Vorurteile in der Realität bedeuten oder bedeuten würden.

Zu jedem Gedankenexperiment gehört also ein Gedankenapparat, durch den Gedankenresultate zumindest im Prinzip in beobachtbare Größen übersetzt werden können. Achilles und die Schildkröte bilden bei dem Gedankenexperiment Zenons einen solchen Gedankenapparat, der Zenons Idee von der Notwendigkeit der Realisierung unendlich vieler Gedankenschritte bei jeder Bewegung sowohl illustriert als auch ad absurdum führt. Nun ist es ein verbreiteter Fehler, experimentelle Bestätigungen als Beweise für gemachte Prämissen zu interpretieren. Dieser Fehler ist komplementär zu dem bereits erwähnten, Prämissen – und mit ihnen ihre Konsequenzen – für selbstverständlich wahr zu halten. Was aber, wenn ein Gedankenexperiment innere Widersprüche seiner Prämissen offenbart oder es der Überprüfung durch seinen in der Realität nachmals erbauten Gedankenapparat nicht standhält? Wenn seine Gedankenschlüsse im Widerspruch zu gesicherten Ergebnissen der Physik stehen? Wenn Achilles die Schildkröte tatsächlich überholt, obwohl er das nicht können soll? Dann, abhängig von der Plausibilität seiner Prämissen, hat das Gedankenexperiment den höchsten Rang errungen, der Gedankenexperimenten zugänglich ist. Und zwar hat es unwiderruflich bewiesen: So, wie die Prämissen unterstellen, kann es tatsächlich nicht sein. Im Gegensatz zu Bestätigungen, die in einem Monat oder in einem Jahr auch anders ausfallen können, wurde hierdurch ein endgültiges Resultat über das Wirken der Natur gewonnen.

Daß zwar Widerlegungen, nicht aber Bestätigungen von Annahmen über die Natur eine endgültige Aussage über sie implizieren, hat zuerst der aus Wien stammende englische Philosoph und Wissenschaftstheoretiker Sir Karl Raimund Popper (1902–1994) mit dem nötigen Nachdruck vertreten. Widerlegungen zeigen, daß zumindest eine der Voraussetzungen, die in den Beweis der widerlegten Folgerung eingehen, nicht aufrechterhalten werden kann. Dies können bei experimentellen Widerlegungen zum Beispiel auch harmlos daherkommende Annahmen über das Funktionieren von Apparaten sein. Bestätigungen einer Folgerung aus Annahmen über die Natur lassen hingegen immer die Möglichkeit einer späteren Widerlegung der Annahmen zu. Reine Existenzsätze für Objekte in unendlichen Mengen, die zwar nicht widerlegbar, wohl aber beweisbar sind (Typ: Es gibt mindestens einen Magnetischen Monopol), stehen bei ihrer Überprüfung stets im Zusammenhang mit Annahmen, die keine Existenzsätze sind und deshalb zwar widerlegt, aber nicht bewiesen werden können. Naturgesetze, die den Namen verdienen, sollen insbesondere «überall» und «immer» gelten – was zwar ihre Widerlegung möglich, ihren Beweis aber unmöglich macht: Hinter den Bergen kann irgendwann einmal nicht gelten, was hier und jetzt gilt.

Nun ist es in Fragen der Quantenmechanik gelungen, aus Prämissen, die wir für selbstverständlich gültig zu erachten geneigt sind, im Gedankenexperiment Folgerungen zu ziehen, die manifest falsch sind, so daß von den beweisenden Prämissen zumindest eine nicht zutrifft. Hin und her gewendet, bilden die Prämissen, aus denen die Widersprüche zum Experiment folgen, unterschiedliche Gesamtheiten, in deren Kontext jeweils zumindest eine Prämisse nicht zutreffen kann.

Philologisch besonders verwirrend ist in diesem Zusammenhang, daß den Gedankenexperimenten des gesunden Menschenverstandes solche der Theoretischen Physik, nämlich der eigentlichen Quantenmechanik, gegenüberstehen, die mit Hilfe derselben Gedankenapparate, die inzwischen auf Grund technischer Fortschritte als reale Apparate hergestellt werden konnten, zu diametral entgegengesetzten Schlüssen gekommen sind. Wir haben es also mit zwei Gedankenexperimenten zu tun, die sich desselben Gedankenapparats, aber verschiedener Prämissen bedienen, von denen die «selbstverständlichen» des gesunden Menschenverstandes unterliegen, die der Quantenmechanik aber triumphieren.

Abgrenzungsprobleme

Eine qualitative Unterscheidung von Gedankenexperimenten, die auf der Theoretischen Physik beruhen, und solchen, die ihre Prämissen aus anderen Quellen wie Prinzipien des gesunden Menschenverstands oder Vorurteilen beziehen, ist unmöglich. Quantitativ sollten wir jedoch zwischen der Gedanken- und der Theoriekomponente eines Gedankenexperimentes unterscheiden können. Als Beispiel zunächst eine Anwendung der Theoretischen Physik, die keine Gedankenkomponente besitzt: Eine «g minus 2 des Elektrons» genannte Größe kann aufgrund von anerkannten Gesetzen ungemein genau (auf 12 signifikante Stellen genau) in Übereinstimmung mit dem Experiment berechnet werden (ein Bravo auch dem Experiment). Solche Anwendungen der Theoretischen Physik, die *nichts weiter* als numerische Resultate liefern, werden von uns zu keinem noch so kleinen Teil den Gedankenexperimenten zugerechnet. Sehr wohl den Gedankenexperimenten zugeordnet werden hingegen die Anwendungen des Lehrsatzes, daß es keinen Apparat geben kann, der auf Dauer mehr Energie abgibt, als er aufnimmt – die Unmöglichkeit also eines *Perpetuum mobile erster Art*. Bei solchen Anwendungen überwiegt die Gedankenkomponente, indem sie die Bedeutung des Lehrsatzes in konkreten Situationen vor Augen führt. Gedankenanwendungen des Lehrsatzes von der Unmöglichkeit eines Perpetuum mobile zeigen nämlich, daß zur Energiegewinnung vorgeschlagene Apparate nicht wie geplant funktionieren können, also für immer Gedankenapparate bleiben müssen. Dadurch aber, daß zur Illustration von Ideen ersonnene Gedankenapparate tatsächlich hergestellt werden, scheidet die zugehörige Anwendung nicht aus dem Bereich der Gedankenexperimente aus. Man denke nur an Galileo Galileis (1564–1642) Illustration seiner Ideen zur Bewegung durch den freien Fall im luftleeren Raum, den experimentell zu realisieren erst zur Zeit Isaac Newtons (1642–1727) gelungen ist.

Werden in einem Gedankenexperiment alle Prämissen genannt oder sind sie von ihm ablesbar, ist dieses logisch leicht zu analysieren. Selbstverständlich kann sich erweisen, daß die Prämissen einen logischen Widerspruch implizieren, so daß sie nicht zusammen gelten können. Ist das aber nicht so, hat das Gedankenexperiment eine vom Ursprung seiner Prämissen unabhängige Eigenexistenz erworben und kann zur Verdeutlichung ihrer Bedeutung durch Gedankenapparate unabhängig von deren technologischer Realisierbarkeit dienen. Wird ein Gedankenapparat aber realisiert, stellt sich die Frage neu, ob das nun mögliche Realexperiment sich im Einklang mit den es betreffenden Gedankenfolgerungen befindet. Ideale Gedankenexperimente ziehen aus Prinzipien, die wir für unbedingt gültig erachten, Folgerungen, die experimentell überprüft werden können – und die sich ebendadurch als falsch erweisen, so daß wir unser Weltbild ändern müssen.

So steht es um die Prämissen des gesunden Menschenverstandes, angewendet auf die Grundlagen der Quantenmechanik. Daß beide nicht zusammen gültig sein können, war den Vätern der Quantenmechanik Max Planck (1858–1947), Albert Einstein (1879–1955), Niels Bohr (1885–1962), Louis-Victor de Broglie (1892–1987), Werner Heisenberg (1901–1976), Erwin Schrödinger (1887–1961) und anderen – auch sie keine Mütter – von vornherein zumindest gefühlsmäßig klar. Man denke nur an Schrödingers Katze im Gedankenexperiment (S. 275ff.). Unabweisbar wurde der Konflikt durch ein 1964 von dem irischen Physiker John Bell (1928–1990) vorgeschlagenes Gedankenexperiment, das die Unvereinbarkeit beider Prämissen klar erwies. Damit war offensichtlich, daß nicht alle Prinzipien des gesunden Menschenverstandes zusammen gültig sein können. Denn die Quantenmechanik ist seit ihren frühesten experimentellen Erprobungen zu der am besten bestätigten physikalischen Theorie geworden. So war bereits 1964 undenkbar, daß sie gerade im Gedankenexperiment von Bell versagen sollte. Seither wurde dieses Gedankenexperiment im Labor mit wachsender Genauigkeit als Realexperiment durchgeführt; mit triumphalen, wenn auch zu erwartenden Erfolgen der Quantenmechanik. Weitere Gedanken- und zugehörige Realexperimente, die die Unvereinbarkeit der Prinzipien des gesunden Menschenverstandes mit der Quantenmechanik erweisen, sind hinzugekommen und machen zunehmend klar, daß wir nicht umhinkommen, unser Weltbild zu ändern. Darüber aber, was an seine Stelle treten soll – nicht unser Thema! –, besteht keine Einigkeit.[1]

Bell hat in seinem Gedankenexperiment aus Prinzipien, die wir für unbedingt gültig zu halten geneigt sind, experimentell überprüfbare Folgerungen gezogen, welche sich als falsch erwiesen. Diesen allerhöchsten Rang von Gedankenexperimenten hat bisher nur das eine von John Bell errungen. Ihm, seinen Voraussetzungen und Konsequenzen ist ein Kapitel des Buches gewidmet. Kurz zusammengefaßt ist es so: Wenn wir nicht den Glauben an einen freien Willen aufgeben wollen (und/oder noch verrücktere Alternativen akzeptieren), müssen wir zugeben, daß es Wirkungen gibt, die sich instantan ausbreiten, *durch die aber keine Information übertragen werden kann.* Als Albert Einstein sagte[2], der Herrgott sei raffiniert, aber nicht boshaft, ahnte er wohl nicht, daß sich der Herrgott als *so* raffiniert erweisen würde.

Die Anwendungen der Grundlagen der Quantenmechanik, die zu deren Unvereinbarkeit mit den Prinzipien des gesunden Menschenverstandes führen, verwenden nur einen winzigen Bruchteil der Algorithmenfülle der Theorie; so wenig tatsächlich, daß rein verbale Ableitungen möglich scheinen. Je größer der Gedankenanteil einer Ableitung der Theoretischen Physik ist, desto näher kommt sie einem physikalischen Gedankenexperiment. Nun erfordern zwar die Anwendungen der Theorie in aller Regel umfangreiche Rechnungen, aber gelegentlich, und abhängig von der Einsicht des Anwenders, können Situationen so gewählt werden, daß ein zumindest nahezu mathematikfreies Gedankenexperiment an die Stelle einer Ableitung durch einen Algorithmus treten kann.

Als erstes Beispiel für eine solche Herleitung durch Einsicht sollen die Richtungen im Raum des elektrischen Feldes einer homogen elektrisch geladenen Kugel bestimmt werden. Es gibt ein Computerprogramm, welches das Feld beliebiger Ladungsverteilungen berechnet, und das führt selbstverständlich auch bei einer homogen geladenen Kugel zum Ziel: In das Programm wird die Kugelgestalt eingetragen, der Computer wirft als erstes Ergebnis die Abb. 1 aus. Sie zeigt die Ladungskugel und das dazugehörige elektrische

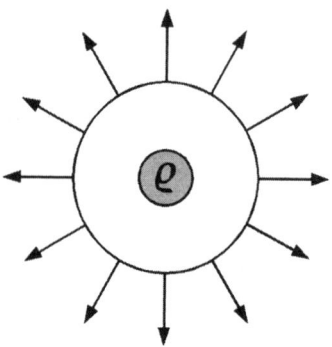

Abb. 1   Das elektrische Feld einer kugelsymmetrischen Ladungsverteilung *r* auf einer Kugelschale mit dem Mittelpunkt von *r* als Mittelpunkt.

Feld auf einer Kugelschale um ihren Mittelpunkt. Deutlich wird hier das vom Computer in vielen Einzelschritten errechnete Ergebnis, daß das elektrische Feld der Ladungsverteilung dieselben Symmetrien besitzt wie sie selbst. Und diese Symmetrien bestimmen bereits unmittelbar die Richtungen des Feldes der Abb. 1.

Wird nämlich ein Physiker vor die Aufgabe gestellt, das Feld einer homogen geladenen Kugel zu bestimmen, beginnt er nicht mit einem Algorithmus, der immer zum Ziel führt, sondern mit einem Gedankenexperiment, das die sich aus der Kugelsymmetrie der Problemstellung ergebenden Vereinfachungen von vornherein einbezieht. Weil die Ladungskugel, so seine Einsicht, durch Drehungen um ihren Mittelpunkt nicht geändert wird, sollte dasselbe für das elektrische Feld gelten, das sie erzeugt.

Insgeheim macht der Physiker bei diesem Schluß eine Voraussetzung an den Status der Begriffe «Ladungsverteilung» und «elektrisches Feld» innerhalb der Theorie, in der sie auftreten, vermöge derer er seine Behauptung «Drehsymmetrie der Ladungsverteilung impliziert Drehsymmetrie des elektrischen Feldes» aufstellt: Er nimmt an, daß die Ladungsverteilung aus ihrem Feld so rekonstruiert werden kann, daß ein asymmetrisches Feld eine asymmetrische Ladungsverteilung ergibt. Das stimmt für (notabene: statische und im Unendlichen verschwindende) elektrische Felder, die, wie die Ladungsverteilungen, beobachtet und vermessen werden können – nicht aber für theoretische Konstruktionen wie Potentiale, die innerhalb der Theorie jede erdenkliche Daseinsberechtigung besitzen, trotzdem aber nicht vermessen werden können.

Mir scheint das Beispiel der Abb. 1 zu zeigen, daß *von logischer Vernunft gesteuerte menschliche Einsicht und menschliche Vorstellungskraft* zu den Markenzeichen von Gedankenexperimenten gehören. Dabei ist mir klar, daß diese Kennzeichnung nicht sonderlich scharf ist und darüber hinaus mit Vorsicht anzuwenden ist. Von Einsicht kann sicher immer dann gesprochen werden, wenn als Gegenstand dieser Einsicht ein Formalismus vorgegeben wurde. Es handelt sich dann um Einsicht *bezogen auf diesen Formalismus.*

Einsichten *über* Algorithmen

Hierfür ein Beispiel. Vorgegeben sei ein Algorithmus, der die Addition ganzer positiver Zahlen und nichts weiter erlaubt; der Leser möge etwa an eine Ladenkasse denken. Die Aufgabe sei, die Summe aller Zahlen von 1 bis 100 zu berechnen. Ein Computer oder ein Mensch, der den Algorithmus anwenden kann, der aber keine Einsichten *über* diesen Algorithmus besitzt, wird die fragli-

che Summe so ermitteln wie die einer beliebigen anderen Zahlenfolge – durch sture Addition. Der Leser kennt wahrscheinlich die
Anekdote, in der diese Aufgabe auftritt: Der große deutsche Mathematiker Carl Friedrich Gauß (1777–1855) konnte als Schüler
dem Lehrer, der ihn und seine Klassenkameraden mit dieser Rechenaufgabe eine Weile beschäftigen wollte, sozusagen sofort die
richtige Antwort 5050 nennen. Gefunden hatte er sie durch Einsicht in den Formalismus der Addition. Dieser erlaubt es, so die
Einsicht des jungen Gauß und unsere Einsicht, die einhundert
Summanden von 1 bis 100 so umzuordnen und zusammenzufassen, daß aus ihnen fünfzig gleiche Summanden 101 entstehen und
folglich die Summe als $50 \cdot 101 = 5050$ geschrieben werden kann.
Gauß faßte nämlich zuerst die Summanden 1 und 100, dann 2
und 99 bis hin zu 50 und 51 zu jeweils 101 zusammen – mit dem
bereits genannten Resultat. Hier noch einmal die Grundlage und
das Resultat dieser Einsicht für die Summe der Zahlen 1 bis 10:

$$1 + 2 + 3 + 4 + 5 + 6 + 7 + 8 + 9 + 10$$
$$= (1+10) + (2+9) + (3+8) + (4+7) + (5+6)$$
$$= 5 \cdot 11 = 55$$

Mir geht es hier nicht um die möglicherweise kontroverse Frage,
ob dieses *Argument* von Gauß für die Summe 5050 ein physikalisches Gedankenexperiment bildet. Weil das Zählen und die kürzeren Gedankenwege, die es überflüssig machen, elementare physikalische Begriffsbildungen zusammenfassen können, ordne ich das
Argument von Gauß probeweise so ein. Denn ganze Zahlen können für Abmessungen stehen oder für Anzahlen von – sagen wir –
positiven elektrischen Ladungen oder Quadraten (S. 40). Additionsalgorithmen machen, so gesehen, die physikalische Vereinigung von Mengen und das Nachzählen überflüssig. Darum geht es
mir momentan aber nicht, sondern um den Unterschied zwischen
einer Sprache – hier: der reine Additionsalgorithmus – und ihrer

Metasprache; das wäre hier eine Sprache, welche den Additionsalgorithmus umfaßt und so erweitert, daß in ihr die Einsicht von Gauß nicht nur formuliert werden kann, sondern sogar ein Theorem bildet. Daß in unserem Fall Sprache und Metasprache unterschieden werden müssen, zeigt schon die Tatsache, daß zwar der Additionsalgorithmus keine Produktbildung kennt, wohl aber die Gaußsche Einsicht in ihn. Darüber hinaus kann die Einsicht, daß eine Summe von der Reihenfolge der Summanden unabhängig ist, von dem Additionsalgorithmus zwar abgelesen, nicht aber in ihm formuliert werden. Beide Einsichten vorausgesetzt, erfordert Gauß' Umordnen der Summanden zu einem schnell zu berechnenden Ausdruck immer noch eine für kraftvolle Gedankenexperimente typische Vorstellungskraft.

Das Wirken der Natur im Gedankenexperiment

Die vornehmste Aufgabe von Gedankenexperimenten ist, aus Prinzipien gedankliche Folgerungen zu ziehen, die experimentell überprüft werden können. Schön, wenn die Folgerungen sich experimentell bewahrheiten. «Der Philosoph», so Mephisto zu dem verblüfften Schüler in Goethes *Faust,* «der tritt herein, und beweist euch, es müßt' so sein.» Worauf der Philosoph seine Gewißheit gründet, sind Erwartungen an die Natur – Prinzipien –, die er für selbstverständlich gültig hält. Konsequent verfolgt, macht eine solche Denkweise jede experimentelle Überprüfung eines denkerischen Resultats überflüssig.

Dem stimmen wir nicht zu. Denn widersprüchlich, wie unsere Erwartungen nun einmal sind, kann ohne Experimente nicht über die Gültigkeit von auf ihnen beruhenden Prinzipien und deren Konsequenzen entschieden werden. Mehr noch: Einander nach

Auskunft der Anschauung und des Alltagsverstandes widersprechende Prinzipien können zusammengenommen auf Theorien führen, die experimentellen Überprüfungen standhalten – sowenig wir das auch verstehen. Denn ursprünglich hatten wir gehofft, von nach allem Anschein widersprüchlichen Prinzipien in einem *experimentum crucis* dem einen oder dem anderen zum Sieg verhelfen zu können. Zumindest aber hätten Experimente die eindrückliche Inkompatibilität der Prinzipien erweisen sollen. Doch so einfach ist das nicht.

Ein wichtiges Beispiel hierfür ist Einsteins Spezielle Relativitätstheorie. Sie beruht, wie noch (S. 130 ff., insbesondere Abb. 26) beschrieben werden soll, auf zwei Prinzipien, deren jedes für sich allein und in «seinem» Modell ungemein plausibel ist, für die zusammen aber kein anschauliches Modell angegeben werden kann. «Die Geschwindigkeit des Lichtes, die ein Beobachter mißt, ist von der Geschwindigkeit der Licht*quelle* unabhängig» ist das eine Prinzip, das seine Gültigkeit aus der Vorstellung bezieht, daß das Licht sich in einem Medium – sein Name sei Äther – so ausbreitet, wie dies Schallwellen in der Luft und Wasserwellen im Wasser tun: Stets ist es die Geschwindigkeit der Welle gegenüber dem Medium, nicht gegenüber der Quelle, die der Beobachter mißt. Wobei natürlich die Ergebnisse seiner Messungen der Geschwindigkeit des Lichts davon abhängen müßten, mit welcher Geschwindigkeit er sich selbst relativ zum Medium – und damit relativ zur Quelle – bewegt. Das ist aber nicht so: Die Lichtgeschwindigkeit c ist eine universelle Konstante, und das folgt aus Einsteins zweitem Postulat, das mit dem ersten in losem Widerspruch steht: Durch kein Experiment in einem geschlossenen Raum soll feststellbar sein, wie schnell – wenn nur geradlinig-gleichförmig – sich dieser Raum bewegt. Gäbe es einen Äther, der, wie es seine Natur wäre, überall hineinwirkte, müßte seine Anwesenheit durch die Geschwindigkeit des Beobachters ihm gegenüber nachweisbar sein. Oder – und wenn so, warum – nur die Beschleunigung ihm gegenüber? Das mag hier noch dahingestellt bleiben.

Ungemein erfolgreich sind jedenfalls zusammengenommen Einsteins zwei Prinzipien, von denen das eine besagt, daß die Lichtgeschwindigkeit von der Geschwindigkeit der Lichtquelle unabhängig ist, und das andere, daß durch kein Experiment in einem geschlossenen Raum, auch wenn ausgestattet mit den raffiniertesten Apparaten, die Geschwindigkeit des Raumes, wenn nur konstant, gegenüber einem anderen solchen Raum bestimmt werden kann: Durch keinen Vergleich der experimentellen Ergebnisse in den beiden Räumen soll herausgefunden werden können, mit welcher nach Betrag und Richtung konstanten Geschwindigkeit, und ob überhaupt, sie sich relativ zueinander bewegen.

Die beiden Prinzipien Einsteins, für die zusammen kein anschauliches Bild angegeben werden kann, schrammen offenbar nahe an einem Widerspruch vorbei und sind ebendeshalb ungemein folgenreich. Denn die Logik weiß, daß aus einem Widerspruch alles folgt, was überhaupt syntaktisch einwandfrei formuliert werden kann. Tatsächlich implizieren die beiden Prinzipien zusammengenommen die ganze, experimentell überaus erfolgreiche Spezielle Relativitätstheorie.

Wenn im Gedankenexperiment aus Prinzipien experimentell überprüfbare Konsequenzen folgen und sich kein Widerspruch einstellt, ist das, wie gesagt, schön. Schöner aber ist es, wie ebenfalls schon gesagt, wenn Konsequenzen von Prinzipien *widerlegt* werden. Denn dann haben unsere Überlegungen zur Natur einen unabweisbaren Fortschritt errungen: So, wie es die Prinzipien wollen, ist die Natur *sicher nicht* beschaffen, so daß sie selbst *zusammengenommen* nicht gelten können. Von dieser Art sind die Antworten der Natur auf Prinzipien, die wir für unabdingbar gültig erachten, in Experimenten zur Quantenmechanik.

Gedankenexperimente seit der Antike

Gedankenexperimente zieren die Entwicklung der Physik, zumindest seitdem Zenon von Elea seine allerdings falsche Einsicht über unendliche Summen auf den Wettlauf – den dadurch berühmten von Achilles und der Schildkröte – angewendet hat. Bald danach, nämlich um 400 vor Christus, versuchte Archytas von Tarent die Unendlichkeit der Welt durch die Erfindung eines Speerwerfers an deren Rand, über den er hinauswerfen könnte, wenn es den Rand denn gäbe, in einem Gedankenexperiment (S. 205) zu beweisen. Einen fast zweitausend Jahre währenden Einfluß auf das abendländische Denken sollten dann Gedankenexperimente gewinnen, die der griechische Philosoph Aristoteles (384–322 vor Christus) zur Unterstützung seines naturphilosophischen Systems ersann. Genauer hat das System des Aristoteles das abendländische Denken bis hin zu Galileo Galilei beherrscht. So groß war noch zu Zeiten Galileis der Einfluß dieses Systems, daß auch Galilei seine ganz anderen Einsichten über das Wirken der Natur am besten dadurch dachte durchsetzen zu können, daß er die Gedankenexperimente des Aristoteles nachvollzog, ad absurdum führte und durch eigene ersetzte.

Die Gedankenexperimente des Aristoteles fallen in dessen eigener Formulierung äußerst kurz und knapp aus. So knapp, daß in der Literatur immer wieder Galileis ausführliche Darstellungen an die Stelle der Originale treten. Nehmen wir zum Beispiel das durch Galilei berühmte «Turmexperiment» des Aristoteles. Seine Einsicht (die nicht die Einsicht Galileis und schon gar nicht unsere Einsicht ist) verrät Aristoteles, daß die Erde, ohne sich zu drehen, so im Universum ruht, daß ihr Mittelpunkt mit dem Mittelpunkt des Universums selbst zusammenfällt: Wäre es anders, würde das umfassende naturphilosophische System des Aristoteles, das für sich genommen hier nicht interessiert, zusammenbrechen. Zur weiteren Begründung seiner Einsicht führt Aristoteles an, daß ([1], S. 134) «die schweren Körper, die sich auf sie [die Erde] hin bewegen, nicht parallel, sondern in gleichen Winkeln laufen, so daß sie also zu einem einzigen Mittelpunkt streben, nämlich dem der Erde. Es muß also offensichtlich die Erde im Mittelpunkt sein und unbeweglich, aus den angegebenen Ursachen und weil die senkrecht nach oben geschleuderten Gewichte wieder an denselben Punkt zurückfallen, auch wenn die Kraft sie unbegrenzt weit hinaufschleuderte».

Die Tatsachenbehauptungen des Aristoteles über das Verhalten von «schweren Körpern» und «Gewichten» sind innerhalb der Genauigkeitsgrenzen der ihm (und auch noch Galilei) möglichen Beobachtungen korrekt. Tatsächlich fallen Steine in Athen und – sagen wir – Syrakus in «gleichen Winkeln» zur Erde. Damit meint Aristoteles, daß die Fallrichtungen allerorts auf Wasseroberflächen senkrecht stehen. Die Kugelgestalt der Erde, um die Aristoteles wußte, impliziert dann, daß Fallrichtungen überall auf den Mittelpunkt der Erde zielen (und selbstverständlich nicht parallel sind). Genauso steht es innerhalb der dem Aristoteles (und Galilei) möglichen experimentellen Genauigkeit um seine zweite Tatsachenbehauptung über die «hinaufgeschleuderten» Gewichte. Wenn also seine experimentell überprüfbaren Folgerungen zumindest einigermaßen richtig sind – wie können dann die Voraussetzungen, aus denen er sie folgert, abgrundtief falsch sein?

Daß Gewichte, ob losgelassen oder hinaufgeschleudert, letztlich in die Richtung des Mittelpunkts der Erde fallen, zeigt laut Aristoteles zweierlei: erstens, daß dieser Punkt ihr «natürlicher» Ort ist. Werden sie nicht festgehalten, streben sie ihm zu. Das kann auch die Physik seit Galilei gelten lassen – sie muß dazu nur «Streben» in eine Richtung durch «Beschleunigung» in ebendiese Richtung ersetzen. Modern gesagt, hat Aristoteles einen Aspekt der Dynamik von Massenpunkten im Schwerefeld der Erde vorweggenommen.

Aber der Grund, den er für seine richtige Einsicht angibt, entwertet sie wieder: Alle schweren Körper streben laut Aristoteles nicht zum Mittelpunkt der Erde, sondern zum Mittelpunkt des Universums (den es im System des Aristoteles also gibt; das Universum kann nicht unendlich ausgedehnt sein, weil es sonst keinen Mittelpunkt hätte). Und weil die Erde ein schwerer Körper ist, strebte auch sie dorthin, wäre sie dort nicht bereits vor undenklichen Zeiten angekommen. Daß Gewichte zum Mittelpunkt der Erde streben, ist laut Aristoteles also kein Naturgesetz, sondern das Ergebnis einer zeitlichen Entwicklung aufgrund eines Naturgesetzes und der Umstände, unter denen es gewirkt hat und wirkt.

Aristoteles unterscheidet zwischen «unnatürlichen» und «natürlichen» Bewegungen. Unnatürlich sind alle waagerechten Bewegungen, natürlich nur manche senkrechte. Die natürliche Bewegung von «Feuer» ist senkrecht nach oben, die von «Erde» senkrecht nach unten. Erde – das steht für massive Objekte wie Bleikugeln und Steine, um die allein es uns gehen soll. Sie bewegen sich, wie alle Objekte, durch natürliche Bewegungen hin zu ihrem natürlichen Ort – Feuer nach oben, Erde nach unten – und bedürfen keines Antriebs, damit die jeweilige Bewegung bestehen bleibt. Die unnatürlichen hingegen sehr wohl. Ein Karren bedarf des andauernden Zugs, damit er sich weiterbewegt. In der Sprache der heutigen Physik ist laut Aristoteles die Geschwindigkeit zur angewandten Kraft proportional – was sie tatsächlich ist, wenn die Reibung, die den Blick auf den fundamentalen Prozeß verdeckt, berücksichtigt wird. Freigelegt hat diesen Blick Galilei, in dessen Gefolge wir heute wissen, daß fundamental nicht die Geschwindigkeit, sondern vielmehr die Beschleunigung zur angelegten Kraft proportional ist.

Zurück zu Aristoteles. Seine Einsicht in die Natur von Bewegungen besagt, daß nur durch Antrieb von außen ein Körper eine unnatürliche Bewegung beibehalten kann. Hört der Antrieb einer Bewegung parallel zur Erdoberfläche auf, dann endet auch die Bewegung. Wie stellt er nun den Bezug zur bewegten oder ruhenden Erde her? Vorab sei gesagt, daß für Aristoteles «Bewegung» und «Ruhe» absolute Eigenschaften von Körpern sind, ihnen als «kontradiktorische Gegensätze»[3] jeweils eingeschrieben. Bewegt sich also die Erde, dann auch jeder mit ihr verbundene Körper. Wird ein solcher Körper etwa von einem Turm – daher der Name Turmexperiment – fallen gelassen, die Verbindung zur Erde also gelöst, entfällt der Antrieb für seine unnatürliche Bewegung parallel zur Erdoberfläche. Laut Aristoteles hört sie also auf, während die natürliche Bewegung beginnen kann. Folglich fällt der Körper zum Erdmittelpunkt hin senkrecht nach unten, während sich die Erdoberfläche unter ihm weiterbewegt. Er wird also nicht unterhalb des Punktes, an dem er fallen gelassen wurde, wieder auf der Erdoberfläche auftreffen, sondern versetzt. Da das nicht beobachtet wird, bewegt sich die Erde laut Aristoteles nicht.

Gäbe es diesen Effekt, er wäre deutlich: Während des etwa 0,3 Sekunden dauernden Falls eines Körpers aus 50 Zentimeter Höhe bewegt sich jeder Punkt des Äquators wegen der Drehung der Erde um 140 Meter. Trotzdem fallen auch am Äquator losgelassene Gewichte praktisch senkrecht[4] nach unten. Die Einsicht des Aristoteles, daß Gewichte auf einer bewegten Erde sich nicht so verhalten würden, ist der Kern seines Gedankenexperimentes. Unsere ganz andere, von Galilei herstammende Einsicht über die Natur von Bewegungen setzt dem entgegen, daß jede einmal begonnene Bewegung dann und nur dann geradlinig-gleichförmig weitergeht, wenn keine dieses verhindernde Kraft auf den sich bewegenden Körper einwirkt.

Anders als Aristoteles fällt es uns nicht schwer, Bewegungen in mehrere unabhängige Teile zu zerlegen – in die senkrechte, durch die Anziehung der Erde beschleunigte Bewegung eines Gewichts, und in die gleichzeitige waagerechte, durch die Luftreibung gebremste. Wir halten, mit Galilei und im Gegensatz zu Aristoteles, Bewegungen auf gebogenen Kurven für möglich – und haben recht damit. Wie schwer es aber noch Galilei gefallen ist, bei dieser Einsicht anzukommen, zeigt der bewundernde Kommentar, den er einem seiner fiktiven Adepten in den Mund legt (S. 33).

Wie die Einsichten des Aristoteles über die Natur der Bewegung bei zahlreichen inneren Widersprüchen und unabwendbaren Unstimmigkeiten mit Alltagserfahrungen für fast zweitausend Jahre Bestand haben konnten, verstehe ich nicht. Natürlich – das System des Aristoteles ist ein System, und keine Einzelerfahrung kann ein System zerstören, wenn kein alternatives System zur Hand ist, das alle Erfahrungen, sowohl die alten als auch die neuen, einbezieht. Aber was hat sich jemand gedacht, der das System des Aristoteles vertrat, wenn er Reitern zusah, die ihre Speere nach oben schleuderten und nach Metern wieder auffingen? Oder Reitern, die ihre Speere nach vorne warfen und hinter diesen zurückblieben? Oder der selbst im Laufen mit Bällen jonglierte? Den – wie wir sagen – freien Fall eines Objektes parallel zu einem mit der Erde starr verbundenen Turm hat Aristoteles in seinem Turmexperiment so interpretiert, daß die Erde ruht. Dem steht das Gedankenresultat Galileis gegenüber, daß nicht nur bei einem ruhenden, sondern auch bei einem bewegten Ausgangspunkt wie etwa einem fahrenden Schiff der Stein, den der Schiffsjunge vom Schiffsmast fallen läßt, parallel zum Mast herunterfällt. Daß das tatsächlich so ist und das Turmexperiment des Aristoteles demnach nicht beweist, daß die Erde ruht, hat zuerst Pierre Gassendi in der ersten Hälfte des 17. Jahrhunderts durch Realexperimente bestätigt ([102], S. 199).

Bevor all dies verstanden werden konnte, mußte eine anschauliche Einsicht in die Natur der Bewegung durch eine abstrakte ersetzt werden – durch die Einsicht nämlich, daß es ein Vakuum geben kann, in dem sich die «eigentliche» Bewegung vollzieht, deren unvollkommener Darsteller die Bewegung unter dem Einfluß der Luft ist. Daß es kein Vakuum geben könne, ist ein weiteres Ingrediens der Naturphilosophie des Aristoteles, und es ist wohl die Rigidität, mit der sich in seinem System eins zum andern fügt, die für zwei Jahrtausende verhinderte, daß es ernsthaft bestritten wurde: In der logischen Nähe des Systems des Aristoteles gibt es kein anderes System, das in die Flut der Erscheinungen auch nur einen gewissen Sinn gebracht hätte. Das System kennt keinen Parameter, der kontinuierlich verändert werden könnte und dadurch über andere akzeptable Systeme zu dem in der wissenschaftlichen Revolution des 17. Jahrhunderts durchgesetzten hätte führen können. Von Galilei zu Newton aber können wir durch eine derartige kontinuierliche Deformation kommen. Der kontinuierliche Parameter, der ausgehend von Galileis Ansätzen zu Newtons Trägheitsgesetz führt, ist die Erdenschwere: Während Galilei von der Anwesenheit der Erde nicht zu abstrahieren vermochte, hat Newton dies getan.

Eine Einsicht Galileis

Uns geht es nicht um Aristoteles, Galilei oder Newton, sondern um Gedankenexperimente und damit um Einsichten, seien sie nun richtig oder falsch, und um den Gebrauch, der von ihnen gemacht wird. Die als Resultat von Beobachtungen vorgetragene Behauptung des Aristoteles, daß senkrecht nach oben geschleuderte Projektile auf den Ort zurückfallen, von dem aus sie nach oben geschleudert wurden, bestreitet Galilei nicht, sondern zerpflückt sie mit Hilfe seiner Einsicht in die Natur von Bewegungen. Insofern der Einfluß der täglichen Umdrehung der Erde auf Objekte an ihrer Oberfläche mit dem einer genauso schnellen, aber geraden Bewegung gleichgesetzt werden kann, stimmen Galileis Einsichten in die Natur von Bewegungen mit unseren Einsichten und denen Newtons überein. Insbesondere hatte Galilei richtige Vorstellungen von dem Einfluß der Luft auf die Bewegungen leichter oder aktiv fliegender Objekte wie Wolken, Federn und Vögel, verglichen mit deren kaum spürbarem Einfluß auf die (nicht zu schnellen) Bewegungen schwerer Körper wie große Kugeln aus Blei oder Holz. Wir werden nur auf die letzteren eingehen und mit Galilei den Einfluß, den die Luft auf sie hat, ganz und gar vernachlässigen. Daß Galilei, anders als die Physik ab Newton, von der Anwesenheit der Erde sowie jener der anderen Himmelskörper und ihren Bewegungen nicht abzusehen vermochte, hat es ihm unmöglich gemacht, sich von der Unterscheidung des Aristoteles zwischen «natürlichen» und «unnatürlichen» Bewegungen zu lösen. Anders aber als Aristoteles ernennt er von den Bewegungen schwerer Körper nicht nur die nach unten gerichteten zu «natürlichen» Bewegungen, sondern auch diejenigen, die parallel zur Erdoberfläche gerichtet sind – und zwar unabhängig von deren Geschwindigkeit. Ob schneller oder langsamer als die Bewegung der Erde, dauern sie laut Galilei auch dann an, wenn keine Zwangsbedingung sie an die Bewegung der Erde bindet. In *Unterredungen und Mathematische Demonstrationen über zwei neue Wissenszweige, die Mechanik und die Fallgesetze betreffend,* ab S. 217, läßt er sich durch seinen Sprecher Salviati so zitieren:

> Wenn ein Körper ohne allen Widerstand sich horizontal bewegt, so ist [...] bekannt, daß diese Bewegung eine gleichförmige sei und unaufhörlich fortbestehe auf einer unendlichen Ebene: ist letztere hingegen begrenzt und ist der Körper schwer, so wird derselbe, am Ende der Horizontalen angelangt, sich weiter bewegen, und zu seiner gleichförmigen unzerstörbaren Bewegung gesellt sich die durch Schwere er-

zeugte, so daß eine zusammengesetzte Bewegung entsteht, die ich Wurfbewegung (projectio) nenne und die aus der gleichförmigen horizontalen und aus der gleichförmig beschleunigten zusammengesetzt ist.

Was Galilei hier beschreibt, ist seine wohl größte Einsicht, daß ein Körper mehrere Bewegungen gleichzeitig besitzen kann, die für sich allein geradlinig sind, aber mit verschiedenen Geschwindigkeiten oder gar Beschleunigungen in verschiedene Richtungen führen, ohne daß sie sich stören – mit dem Resultat, daß der Körper insgesamt eine *gebogene Bahn* durchläuft. Gäbe es, so sagen wir mit Newton, die Erde nicht, würde sich jeder Körper mit konstanter Geschwindigkeit auf einer geraden Linie in jede beliebige Richtung bewegen können. Zu einer derartigen Abstraktion ist Galilei nicht fähig. Vermutlich nahm er an (siehe zum Beispiel [7], S. 377), daß – statt des linearen Fortschreitens – die Bewegung im Kreis nicht nur der Erdoberfläche, sondern auch den auf ihr befindlichen Körpern als «natürliche» Bewegung eingeprägt ist. In Gedankenexperimenten ergründet er die Natur – erstens – der senkrechten und – zweitens – der waagerechten Bewegung und findet, daß die erste gleichmäßig beschleunigt, während die zweite zumindest nahezu geradlinig-gleichförmig verläuft. Dann setzt er beide Bewegungen zu einer einzigen zusammen und kann durch mathematische und geometrische Überlegungen zeigen, daß die sich so ergebende Bahn unabhängig von den – wie wir sagen – Anfangsbedingungen eine Parabel ist. Sagredo, der in Galileis Dialogen den aufgeklärten, rationalen und interessierten Laien vertritt, kommentiert das Gedankenexperiment sowie die mathematischen und geometrischen Überlegungen so ([72], S. 222):

Wahrlich, diese Betrachtung ist neu, geistvoll und schlagend; sie stützt sich auf eine Annahme, auf diese nämlich, daß die

Transversalbewegung sich gleichförmig erhalte, und daß
eben so gleichzeitig die natürlich beschleunigte Bewegung
sich behaupte, proportional den Quadraten der Zeiten, und
daß solche Bewegungen sich zwar mengen, aber nicht stören,
ändern und hindern, so daß schließlich bei fortgesetzter Bewegung die Wurflinie nicht entarte; ein mir kaum faßliches
Verhalten.

Was uns Gedankenexperimente lehren

Ich habe diesen Kommentar Sagredos angeführt, um zu belegen,
wie schwer es der Naturforschung gefallen ist, aus dem Meer der
Irrtümer über Bewegungen aufzutauchen. Daß wir heute jedem
Physikstudenten im ersten Semester zumuten, richtige Einsichten
über die Bewegungen von Körpern zu besitzen, sollte uns nicht
darüber hinwegtäuschen, daß diese Einsichten den Eindrücken widersprechen, die unsere Sinne von wirklichen Bewegungen empfangen und auf die sie, im allgemeinen richtig, reagieren. Gerade
die richtigen Einschätzungen von Bewegungen unter realistischen
Bedingungen mit Schwerkraft, Wind und Luftwiderstand bieten
einen evolutionären Vorteil für die Träger von Gehirnen, die zu solchen Einschätzungen fähig sind, so daß sie ihnen – uns! – eingeprägt sind und es zur Überwindung dieser Einschätzungen einer
aus anderen Quellen zu speisenden intellektuellen Anstrengung
bedarf. Variationen zu diesem Thema finden sich an vielen Stellen
dieses Buches. Sie gipfeln in der These, daß näher zu bezeichnende
Prinzipien, deren Gültigkeit wir für selbstverständlich halten, deren Konsequenzen aber experimentell widerlegt wurden, Prinzipien weichen müssen, die den uns eingeprägten zwar widersprechen, sich aber im Einklang mit der experimentellen Realität

befinden – und aus denen schlußendlich vielleicht sogar die Quantenmechanik folgt, welche die Realität im Gegensatz zu den uns eingeprägten Prinzipien richtig beschreibt.

Eine seit einigen Jahren langsam, aber stetig wachsende, vor allem von Philosophen und Wissenschaftshistorikern gespeiste Literatur (S. 94) versucht die naturwissenschaftlichen Gedankenexperimente – nicht nur sie, aber nur sie interessieren hier – zu klassifizieren und zu reglementieren. Die vielleicht zehn naturwissenschaftlichen Gedankenexperimente, die diese Autoren für «typisch» erklären (für, nach meiner Schätzung, insgesamt etwa fünfzig bedeutende), ergeben eine Klassifikation in Kategorien, deren jede nur so wenige Exemplare enthält, daß es von vornherein besser ist, auf Klassifikationen zu verzichten und jedes Gedankenexperiment als das zu nehmen, was es ist – als ein Argument, das sich auf Einsichten seines Proponenten gründet und auf die der Adressaten hofft.

Die Bedeutung eines Gedankenexperimentes für die *Logik* der Forschung kann nur daran gemessen werden, welche Zusammenhänge es tatsächlich beweist. Aber das typische Gedankenexperiment beruft sich nur auf die menschliche Einsicht, führt also bereits deshalb keine logisch einwandfreien Beweise. Versucht man, seine Elemente zu einer logisch einwandfreien Aussage zusammenzuführen, bereiten alle Elemente, die sich nur auf «Einsicht» berufen, große Schwierigkeiten. Selbstverständlich kann eine logische Analyse keine Resultate erbringen, die in deren Voraussetzungen nicht explizit oder zumindest implizit enthalten sind. Aber gerade diesen Sachverhalt versuchen Gedankenexperimente zu umgehen, indem sie sich auf Einsicht berufen – was nicht gelingen kann.

Doch das bedeutet nicht, daß Gedankenexperimente deshalb für die *Psychologie* der Forschung irrelevant sind. «Der Projektenmacher, der Erbauer von Luftschlössern, der Romanschreiber, der

Dichter sozialer oder technischer Utopien experimentiert in Gedanken. Aber auch der solide Kaufmann, der ernste Erfinder oder Forscher tut dasselbe», schreibt Ernst Mach in dem Kapitel «Über Gedankenexperimente» seines Buches *Erkenntnis und Irrtum* [126]. Wie Mach versuchen auch wir, Unterscheidungskriterien verschiedener geistiger Tätigkeiten aufzustellen, die es uns ermöglichen sollen, einen Begriff «Gedankenexperimente» einzuführen, der diese von der Theoretischen Physik oder zumindest doch von deren Anwendungen unterscheidet.

Ableitungen, Beweise und Gedankenexperimente

Gedankenexperimente können in aller Regel nicht auf Beweise oder gar Ableitungen zurückgeführt werden. Zwar können sie Beweise und Ableitungen verwenden, müssen das aber nicht. Den fundamentalen Unterschied zwischen Beweisen und Ableitungen hat Douglas R. Hofstadter in seinem 1979 erschienenen Buch *Gödel, Escher, Bach* ([107], S. 213f. der deutschen Übersetzung) bemerkenswert klar formuliert:

> Ein *Beweis* ist etwas Informales, oder, in anderen Worten, das Ergebnis normalen Nachdenkens, geschrieben für Menschen in menschlicher Sprache. In Beweisen können alle möglichen komplexen Eigenschaften des Denkens verwendet werden, und obschon man «fühlt», daß sie richtig sind, kann man sich fragen, ob sie logisch zu verteidigen sind. Das ist das eigentliche Ziel der Formalisierung. Eine *Ableitung* ist eine künstlich hergestellte Entsprechung des Beweises, und mit ihr soll das gleiche Ziel erreicht werden, aber über eine logische Struktur,

deren Methoden nicht nur alle explizit, sondern auch alle sehr einfach sind. [...] Es geschieht häufig, daß eine Ableitung und ein Beweis in komplementärer Bedeutung des Wortes «einfach» sind. Der Beweis ist einfach, weil jeder Schritt richtig «klingt», obwohl man vielleicht gar nicht weiß warum; die Ableitung ist einfach, weil jeder der Myriaden von Schritten als so trivial angesehen wird, daß an ihm nichts auszusetzen ist, und da die ganze Ableitung auf solchen trivialen Schritten beruht, sieht man sie als fehlerfrei an.

Gedankenexperimente dürfen Beweise verwenden, die den Forderungen an Ableitungen nicht genügen, nicht einmal in Ableitungen übersetzt werden können. Sie vermischen Sprache mit Metasprache und verwenden Einsichten «über» ein System so, als könnten sie durch die für das System geltenden Gesetze abgeleitet werden – und so weiter. Der Logik ist wohlbekannt, daß all dies nicht so trivial ist, wie es ohne Einstimmung klingt (siehe auch Anhang A von [23]).

Gedankenexperimente wollen ihre Folgerungen nicht beweisen, sondern bewirken, daß uns die Folgerungen «als wahr einleuchten» (Wittgenstein-Zitat im Motto des Buches). Aber Trugschlüsse leuchten uns auch ein, und wir müssen anerkennen, daß das Einleuchten allein die Gültigkeit von Folgerungen nicht garantieren kann. Bei dem komplizierten psychologischen Prozeß, an dessen Ende das Einleuchten steht, machen wir oft genug Voraussetzungen, die uns nicht bewußt sind. Das kann so weit gehen, daß wir für die Gültigkeit von Aussagen mit empirischem Gehalt überhaupt keine Voraussetzung mehr zu benötigen glauben.

Nun ist es durchaus verständlich, daß gewisse Voraussetzungen über die wirkliche Welt so tief in unserem Denken und Fühlen verankert sind, daß es großer geistiger Anstrengungen bedarf, sie als Voraussetzungen zu entlarven. Ein Beispiel ist die bis in das

19. Jahrhundert hinein als selbstverständlich gültig angenommene euklidische Geometrie; hierauf werde ich zurückkommen. Verständlich ist die Verinnerlichung der euklidischen Geometrie vor allem daher, weil unser Überleben als Spezies erschwert worden wäre, hätten unsere Vorfahren nicht gelernt, sie besinnungslos anzuwenden.

Ein unmittelbar einleuchtender Beweis des Satzes von Pythagoras

Jede Leserin und jeder Leser dieses Buches kennt den Satz $a^2 + b^2 = c^2$ des Pythagoras; in Worten: Die Summe der Flächen der Quadrate über den Katheten (Längen a und b) eines rechtwinkligen Dreiecks ist gleich der Fläche des Quadrates über der Hypotenuse (Länge c). Aber nur wenige werden sich an den Beweis des Satzes in der Schule erinnern. Ein Beispiel für das Einleuchten an Stelle eines Beweises oder gar der Ableitung einer Folgerung ist das Gedankenexperiment der Abb. 2, das die voraussetzungslose Gültigkeit des Satzes des Pythagoras[5] in der wirklichen Welt zu garantieren scheint. Würde das Einleuchten dazu aber ausreichen, dann auch dazu, daß der Raum euklidisch (oder, dieselbe Sache, flach) ist, weil der Satz nur in flachen Räumen zutrifft. Soweit das eine. Wenn der Leser sich nun aber in die Abbildung versenkt, wird er unsicher werden, ob er bei seiner Einsicht in den Satz des Pythagoras aufgrund der Abbildung nicht doch einem Trugschluß erlegen ist, und Überlegungen anstellen, die ihn einem *Beweis* des Satzes näher und näher bringen.

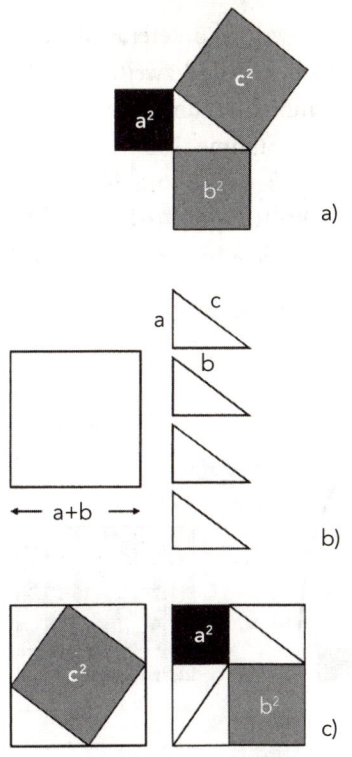

a)

b)

c)

Abb. 2 Die Abbildungen b) und c) scheinen die Gültigkeit des Satzes von Pythagoras in a) – nämlich: Die Fläche c^2 des Hypothenusenquadrats gleicht in einem rechtwinkligen Dreieck der Summe $a^2 + b^2$ der Flächen der Kathetenquadrate – in der wirklichen Welt ohne jede Voraussetzung zu garantieren. Denn die vier Dreiecke können sowohl so in das Quadrat plaziert werden, daß sie die Flächen a^2 und b^2 frei lassen, als auch so, daß c^2 frei bleibt. Tatsächlich gilt der Satz des Pythagoras nur dann, wenn der Raum flach ist: Für Dreiecke und Quadrate in einer Kugeloberfläche gilt er beispielsweise nicht.

Ein geometrischer Beweis der Gaußschen Formel

Durch Einsicht in den Formalismus der Addition ist es, wie wir auf S. 22 gesehen haben, dem jungen Gauß gelungen, eine Formel für die Addition aller ganzen Zahlen bis zu einer größten geraden Zahl aufzufinden. Ist die größte Zahl ungerade – etwa 101 –, kann zunächst die Summe aller Zahlen bis 100 nach der Gaußschen Methode jener Seite berechnet und dann 101 hinzugefügt werden. Laut einer anderen Version der Gaußschen Einsicht stellte dieser sich vor, die Zahlen 1 bis 100 stünden zweimal untereinander aufgeschrieben da – erstens in der natürlichen und zweitens in der umgekehrten Reihenfolge. Jedes der einhundert untereinander stehenden Zahlenpaare besitzt dann die Summe $100 + 1 = 99 + 2 = \ldots = 1 + 100 = 101$ – so daß *das Doppelte* der gewünschten Summe der Zahlen von 1 bis 100 als $100 \cdot 101$ geschrieben werden kann; die Summe selbst ergibt sich wie oben zu $100 \cdot 101/2 = 50 \cdot 101 = 5050$.

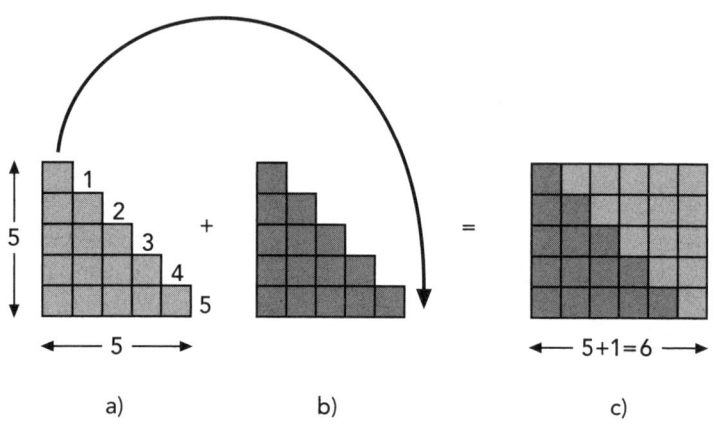

Abb. 3 Aus a) und b) entsteht durch Zusammenfügen c). Daher enthält das Rechteck c) genauso viele Quadrate wie a) und b) zusammen. Was diese geometrische Tatsache für die Berechnung der Summe $1 + 2 + 3 + 4 + 5$ bedeutet, beschreibt der Text.

Die zusammenfassende Formel $N \cdot (N+1)/2$ für die Summe aller Zahlen von 1 bis N besitzt den Vorteil, daß sie für ungerade genauso wie für gerade größte Zahlen N ohne Fallunterscheidung anwendbar ist. Außerdem besitzt sie eine einfache geometrische Bedeutung, die zu ihrem Beweis verwendet werden kann. Ihm wenden wir uns jetzt für 5 als größte Zahl N zu. Die beiden einander gleichen geometrischen Gebilde der Abb. 3a+b bestehen aus je $1 + 2 + 3 + 4 + 5$ Quadraten; zusammengefügt ergeben sie das Rechteck c), das offenbar aus $5 \cdot (5 + 1)$ Quadraten aufgebaut ist. Somit: $2 \cdot (1 + 2 + 3 + 4 + 5) = 5 \cdot (5 + 1)$ oder $1 + 2 + 3 + 4 + 5 = 5 \cdot (5 + 1)/2 = 5 \cdot 6/2 = 5 \cdot 3 = 15$ – was zu beweisen war. Ist das nun Mathematik oder Physik, oder was ist es?

Am tiefsten Punkt

«Beim Jahreswechsel bleiben die Tage stehen» ist ein oft zu hörender Befund. Damit ist gemeint, daß um den kürzesten Tag, den 21. Dezember, herum die Tage nur kaum merklich kürzer oder länger werden. Das ist tatsächlich so. Die nicht ganz so weit verbreitete Einsicht, warum es so ist, kann ein Gedankenexperiment begründen, das leicht auch als Realexperiment durchgeführt werden kann. Hören wir einen der drei Physiknobelpreisträger des Jahres 1965, Richard P. Feynman (1918–1988), in seinem Buch *Sie belieben wohl zu scherzen, Mr. Feynman* [105].

Einmal […] nahm ein Spaßvogel ein Kurvenlineal und sagte: «Ich möchte wissen, ob die Kurven an diesem Ding 'ne besondere Formel haben?» Ich überlegte einen Moment und sagte: «Na sicher. Die Kurven sind ganz besondere Kurven. Paß auf, ich zeig's dir.» Und ich nahm ein Kurvenlineal und fing an, es langsam zu drehen. «Das Kurvenlineal ist so gemacht, daß am niedrigsten Punkt jeder Kurve, ganz gleich wie man sie dreht, die Tangente horizontal ist.» Alle […] hielten in unterschiedlichen Winkeln ihre Kurvenlineale hoch, hielten am niedrigsten Punkt ihren Bleistift daran, legten ihn an und entdeckten, daß die Tangente tatsächlich horizontal ist. Sie waren alle von dieser «Entdeckung» begeistert, obwohl sie alle schon eine gewisse Menge Analysis hinter sich hatten und bereits «gelernt» hatten, daß die (Ableitung) Tangente des kleinsten Absolutwerts (des niedrigsten Punktes) *jeder* Kurve gleich Null (das heißt horizontal) ist.

Schauen wir uns ein Kurvenlineal in den vier Stellungen der Abb. 4a-d an: Bei ihnen allen ist die Tangente am tiefsten Punkt waagerecht. Das muß so sein: Vor dem tiefsten Punkt zeigt die Tangente

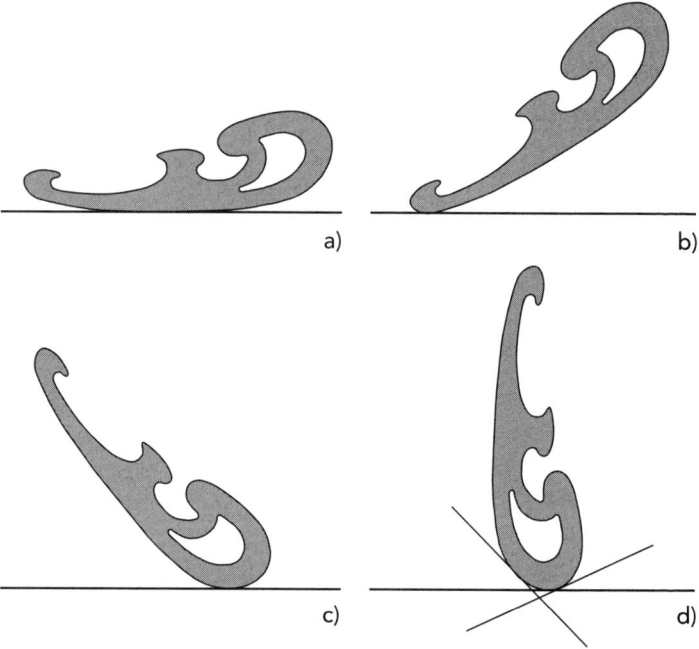

a)

b)

c)

d)

Abb. 4 Daß die Tangente an das Kurvenlineal unabhängig von seiner Stellung im tiefsten Punkt stets waagerecht ist, begründet der Text.

nach unten, nach ihm nach oben, so daß sie am tiefsten Punkt mit demselben Recht nach oben wie nach unten zeigen müßte, also in keine der beiden Richtungen zeigen kann und deshalb waagerecht sein muß (c). Unmöglich ist es folglich, ein Kurvenlineal zu konstruieren, dessen Kurven in ihren jeweils tiefsten Punkten keine waagerechte Tangente besitzen (wenn sie im jeweiligen Punkt überhaupt eine Tangente besitzen, was ja in Knickpunkten nicht der Fall ist). Genauso: Bis zur Wintersonnenwende werden die Tage kürzer, nach ihr länger, so daß sie um sie herum nahezu gleich lang bleiben müssen.

Die Idee der Symmetrie

Die Idee der Symmetrie – ihr Prinzip – ist uns zutiefst eingeprägt (siehe auch S. 20 f.). So tief, daß wir manche ihrer Unterstellungen nicht einmal mehr als solche wahrnehmen. Dementsprechend groß ist unser Erstaunen, wenn erwartete Konsequenzen dieser Idee nicht eintreten. Das aber kommt vor, wie die Abb. 5 als erstes Beispiel zeigt: Über einem waagerechten Draht ist eine Kompaßnadel parallel zum Draht aufgehängt. Daneben, ebenfalls parallel zum Draht, steht ein Spiegel. Nun beginne elektrischer Strom durch den Draht zu fließen. Dadurch, unter dem Einfluß des vom Strom erzeugten magnetischen Feldes, dreht sich die Nadel; in unserem Beispiel von oben gesehen rechtsherum; gespiegelt also linksherum. Das sieht aus wie eine Verletzung der Spiegelsymmetrie durch die das Geschehen beherrschenden Naturgesetze. Denn anscheinend kann die ganze Apparatur nicht nur durch eine Spiegelung, sondern auch durch eine Verschiebung in ihr Spiegelbild überführt werden, so daß sich der Nachbau des Spiegelbildes in der Realität – offenbar das verschobene Original – im Laufe der Zeit so

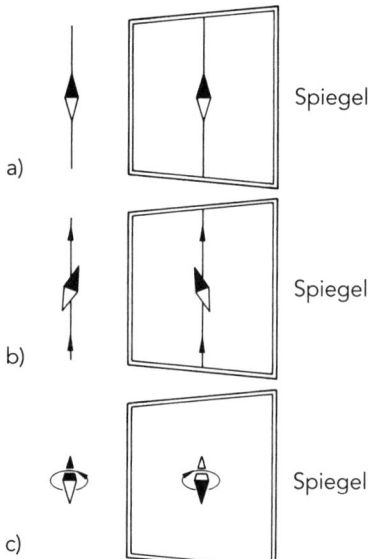

a)

b)

c)

Spiegel

Spiegel

Spiegel

Abb. 5 Das Gedanken- und Realexperiment mit einem stromdurchflossenen Draht und einer über ihm drehbar aufgehängten Magnetnadel parallel zu einem Spiegel erläutert der Text.

verhalten sollte wie dieses selbst. Denn daß für verschobene physikalische Systeme dieselben Naturgesetze gelten wie für deren Originale, wird hier nicht angezweifelt.

Nun ist für geometrische Gebilde von vornherein klar, wie ein Spiegel auf sie wirkt; dann jedenfalls, wenn der Spiegel tut, was er soll, nämlich *vorn und hinten* vertauschen. Auf die vielgestellte, immer wieder Verwirrung erzeugende Scherzfrage «Der Spiegel vertauscht rechts und links – warum nicht oben und unten?» soll hier nur durch die Bemerkung eingegangen werden, daß der Spiegel eben nicht *rechts und links*, sondern *vorn und hinten vom Spiegel aus gesehen* vertauscht – und als Konsequenz auch rechts*händig* und links*händig.* Die rechte und die linke Hand unterscheidet ja nicht, daß die eine rechts, die andere links angebracht ist, sondern die *innere Eigenschaft* der Händigkeit tut das. Was ein Spiegel wirklich bewirkt, kann der Leser am besten dadurch herausfinden, daß er sich in Gedanken oder wirklich so aufstellt, daß seine eine Schulter dem Spiegel zugewandt ist.

Während also geometrische Gebilde ein Spiegelbild besitzen, das durch ihre Gestalt bis auf eine Drehung und/oder Verschiebung eindeutig festgelegt wird, kann erst ein Studium der Natur lehren, wie es physikalischen Größen bei Spiegelungen ergeht. Offenbar können Bewegungen als Veränderungsabfolgen von Lagen im Raum in ihre Spiegelbilder genauso übersetzt werden, wie das für die Lagen selbst möglich ist. Sind also Lagen im Raum und/oder ihre Veränderungen als Ursachen für physikalische Größen erkannt, können auch diesen zweifelsfrei ihre Spiegelbilder zugewiesen werden. So steht es um den elektrischen Strom als Transport von Ladungen: Er behält bei der Spiegelung in Abb. 5a seine Richtung bei. Hingegen vertauscht – so seltsam das auch erscheinen mag – derselbe Spiegel die Pole der Magnetnadel (b), so daß das physikalisch korrekte Spiegelbild der ursprünglichen Anordnung nicht durch eine reine Verschiebung, sondern erst durch eine Verschiebung *zusammen mit* einer Vertauschung der Pole, wie in c) angedeutet, aus ihr entsteht. Zur Begründung dürfen wir uns vorstellen, daß das Magnetfeld der Nadel, wie ebenfalls in c) angedeutet, auf Kreisströmen in deren Innern beruht. Nicht also die Naturgesetze, welche die Drehung der Nadel bewirken, ermangeln der Spiegelsymmetrie, sondern die Anordnung selbst ist trotz äußerem Anschein nicht spiegelsymmetrisch. Genauer ist ihr physikalisches Spiegelbild – der Nachbau ihres Spiegelbildes in der Realität – eine Nadel mit umgekehrter Magnetisierung, die sich beim Einschalten des Stromes andersherum drehen muß – ganz, wie es der Spiegel zeigt. Ein Dämon, der die Kreisströme in der Nadel und in ihrem Spiegelbild sähe, würde die Unterschiede im Verhalten von Original und Spiegelbild für selbstverständlich halten.

Der Unterschied des Verhaltens einer Magnetnadel und ihres geometrischen Spiegelbildes kann folglich nur durch unsichtbare Kreisströme in ihrem Innern – genauer: durch Elektronenspins – verstanden werden. Wir haben hier ein Beispiel für den Nutzen eines mißglückten Gedankenexperimentes vor uns. Dieses schließt aus der, allerdings nur scheinbaren, Symmetrie der Anordnung, daß die Nadel durch den Strom nicht gedreht werden kann. Zumindest sollte sich die Nadel *nicht jedesmal,* wenn Strom durch den Draht geschickt wird, in dieselbe Richtung drehen. Dreht sich die Nadel mal rechts- und mal linksherum, ist dies mit einer symmetrischen Anordnung verträglich, wenn diese nur instabil ist; wir kommen hierauf zurück (S. 52). Die Konfrontation des Gedankenexperimentes mit dem ihm entsprechenden Realexperiment zeigt nun, daß es so, wie das Gedankenexperiment suggeriert, nicht ist. Unser Denken über die Natur einer Magnetnadel hat hierdurch einen unwiderruflichen Fortschritt erfahren – ihr physikalisches Spiegelbild ist mit ihrem scheinbaren geometrischen nicht identisch. Worin der Unterschied besteht, kann das Gedankenexperiment für sich allein allerdings nicht sagen.

Ernst Mach spricht auf S. 27 seiner *Mechanik* [123] von der «geistigen Erschütterung», die es verursacht, wenn man «zum erstenmal hört, daß eine im magnetischen Meridian liegende Magnetnadel durch einen über derselben parallel hingeführten Stromleiter in einem bestimmten Sinn *aus* dem Meridian abgelenkt wird». Bei Mach selbst kann die Erschütterung aber nicht nachhaltig gewesen sein. Denn die zur Einführung unsichtbarer Kreisströme analogen Zurückführungen des Verhaltens von Gasen auf Moleküle durch seinen Wiener Kollegen Ludwig Boltzmann (1844–1906) sollte Mach später brüsk ablehnen. Er hielt nur Sinneseindrücke sowie deren Beziehungen zueinander für real, wodurch auch immer diese bewirkt wurden; allerdings nicht nur seine eigenen, denn Solipsist war er nicht. An den Primat der Sinneseindrücke glaubte Ernst

Mach so sehr, daß er sogar den Knick eines teilweise in Wasser getauchten Bleistifts als real verstanden wissen wollte. Als real jedenfalls für den Sehsinn, für den Tastsinn gab es keinen Knick. An die Stelle der Erforschung der Natur hatte laut Mach also die von den Sinneseindrücken zu treten. Mehr noch: Für ihn war die Erforschung der Natur mit der von Sinneseindrücken identisch. In leichter Abwandlung des Satzes 1.1 des *Tractatus logico-philosophicus* [205] von Ludwig Wittgenstein können wir Machs Wissenschaftstheorie so[6] zusammenfassen: «Die Welt ist die Gesamtheit der Sinneseindrücke, nicht der Dinge.» Hinter den Sinneseindrücken gibt es laut Mach nichts, das verstanden werden könnte; über die zusammenfassende, möglichst ökonomische Beschreibung von Sinneseindrücken hinaus kann und soll Wissenschaft nichts leisten. Warum eine solche Beschreibung möglich ist, hat Mach allem Anschein nach nicht gefragt. Indem wir uns diese Frage stellen, bestehen wir darauf, daß ein Verständnis von Naturvorgängen möglich und es zu erlangen die eigentliche Aufgabe der Naturwissenschaften ist. Beispielsweise können Ebbe und Flut durch Newtons Gesetze nicht nur als Sinneseindrücke ökonomisch beschrieben, sondern auch verstanden werden.

Hiervon nichts weiter. Wir kommen auf die Händigkeit zurück, und mit ihr darauf, daß immer, wenn eine Drehrichtung und eine auf ihr nicht senkrecht stehende Zeigerichtung zusammen auftreten, das geometrische Spiegelbild die entgegengesetzte Zuordnung zeigt – aus parallel wird antiparallel und umgekehrt. Nehmen wir die rechte Hand der Abb. 6. Sie zeichnet die Richtung «oben» sowohl durch den nach dort weisenden Daumen als auch dadurch aus, daß, sozusagen durch die Hand hindurch, in diese Richtung gesehen der Drehsinn der anderen vier Finger gleich dem Uhrzeigersinn ist. Das Spiegelbild der Hand der Abbildung ist eine linke Hand, so daß im Spiegel gesehen Zeige- und Drehrichtung statt parallel antiparallel sind. Der Leser kann sich überlegen, wie

Abb. 6 Eine Richtung im Raum kann nicht nur dadurch angegeben werden, daß man – hier mit dem Daumen – in diese Richtung zeigt, sondern auch durch die Angabe eines Drehsinns – hier der der vier Finger – als rechts- oder linksherum beziehungsweise im Uhrzeigersinn oder ihm entgegen.

es kommt, daß dieses Resultat von der Stellung des Spiegels, ob parallel zur Richtung oben-unten oder senkrecht zu ihr, nicht abhängt.

Schrauben weisen wie Hände sowohl einen Dreh- als auch einen Zeigesinn auf; letzteren durch die Richtung, in welche sich die Schraube im Holz bewegt, wenn man sie beispielsweise im Uhrzeigersinn dreht. Das Spiegelbild einer handelsüblichen Rechtsschraube ist eine Linksschraube, und beide können durch keine wirklich durchführbare Bewegung wie eine Drehung und/oder Verschiebung ineinander überführt werden. Wäre es anders, würde eine Mutter herumgedreht nicht mehr auf ihre Schraube passen. Linksschrauben werden, wie der Leser vielleicht weiß, als Verschlüsse von Gasflaschen verwendet. Einen Schraubensinn weisen auch nahezu alle großen Moleküle auf, insbesondere die Moleküle der Biologie, aus denen Lebewesen bestehen und die sie sowohl produzieren als auch verbrauchen. Ein Beispiel dafür ist der Zucker, die Doppelhelix der Vererbungsmoleküle ein anderes. Da von den Molekülen mit Schraubensinn jeweils nur ein Typus in Lebewesen auftritt, verletzen die Gesetze der Biologie die Spiegelsymmetrie. Dadurch nämlich, daß sie das Auftreten des anderen Typs nicht zulassen. Daraus folgt aber nicht, daß die Gesetze der Natur auf einem fundamentaleren Niveau nicht spiegelsymmetrisch sind.

Denn gemessen an den fundamentalen Naturgesetzen, ja bereits den Gesetzen der Chemie, sind die Gesetze der Biologie effektive Gesetze, die ihre Entstehungsgeschichte sozusagen in sich tragen. Darüber hinaus spricht nichts dagegen, die biologisch verbotenen Moleküle im Labor herzustellen. Wenn nicht bereits die Bedingungen einer chemischen Synthese die Spiegelungssymmetrie verletzen, treten im Labor stets gleich viele von beiden Typen auf – wie bei Spiegelsymmetrie der Gesetze der Chemie zu erwarten.

Wie aber steht es um die fundamentalen Gesetze der Physik? Sind sie spiegelsymmetrisch? Nach Auskunft unserer Gedankenexperimente wären sie das nicht, wenn sie von zwei Objekten, die Spiegelbilder voneinander sind, das Auftreten des einen zuließen, des anderen aber verböten. Bis vor wenigen Jahren konnte ohne Furcht, in Widerspruch zum Experiment zu geraten, behauptet werden, daß die Neutrinos, auf die einzugehen uns zu weit von unserem Thema entfernen würde, derartige Objekte seien. Das hat sich geändert. Nach heutigem Erkenntnisstand (August 2004) können wir erwarten, wenn auch nicht sicher sein, daß mit jedem Neutrino sein Spiegelbild in der Realität, also im Einklang mit den fundamentalen Naturgesetzen, auftreten kann. Oder anders ausgedrückt, daß jedes Neutrino durch eine wirklich durchführbare Symmetrieoperation dieser Gesetze – eine Änderung der Geschwindigkeit, zusammen mit einer Drehung – in sein Spiegelbild überführt werden kann. Spiegelungen sind offenbar *keine* wirklich durchführbaren Transformationen. Damit sie das seien, müßte es möglich sein, erst ein wenig zu spiegeln, dann noch ein wenig, bis schließlich die komplette Spiegelung erreicht wäre. Da dies unmöglich ist, können Spiegelungen nicht wirklich durchgeführt werden.

Aber auch wenn sich herausstellen sollte, daß mit jedem Objekt sein physikalisches Spiegelbild existenzfähig ist, sind die fundamentalen Naturgesetze sicher nicht spiegelsymmetrisch. Das wissen wir, weil in Experimenten Abläufe auftreten, die von ihren Spiegelbildern verschieden sind, die gespiegelten Abläufe aber nicht. Es folgt, daß sie das auf Grund der Naturgesetze nicht können, so daß die Gesetze selbst die Spiegelsymmetrie verletzen müssen.

Zunächst das Gedankenexperiment. Gegeben sei ein sich drehendes Objekt – etwa ein Rad –, das ein anderes Objekt – etwa eine Kugel – in die Richtung abfeuert, in die gesehen es sich im Uhrzeigersinn dreht. Andere Richtungskennzeichen als den Drehsinn des Rades möge es vor dem Abfeuern des Projektils nicht geben; insbesondere keine von der Vorderseite unterscheidbare Rückseite des Rades. Nach dem Abfeuern zeichnet das System dieselbe Richtung zusätzlich durch die Bewegungsrichtung des Projektils als Zeigerichtung aus: Das sich drehende Rad als ein Gebilde, das mit seinem Spiegelbild durch eine Drehung und/oder Verschiebung zur Deckung gebracht werden kann, hat ein anderes Gebilde hervorgebracht – Rad plus Projektil –, für welches das unmöglich ist. Denn in vollständiger Analogie zur Abb. 6 entstehen aus den beiden parallelen Richtungen durch Spiegelung zwei antiparallele: Das Rad feuert im Spiegel gesehen das Projektil in die Richtung ab, in die gesehen es sich entgegen dem Uhrzeigersinn dreht. Wir schließen aus dem Gedankenexperiment nun als erstes, daß ein solcher Ablauf nicht vermöge eines Gesetzes auftreten kann, das selbst spiegelsymmetrisch ist: Immer wenn eine Drehrichtung eine Bewegungsrichtung festlegt, zeichnet das Gesetz der Festlegung einen Spiegelungstyp aus, der notwendig in ihm verankert ist, so daß das Gesetz selbst nicht spiegelsymmetrisch sein kann. Anders könnte es nur sein, wenn das Gesetz kein deterministisches, sondern ein statistisches wäre, wie es die Gesetze der Quantenmechanik im allgemeinen ja sind. Bei Spiegelsymmetrie eines statistischen Gesetzes aber muß der eine Spiegelungstyp genauso oft auftreten wie der andere.

Soweit das Gedankenexperiment. Das ihm entsprechende Real-

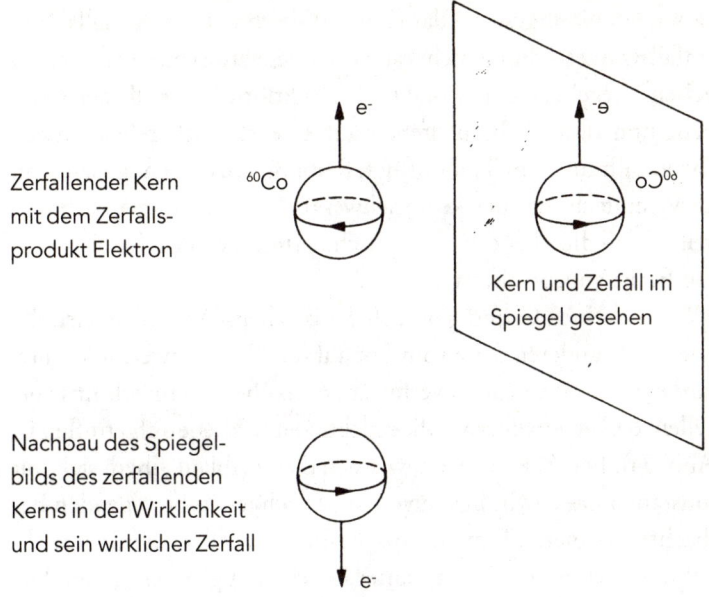

Zerfallender Kern
mit dem Zerfalls-
produkt Elektron

Kern und Zerfall im
Spiegel gesehen

Nachbau des Spiegel-
bilds des zerfallenden
Kerns in der Wirklichkeit
und sein wirklicher Zerfall

Abb. 7 Die Abbildung zeigt den Zerfall eines ^{60}Co-Kerns, das Spiegel-
bild des Zerfalls sowie das nachgebaute Spiegelbild des zerfallenden
Kerns in der Realität – das ist der um 180 Grad gedrehte ursprüngliche
Kern.

experiment (Abb. 7) verwendet statt des Rades einen sich drehenden Atomkern namens ^{60}Co; das Projektil ist ein Elektron e⁻. Auf
Details gehe ich nicht ein, stelle aber fest, daß das Elektron *immer*
in die Richtung davonfliegt, in die gesehen die Drehung des Kerns
– unbedeutend anders als im Gedankenexperiment – eine Drehung entgegen dem Uhrzeigersinn ist. Wir kommen also um den
Schluß nicht herum, daß die Gesetze des radioaktiven β-Zerfalls,
um den es sich hier handelt, nicht spiegelsymmetrisch sind.

   Ich komme schließlich zu einem Gedankenexperiment, das es gestattet, ein Naturgesetz – das von der Gleichheit von Ausfalls- und Einfallswinkel – durch nichts als vorausgesetzte Symmetrien zu beweisen. Gegeben sei ein praktisch punktförmiger Ball, der senkrecht und ohne sich zu drehen auf eine elastisch reflektierende Ebene trifft und von ihr abspringt. Reibung soll es nicht geben, und zur Vereinfachung auch keine Schwerkraft. Der Leser mag sich vorstellen, daß die Ebene wie eine Tischplatte parallel zur lokalen Erdoberfläche angebracht ist.

Weil es keinen Grund gibt, daß der Ball beim Abprallen nach der einen oder anderen Seite vom Lot auf die Ebene abweichen sollte, wird er seine Bahn zurückverfolgen; nach oben, wenn wir uns vorstellen, daß er von dort auf die reflektierende Ebene aufgetroffen ist (Abb. 8a). Die Abb. 8b zeigt, wie sich dieser Ablauf einem sich mit konstanter Geschwindigkeit von links nach rechts bewegenden Beobachter darbietet: Ihm kommt der Ball zusätzlich zu seiner senkrechten Bewegung mit konstanter Geschwindigkeit entgegen. Die Bewegung verläuft auf zwei Geraden, weil wir die Beschleunigung des Balls durch die Erdenschwere vernachlässigt haben. Wird sie berücksichtigt, werden die Geraden zu Parabeln verbogen.

Geometrisch offensichtlich ist nun, daß beim Ablauf, den der bewegte Beobachter sieht, Ausfalls- und Einfallswinkel übereinstimmen. Aber das ist nicht bereits, was das Naturgesetz von der Gleichheit der Winkel behauptet. Denn dieses behauptet darüber hinaus die Gleichheit der Winkel für einen *ruhenden* Beobachter – ja, daß der gesamte Ablauf, den der bewegte Beobachter sieht, auch für den ruhenden der Abb. 8a auftreten kann. Erst die Antwort auf die Frage, ob das so sei, hängt von einer Symmetrie der Naturgesetze ab; bis dahin ist alles schlichte kinematische Übersetzung von einer Sichtweise in eine andere. Die Abb. 8c stellt als Resultat einer anderen kinematischen Übersetzung dar, wie ein konstant beschleunigter Beobachter den Ablauf a) sieht. Insofern sie nichts sind als kinematische Übersetzungen desselben Ablaufs a), sind b) und c)

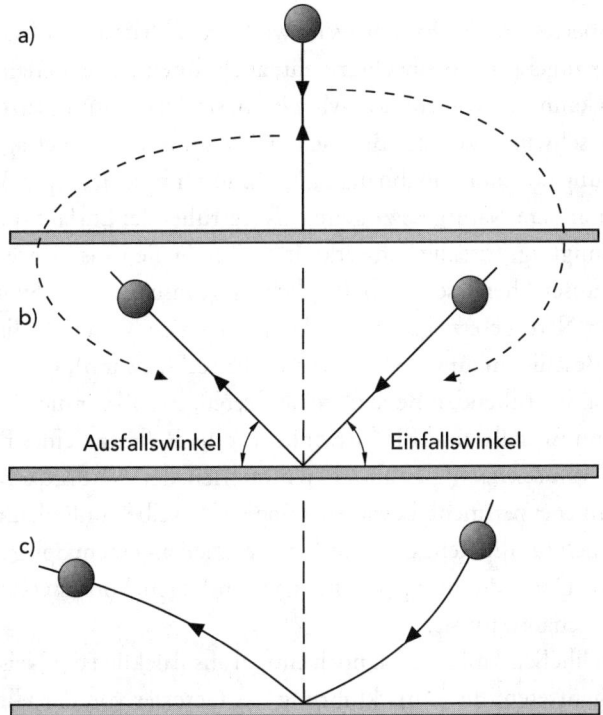

a)

b)

Ausfallswinkel   Einfallswinkel

c)

Abb. 8 Die Abbildungen a) und b) zeigen, wie sich der erst von oben nach unten bewegende, dann senkrecht nach oben reflektierte, viel zu groß gezeichnete Ball a) einem Beobachter darbietet, der sich mit konstanter Geschwindigkeit von links nach rechts bewegt (b). Die Einflüsse der Schwerkraft und der Reibung auf die Bewegung des Balls, welche die geraden Bahnen b) verbiegen würden, berücksichtigt die Abbildung nicht. Im Grunde zeigt sie einen Ablauf im schwerelosen leeren Raum ohne Reibung unter der Anfangsbedingung, daß die Bewegungsrichtung des Balls für einen in Labor a) ruhenden Beobachter senkrecht auf der reflektierenden Ebene steht. Abbildung c) zeigt den Ablauf a), gesehen von einem Beobachter, der sich beschleunigt von links nach rechts bewegt. Was er sieht, kann für einen ruhenden Beobachter ohne Einführung von Kräften nicht auftreten.

gleichberechtigt. Nicht aber, wenn wir fragen, ob dasjenige, was der jeweils zugehörige Beobachter sieht, auch für einen ruhenden auftreten kann. Nach allem, was wir wissen, sind die Naturgesetze von der Geschwindigkeit des Beobachters, wenn nur nach Betrag und Richtung konstant, unabhängig, während für beschleunigte Beobachter andere Naturgesetze gelten als für ruhende: Entfällt die Beschleunigung, tritt die Schwerkraft an ihre Stelle (was hier jedoch nicht unser Thema sein soll). Folglich, als Konsequenz der Symmetrie der Naturgesetze gegenüber Änderungen der Geschwindigkeit ohne Beschleunigung, nicht aber mit ihr, kann zwar b), nicht aber c) für einen ruhenden Beobachter auftreten, so daß wir die Gleichheit von Ausfalls- und Einfallswinkel für die Reflexion eines Balles unter *Voraussetzung* bewährter Symmetrien der Naturgesetze im Gedankenexperiment bewiesen haben. Dasselbe muß demnach aber auch für die Reflexion von Lichtstrahlen an einem Spiegel zutreffen. Denn die hier gemachten wesentlichen Voraussetzungen gelten genauso für sie.

Abschließend möchte ich noch einmal ausdrücklich der Neigung entgegentreten, die Zurückführung des Gesetzes von der Gleichheit von Ausfalls- und Einfallswinkel auf eine unterstellte Symmetrie der Naturgesetze als voraussetzungslosen Beweis dieses Gesetzes zu interpretieren. Wer dafürhält, daß für alle Systeme, die sich relativ zu einem ruhenden System – was Ruhe genau sei, ist schwer zu sagen[7] – mit nach Betrag und Richtung konstanter Geschwindigkeit bewegen, dieselben Naturgesetze gelten, muß sich fragen lassen, warum dasselbe nicht auch für beschleunigt bewegte Systeme gelten soll. Daß es für sie nicht gilt, kann jeder bestätigen, der einmal versucht hat, auf einem mit den Wellen kämpfenden Schiff spazierenzugehen. Woher also der Unterschied, aufgrund dessen das eine selbstverständlich wahr sein soll, das andere aber falsch ist? Für Ernst Mach war die Bewegung eines materiellen Objektes anders als relativ zu einem anderen, ebenfalls materiellen

Objekt – andere gab es laut ihm sowieso nicht – undenkbar. Dementsprechend wollte er die Fliehkräfte auf Beschleunigungen gegenüber dem Fixsternhimmel zurückführen. Doch warum sollten Beschleunigungen gegenüber dem Fixsternhimmel Wirkungen zeitigen, Bewegungen mit konstanter Geschwindigkeit ihm gegenüber aber nicht? Selbstverständlich ist hier nichts. Um unseren Glauben daran zu begründen, daß absolute Geschwindigkeit, wenn nur nach Betrag und Richtung konstant, unbeobachtbar, die Unabhängigkeit von ihr also eine Symmetrie der Naturgesetze ist, brauchen wir das *Experiment*. Reines Denken reicht hierfür nicht aus.

Was einleuchtet, muß deshalb nicht stimmen: Denksportaufgaben

Es folgen zwei Denksportaufgaben, die die Macht sowohl des berechtigten als auch des unberechtigten Einleuchtens erhellen sollen. Zunächst das unberechtigte:

Gretel hat zwei Freunde, die beide Hänsel heißen und die sie zur Unterscheidung Hänsel 1 und Hänsel 2 nennt. Beide sind ihr gleich lieb, und deshalb will sie beide gleich oft besuchen. Da trifft es sich gut, daß zu Hänsel 1 die Bahn U1 und zu Hänsel 2 die Bahn U2 fährt und daß die Züge beider Bahnen im selben zeitlichen Abstand von 11 Minuten von demselben Bahnsteig aus abfahren. Um also zu jedem ihrer beiden Freunde im Mittel gleich oft zu kommen, geht sie zu zufälligen Zeiten zur Bahn und nimmt den nächsten Zug. Nach einigen Wochen muß Gretel feststellen, daß sie Hänsel 1 zehnmal so oft besucht hat wie Hänsel 2. Zufall?

Die Auflösung habe ich in der Unterschrift der Abb. 9 versteckt. Nein, Zufall ist es nicht, der bewirkt, daß Gretel ihren Hänsel 1 so sehr bevorzugt. Sie hat bei der Folgerung, daß sie durch ihre Methode zu beiden gleich oft kommen müsse, eine Voraussetzung gemacht, die ihr nicht bewußt ist und die weder gelten muß noch gilt. Wie aber können wir bei einem Gedankenexperiment, dessen Folgerung ja auf Einleuchten und Einsicht beruht, jemals sicher sein, daß wir nicht unbewußt eine nicht erfüllte Voraussetzung machen, die aber erfüllt sein muß, damit die Folgerung zutrifft? Wir können es dann und nur dann, wenn wir die Einsicht und das Einleuchten auf Prämissen beschränken, die wir ausdrücklich an den Anfang einer Schlußkette stellen, die Kette selbst aber nach den Regeln der Logik durchlaufen. Gewinnen wir so eine experimentell überprüfbare Aussage, haben wir eine Frage an die Natur formuliert – die nämlich, ob die Aussage experimentell korrekt ist und wie es demnach um die Prämissen steht, aus denen sie folgt.

Die Voraussetzung, nach der sich Gretel bei ihren Überlegungen unbewußt richtet, kann falsch sein und ist es auch. Unbewußte Voraussetzungen können selbstverständlich auch gelten. Wenn das so ist und die Folgerung erfolgreiche experimentelle Konsequenzen besitzt, kann das Gedankenexperiment machtvoller aussehen, als es tatsächlich ist. Es kann nämlich scheinen, als ob das Gedankenexperiment zu seiner erfolgreichen Vorhersage überhaupt keiner Voraussetzungen bedürfe – als ob seine Voraussetzungen, und mit ihnen sein Resultat, geradezu selbstverständlich gelten würden. Das aber ist niemals so; wir sind dieser Auffassung bereits oben (S. 52) anläßlich des Gesetzes von Ausfalls- und Einfallswinkel entgegengetreten: Voraussetzungen mit experimentell überprüfbaren Konsequenzen sind immer Hypothesen, die dem Experiment zur Überprüfung ausgeliefert werden können und sollten. Aussagen über die Realität, die unbedingt wahr sind, kann es nicht geben.

Um noch einmal auf eine Einlassung Ernst Machs zurückzukommen, basieren Gedankenexperimente zum Beweis physikalischer Theoreme in aller Regel auf Voraussetzungen, die den Autoren der Gedankenexperimente nicht bewußt sind und das zu beweisende Theorem bereits als Spezialfall enthalten – ihre Argumente bilden analytische statt synthetischer Urteile in der Sprache Kants. Wenn auch zugegeben werden muß, daß jede Folgerung implizit in ihren Voraussetzungen enthalten ist, verdienen Gedankenexperimente, Beweise und Ableitungen doch immer dann physikalisches Interesse, wenn die Voraussetzungen einleuchtender sind als die Folgerungen, die alsdann ebenfalls besser einleuchten. So steht es um die Axiome Euklids zur Geometrie als physikalische Theorie und ihre Konsequenzen. Die Mathematik hingegen schert sich nicht um die Plausibilität der Voraussetzungen ihrer Sätze. Ihr Interesse gilt den von Beweisen geschaffenen oder offenbarten Strukturen. «Insofern sich die Sätze der Mathematik», hat Albert Einstein einmal gesagt ([57], S. 119), «auf die Wirklichkeit beziehen, sind sie nicht sicher, und insofern sie sicher sind, beziehen sie sich nicht auf die Wirklichkeit.»

Nun aber zu einem Gedankenexperiment in Gestalt einer Denksportaufgabe, dessen Folgerung zu Recht einleuchtet. Es geht um ein Schachbrett, aus dem das linke obere und das rechte untere Feld herausgeschnitten wurden (Abb. 9). Die beiden Felder werden so zusammengeklebt, daß sie den Dominostein der Abbildung bilden. Frage: Kann das restliche Schachbrett – also das ohne die Ecken – lückenlos und ohne Überlappen mit solchen Dominosteinen überdeckt werden? Das ist unmöglich, und der Grund ist dieser: Jeder Dominostein überdeckt notwendig ein weißes *und* ein schwarzes Feld. Lückenlose Überdeckung wäre also nur möglich, wenn das verstümmelte Schachbrett gleich viele weiße wie schwarze Felder besäße. Das aber ist nicht so – die schwarzen Felder sind um zwei in der Überzahl, weil ein vollständiges Schach-

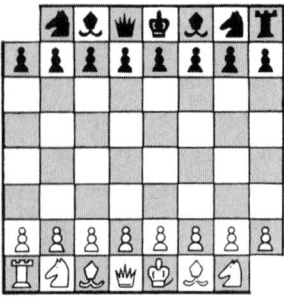

Abb. 9 Kann das verstümmelte Schachbrett mit Kopien des Domino-Steins lückenlos überdeckt werden? Das ist, wie der Text zeigt, unmöglich. Übrigens besucht die Gretel der Denksportaufgabe auf S. 55 ihren Freund Hänsel1 zehnmal so oft wie Hänsel2, weil die U2 jeweils eine Minute nach der U1, die U1 also zehn Minuten nach der U2 abfährt.

brett gleich viele (nämlich 32) weiße wie schwarze Felder besitzt und zwei weiße herausgenommen wurden.

Was lehrt uns diese Gedankendemonstration, die ich dem schönen Buch *The laboratory of the mind* [31] von James Robert Brown über Gedankenexperimente entnommen habe? Brown will beweisen, daß wir Einsicht haben können in die abstrakte, platonische Welt der mathematischen Sätze, die unabhängig von uns existiert. Dazu formuliert er die Fragestellung seiner Gedankendemonstration neu als Problem der Aussagenlogik durch viele formal dargestellte «und», «oder» und «impliziert» – mit einem aussagelogischen Kauderwelsch als Resultat, das keiner Einsicht zugänglich ist. Wenn nun aber wirklich beide Formulierungen äquivalent sind, kann der unterschiedliche Grad der Einsicht in sie nicht in dem Gehalt des Satzes, sondern muß in unserer Psychologie und deren Vorbedingungen begründet sein. Diese reflektieren die Lebensbedingungen unserer Spezies und erlauben keinen weitergehenden Schluß. Oder folgt daraus, daß Kindern die Sprache zufliegt, sie die Mathematik aber pauken müssen, daß die platonische oder physikalische Welt eher sprachlich als mathematisch geordnet ist? Doch wohl nicht.

Wer will, kann die ganze Theoretische Physik als eine Sammlung von Gedankenexperimenten auffassen, von denen er zusätzlich verlangt, daß ihre «Beweise» zumindest im Prinzip auch als «Ableitungen» formuliert werden könnten und als solche Bestand hätten. Das wären nicht alle Gedankenexperimente, weil von ihnen eben nicht verlangt wird, daß ihre «Beweise» eine exakte logische Analyse überstehen. Warum und wieso «exakte» Beweise als solche anerkannt werden, soll uns hier nicht weiter bekümmern, denn das Ansinnen, exakt zu sein, wird an Gedankenexperimente sowieso nicht gestellt. Bei ihnen handelt es sich um – und nur um – *Argumente*, und diese werden wie selbstverständlich ohne genaue Definition als solche erkannt und verwendet.

Man muß nur darauf kommen …

Nicht in der Realität, wohl aber in Gedanken kann man zwei Kartoffeln ungeändert ineinanderschieben und dadurch die Frage beantworten, ob es eine Kurve im Raum gibt, die sowohl der Oberfläche der einen als auch der andern Kartoffel eingeschrieben werden kann: Ja, die Schnittkurve ihrer beiden Oberflächen kann in beide Kartoffeln eingeschrieben werden, und wie immer diese Oberflächen geformt sein mögen, gibt es nicht nur eine, sondern unendlich viele Kurven im Raum, die in die Oberflächen beider Kartoffeln passen. Denn es gibt unendlich viele Möglichkeiten, die beiden Kartoffeln in Gedanken ineinanderzuschieben.

Gegeben sei zweitens eine elliptische Tischplatte. Gegeben seien auch zwei Spieler, die beide über einen beliebig großen Vorrat von Euromünzen aller Werte verfügen. Ihr Spiel besteht darin, daß die beiden abwechselnd jeweils eine Münze auf den Tisch legen. Irgendwann ist der Tisch so voll, daß keine weitere Münze auf ihm ohne Überlappung – daß es keine geben darf, ist eine Regel des Spiels – abgelegt werden kann. Gewonnen hat der Spieler, der die letzte Münze auf den Tisch legen kann. Wer von beiden gewinnt, wenn er es nur richtig anstellt, und wie stellt er es an?

Natürlich – wenn die Aufgabe überhaupt eine von allem weiteren unabhängige Lösung besitzt, gewinnt derjenige, der zuerst am Zuge ist: Ist nämlich der Tisch so klein, daß er von einer einzigen seiner Münzen überdeckt werden kann, wird er ihn mit einer solchen überdecken und hat gewonnen. Kein Problem auch für ihn, bei einem größeren Tisch zu gewinnen: Er legt seine erste Münze in den Mittelpunkt der Tischplatte (den diese laut Annahme besitzt) und alle weiteren denen seines Kontrahenten gegenüber (was laut Annahme über die Gestalt der Tischplatte möglich ist). Bingo – er hat gewonnen.

Einsicht und Vorstellungsvermögen bei Gedankenexperimenten

Hier will ich die These formulieren und vertreten, daß jedes Gedankenexperiment sowohl menschliche Einsicht als auch menschliches Vorstellungsvermögen voraussetzt. Einsicht in gesetzesartige Zusammenhänge, seien sie falsch oder richtig. Vorstellungsvermögen für Situationen, in denen die Einsicht Konsequenzen besitzt. Das Gedankenexperiment zieht diese Konsequenzen, die in Idealfällen experimentell überprüft, als widersprüchlich erkannt oder mit Konsequenzen aus anderen Einsichten verglichen werden können. Weil aber kaum etwas so wandelbar ist wie die menschliche Einsicht, müssen wir unter unserer Definition auch Einsichten zulassen, die als falsch erkannt sind – zum Beispiel die Einsicht des Aristoteles, daß «leichte» Körper langsamer fallen als «schwere».

Um sie anzuwenden, stellt Galilei sich zwei miteinander verbundene Körper vor, von denen der eine schwer, der andere leicht ist. Was nun, Herr Aristoteles? fragt die Einsicht Galileis. Der langsamer fallende leichtere Körper muß doch eigentlich den Fall des schwereren hemmen, so daß beide zusammen langsamer fallen sollten als der schwerere allein. Auf der anderen Seite sind beide zusammen schwerer als der schwerere, so daß sie zusammen schneller fallen müßten.

So einfach, wie von Aristoteles behauptet, kann es laut der Einsicht Galileis also nicht sein. Was aber soll die Behauptung des Aristoteles ersetzen? Mit seiner Antwort ist Galilei rasch bei der Hand, und er begründet auch sie durch sein Gedankenexperiment: Alle Körper fallen «eigentlich» gleich schnell; die offensichtlichen Abweichungen von diesem Gesetz entstehen durch den Luftwiderstand gegen den freien Fall und durch nichts sonst.

Welch ein stolzer Schluß – und wie unbegründet. Galileis Rhetorik läßt es so erscheinen, als sei sein Schluß auf die Gleichheit aller Fallgeschwindigkeiten zwingend. Das aber ist er keinesfalls. Denn wäre er es, würde das Gedankenexperiment auch noch die Gleichheit von «schwerer» und «träger» Masse bei allen Körpern beweisen, ohne die es keine universelle Fallgeschwindigkeit gäbe – eine Gleichheit, die das Gedankenexperiment selbstverständlich in keiner Weise impliziert.

Galilei schlägt also mit dem, was er für eine Folgerung aus seinem Gedankenexperiment hält, die neue Gesetzeshypothese vor, daß im luftleeren Raum (den er zwar nicht kennt, aber für möglich hält – schließlich war er es, der seinem Schüler Evangelista Torricelli (1608–1647) dessen Quecksilber-Experiment zur Erzeugung eines luftleeren Raumes vorschlug) alle Körper gleich schnell fallen.

Bis Albert Einstein war Galilei der wohl größte Experimentator in Gedanken. Seine Dialoge ([72] und [71]) gewähren uns faszinierende Einblicke in sein Gedankenlabor. In ihnen läßt er die

Edelleute Salviati, Sagredo und Simplicio Einsichten und Beweise eines ungenannt bleibenden Akademikers diskutieren, die Salviati vorträgt und die tatsächlich Galileis eigene sind. Simplicio vertritt die Ansichten der Schule des Aristoteles, und auf ihn hauen die beiden anderen ein, daß es eine Lust ist. Sagredo, den aufgeklärten und interessierten Laien, habe ich vorgestellt. Die Quelle aller Weisheit in den Dialogen ist aber Salviati, und sachlich machen wir keinen Fehler, wenn wir ihn mit Galilei identifizieren. Denn nur dramaturgisch spaltet sich Galilei in den Dialogen in Salviati und den im Hintergrund bleibenden Akademiker auf. Einmal sagt Salviati von sich, daß er «die Rolle des Kopernikaners spiele und gewissermaßen seine Maske vornehme»; laut Julian B. Barbour in *Absolute or Relative Motion* ([7], S. 384) steht er für Kopernikus selbst. Für uns ist aber nur wichtig, daß Salviati die Einsichten Galileis ungebrochen vertritt.

Daß selbst *innerhalb des aristotelischen Systems* dessen Folgerung «Schwere Körper fallen schneller als leichte» keinen Bestand haben kann, beweist Salviati dem widerstrebenden Simplicio ohne Schwierigkeiten. Hier ein Ausschnitt aus dem Dialog in Galileis Spätwerk [72] ab S. 57:

Sagredo: Ich, Herr Simplicio, der ich keinen Versuch angestellt habe, versichere Euch, dass eine Kanonenkugel von 100, 200 und mehr Pfund um keine Spanne vor einer Flintenkugel von einem halben Pfund Gewicht die Erde erreichen wird, wenn beide aus 200 Ellen Höhe herabkommen.

Salviati: Ohne viel Versuche können wir durch eine kurze, bindende Schlussfolgerung nachweisen, wie unmöglich es sei, dass ein grösseres Gewicht sich schneller bewege, als ein kleineres, wenn beide aus gleichem Stoff bestehen; und überhaupt alle jene Körper, von denen Aristoteles spricht. Denn sagt mir, Herr Simplicio, gebt Ihr zu, dass jeder fallende Körper eine von Natur ihm zukommende Geschwindigkeit habe; so dass, wenn diese vermehrt oder vermindert werden soll, eine Kraft angewandt werden muss oder ein Hemmnis.

Simplicio: Unzweifelhaft hat ein Körper in einem gewissen Mittel eine von Natur bestimmte Geschwindigkeit, die nur mit einem neuen Antrieb vermehrt, oder durch ein Hindernis vermindert werden kann.

Salviati: Wenn wir zwei Körper haben, deren natürliche Geschwindigkeit verschieden sei, so ist es klar, dass, wenn wir den langsameren mit dem geschwinderen vereinigen, dieser letztere von jenem verzögert werden müsste, und jener, der langsamere, müsste vom schnelleren beschleunigt werden. Seid Ihr hierin mit mir einverstanden?

Simplicio: Mir scheint die Consequenz völlig richtig.

Salvati: Aber wenn dies richtig ist, und wenn es wahr wäre, dass ein grosser Stein sich z. B. mit 8 Maass Geschwindigkeit bewegt, und ein kleinerer Stein mit 4 Maass, so würden beide vereinigt eine Geschwindigkeit von weniger als 8 Maass haben müssen; aber die beiden Steine zusammen sind doch grösser, als jener grössere Stein war, der 8 Maass Geschwindigkeit hatte; mithin würde sich nun der grössere langsamer bewegen, als der kleinere; was gegen Eure Voraussetzung wäre. Ihr seht also, wie aus der Annahme, ein grösserer Körper habe eine größere Geschwindigkeit, als ein kleinerer Körper, ich Euch weiter folgern lassen konnte, dass ein größerer Körper langsamer sich bewege als ein kleiner.

Simplicio: Ich bin ganz verwirrt.

Hier ist eine Voraussetzung zu vermerken, die Salviati am Schluß macht und die bei rühmenden Erwähnungen dieses Gedankenexperimentes oftmals unterschlagen wird (und auch hier bisher wurde): daß nämlich «beide Gewichte aus gleichem Stoffe beste-

hen» sollen. Gewiß, im weiteren Verlauf des Dialogs erweitert Galilei sein Gedankenexperiment bis hin zu dem Schluß, daß alle
Körper *in vacuo* gleich schnell fallen.[8] Wie bereits erwähnt, ist dieser Schluß allerdings nur unter der Voraussetzung der Gleichheit
von schwerer und träger Masse gültig – eine Voraussetzung, die
Galilei nicht macht, wohl aber die Theoretische Physik bei ihrer
gleichlautenden Antwort auf dieselbe Frage nach der Fallgeschwindigkeit (genauer: Fallbeschleunigung) verschiedener Körper im
luftleeren Raum. Aber auch unter der Forderung nach «gleichem
Stoff» liefert das Gedankenexperiment des Galilei zum freien Fall
kein schlüssiges Ergebnis – wie, wenn Massen, schwere und/oder
träge, nicht additiv wären? Die Masse zweier Körper zusammengenommen also nicht mit der Summe ihrer einzelnen Massen über-
einstimmte? Das System des Aristoteles setzt diese Additivität als
selbstverständlich voraus, so daß Galilei die inneren Widersprüche
dieses Systems logisch einwandfrei aufdecken kann: Wenn nämlich
sowohl Gewichte (die schweren Massen) als auch die trägen Massen (definiert durch den Widerstand, den sie Beschleunigungen
entgegensetzen) additiv sind, dann ist es unmöglich, daß schwere
Körper schneller fallen als leichte.

Galilei hat die physikalischen Voraussetzungen seiner Kritik an
Aristoteles sicher nicht so klar gesehen, wie wir es tun. Seinen Wissensstand vorausgesetzt, könnte es um den freien Fall so stehen, wie
Aristoteles es behauptet – schwere Körper fallen schneller als
leichte. Die Einsichten, die Galilei dagegen anführt, sind keine
physikalischen, sondern anschauliche, instinktive Einsichten. Er
bezieht sie zunächst sogar nur aus dem System des Aristoteles, das
er dadurch wirklich und wahrhaftig ad absurdum führt. Denn Salviatis Argument, daß sich langsamere und schnellere Körper gegenseitig jeweils beschleunigen oder verlangsamen, durch das er
Simplicio (und, wie wir sehen werden, auch den Philosophen Karl
Popper) überzeugt, ist ein durchaus aristotelisches.

Auf der grandiosen Idee Galileis, daß «eigentlich» alle Körper gleich schnell fallen, beruhte etwa dreihundert Jahre später Albert Einsteins «glücklichster Gedanke meines Lebens» und auf jenem wiederum die Allgemeine Relativitätstheorie – wir befinden uns hier im Bereich des Gefühls, aus dem die Gedankenexperimente gespeist werden und in den sie hineinwirken, der aber zu exakten Schlüssen nichts beizutragen vermag. Exakt sind erst die Folgerungen aus den Axiomen, zu deren Formulierung die Gedankenexperimente beitragen, nicht aber die subjektiven Gründe für die Formulierungen. Anders gesagt sind zahlreiche Gedankenexperimente der unordentlichen Privatsache «Erfindung einer Theorie» und nicht ihren exakt überprüfbaren Anwendungen und damit dem zuzuordnen, worin ihre Bedeutung tatsächlich besteht. Manche Gedankenexperimente überzeugen sogar wegen ihrer Mängel!

Gedankenexperimente interpretieren allgemeine Vorstellungen und ersetzen sie gelegentlich durch beispielhafte Situationen. Einige der Gedankenexperimente Einsteins zur Relativität gehören hierher. Ebendeshalb, weil sie vollständig konkret sind, taugen sie genaugenommen nicht dazu, irgendeine allgemeine Aussage zu beweisen. Denn bei Gedankenexperimenten dieser Art muß unklar bleiben, welche Resultate erst aus den Details der speziell vorgestellten Situation folgen und welche bereits aus den Prinzipien.

Auf die Inhalte von Einsteins Gedankenexperimenten werde ich in späteren Kapiteln eingehen. Jetzt geht es allein um die logische Methode und mit ihr um die Frage, woher Gedankenexperimente, die genaugenommen logisch und physikalisch unrein sind, ihre phänomenale Überzeugungskraft beziehen. Wenn Einstein in seinen Gedankenexperimenten von Bahndämmen, Zügen und Blitzen spricht, erwartet er von seinen Adressaten, daß sie von ebendiesen Vehikeln absehen und die Allgemeinheit seiner Argumente erkennen. Derartiges funktioniert erstaunlich gut, und zwar allein durch die menschliche Einsicht. (Ich kann mir jedenfalls kein Computerprogramm vorstellen, das für alle Fälle festlegte, was «wichtig» und was «unwichtig» ist bei einem Gedankenexperiment. Der Leser braucht sich nur ein Piktogramm mit einem durchgestrichenen Pudel vorzustellen, bei dem das Programm entscheiden muß, ob zwar kein Pudel, aber ein Schäferhund passieren darf. Und so weiter.) Wie unterscheiden wir die Krücken, an denen eine Einsicht daherkommt, von der Einsicht selbst – was sollen wir wegwerfen und was beibehalten? Und wie können wir einem Rechner beibringen, ebendas für uns zu tun?

Gedankenexperimente und Realexperimente bei Galilei

Ich beginne mit zwei Zitaten, die belegen sollen, daß Galilei seine Gedankenexperimente nicht als unzulänglichen Ersatz für wirkliche Experimente aufgefaßt hat, sondern als verläßliche Grundlagen für Schlüsse auf Gesetze, die in der wirklichen Welt gelten. Beide Male mahnt Simplicio Experimente an, welche die Folgerungen Salviatis belegen. Im späteren Werk ([72], S. 57) etwa: «Man sieht aus Ihrer Darstellung, dass Ihr darüber experimentirt habt [...]», was Sagredo für Salviati ohne Gewissensbisse leugnet. Im früheren Werk ([71], S. 151) vollführt Galilei einen logischen Salto mortale, indem er einerseits die angenommenen Resultate niemals durchgeführter Experimente anderer Autoren als irrelevant ebendeshalb einstuft, weil sie nicht durchgeführt wurden, andererseits aber die Ergebnisse seiner eigenen Gedankenexperimente, die ebenfalls nicht durchgeführt wurden, als Tatsache hinstellt. Er will, denke ich, durch seine Einsichten überzeugen und anhand der Gedankenexperimente einen Weg weisen, diese Einsichten entweder zu widerlegen oder zu bestätigen. Seinen Vorgängern unterstellt er, die angenommenen Ergebnisse ihrer nicht durchgeführten Experimente, die sich laut seiner Einsicht zudem nicht ergeben hätten, für bare Münze genommen und als experimentelle Bestätigung ihrer Thesen angesehen zu haben.

Galileis wohlwollende Einschätzung seiner eigenen Argumentation in der fraglichen Passage teilt Simplicio überhaupt nicht. Auf Salviatis Tatsachenbehauptung ([71], S. 151), daß ein vom Schiffsmast fallender Stein «stets an derselben Stelle des Schiffes niederfällt, mag dieses feststehen oder sich mit beliebiger Geschwindigkeit bewegen», entgegnet Simplicio: «Wenn Ihr mich nicht auf den Weg des Versuchs verwiesen hättet, so würde nach meiner Meinung unser Hin- und Widerreden so bald noch kein Ende nehmen. Denn mir scheint diese Frage für menschliche Spekulation so unzugänglich, daß hier niemand sich erkühnen kann, etwas zu glauben oder zu vermuten.» Salviati: «Und doch erkühne ich mich das zu thun.» Simplicio: «Ihr hättet also nicht nur nicht hundertmal, sondern auch nicht einmal die Probe darauf gemacht und seid doch des Erfolges ohne weiteres sicher? [...]» Salviati: «Ich bin ohne Versuch gewiß, daß das Ergebnis so ausfällt, wie ich Euch sage, denn es muß so ausfallen. Ja noch mehr, ich behaupte Ihr selbst wißt ebenfalls, daß der Ausfall kein anderer sein kann, wenn Ihr Euch auch stellt oder vorgebt Euch zu stellen, als wüßtet Ihr es nicht. Ich verstehe aber das Handwerk mit Gehirnen umzugehen so meisterlich, daß ich Euch gewaltsam ein Geständnis entreißen werde.» Und so geschieht es: Am Ende des Dialogs, den ganz zu lesen sowohl unterhaltsam als auch lehrreich ist ([71], S. 152ff.; siehe auch [23], S. 21ff.), muß der total verwirrte Simplicio zugeben, daß «Euere Beweisführung wirklich dem Anschein nach recht plausibel ist».

Seine Berühmtheit verdankt Galileis Gedankenresultat, daß alle Körper im luftleeren Raum gleich schnell fallen, auch der Legende, er habe es durch reale Fallexperimente am Schiefen Turm von Pisa überprüft. Grundsätzliche Überlegungen zu den Gedankenexperimenten von Ernst Mach ([123], [126], [124] und [125]), Pierre Duhem ([50], S. 269ff.), Karl Popper (Neuer Anhang *XI von [149]) und anderen, auf die wir gelegentlich eingehen werden, gelten dann auch insbesondere diesem Gedankenexperiment.

Einsichten und Erfahrungen

Wenn wir uns entschließen, den «Beweisen» Galileis den Status von Gedankenexperimenten zuzusprechen, dann ist in der Tat für uns ein Gedankenexperiment nicht mehr – aber auch nicht weniger – als ein Argument. Der deutsche Publizist Kurt Tucholsky (1890–1935) hat auf die Frage «Was darf die Satire?» geantwortet: «Die Satire darf alles.» Genauso dürfen Gedankenexperimente «alles». Gedankenexperimente sind aus Argumenten zusammengesetzt, und ihnen kann vernünftigerweise nicht dadurch widersprochen werden, daß sie «keine Gedankenexperimente» seien, sondern nur dadurch, daß sie – analog zu Argumenten – nicht beweisen, was sie beweisen sollen. Argumente können aber auch den höheren Sphären der Beweise (oder gar Ableitungen) angehören. Dasselbe gilt für Gedankenexperimente. Diese beruhen ganz und gar auf menschlichen Einsichten, die aus verschiedenen – logischen und/oder emotionalen – Quellen gespeist werden, logische Schlüssigkeit im allgemeinen aber nur dadurch erwerben können, daß entweder die Voraussetzungen verstärkt oder die Folgerungen abgeschwächt werden.

Zu den verborgenen Voraussetzungen von Gedankenexperimenten zur Mechanik gehört laut Ernst Mach auch instinktives Wissen, das – so sagen wir – die Evolution uns eingeprägt hat. Wird dieses instinktive Wissen über die Erfahrungen hinaus, auf denen

es beruht, zum Prinzip erhoben, kann es sich in der Regel nicht be-
währen. «Das Instinktive ist ebenso fehlbar wie das klar Bewußte»
schrieb Mach ([123], S. 27). Hierher gehören die bereits erwähnten Unterstellungen des gesunden Menschenverstandes, die ein
Gedankenresultat zu beweisen gestatten, welches durch die Quantenmechanik widerlegt wird.

Jeder, der aus einem Stapel Papier eine Seite herausziehen will,
tut dies mit einem Ruck. Kaum einer aber weiß, warum er das tut –
beziehungsweise vermöge welcher physikalischen Gesetze er auf
Erfolg hoffen darf. Er wendet seine instinktive Einsicht in das
Funktionieren mechanischer Systeme, welche die Evolution ihm
als Mitglied unserer von derartigen Einsichten abhängigen Spezies
eingegeben hat, auf ein Problem an, das mit keinem Problem identisch, wohl aber mit zahlreichen Problemen aus unserer Entwick-
lungsgeschichte verwandt ist. Spätestens aber seit der Erfindung
des Flaschenzuges, den bereits Aristoteles erwähnte, werden wir
mit Systemen konfrontiert, für deren Verständnis keine oder nur
eine falsche instinktive Einsicht bereitsteht, weil verwandte Systeme im Laufe der Evolution nicht aufgetreten sind, sie diese also
nicht beeinflussen konnten. Hier nun kommt uns unsere einzigar-
tige Allzweckwaffe zur Hilfe – die frei anwendbare, vom Instinkt
weitgehend entkoppelte gedankliche Einsicht, die ihre höchste
Form in der rein logischen Einsicht findet. Diese besitzen wir vermutlich deshalb, weil es in unserer Geschichte einen evolutionären
Vorteil darstellte, aus lediglich logischen Gründen – ohne körperli-
chen Einsatz und ohne Gefahr – unmögliche Entwicklungen von
möglichen unterscheiden zu können. Wie unser Gehirn in Zusam-
menarbeit mit dem restlichen Körper diese Leistungen vollbringt,
beginnt die Forschung gerade erst zu verstehen ([83], [84] und
[92]): Zu dem Apparat, durch den alle Tiere die Meldungen der
Sinnesorgane verbuchen und in Reaktionen umsetzen, ist beim
Menschen einer hinzugekommen, der ebendiesen Apparat densel-

ben Betrachtungen unterwirft – eine emergente Leistung, die jeder einzelne als «sein» Bewußtsein wahrnimmt.

Für unsere gedanklichen Einsichten gilt analog zu den instinktiven, daß wir mit jenen auszukommen versuchen, die sich bewährt haben. Diese vertiefen wir und erheben sie zu Prinzipien, nach denen wir zwar nicht die einzelnen Erscheinungen, wohl aber die Gesetze beurteilen, die für die Erscheinungen gelten. Dies nicht immer zu Recht. Denn genau wie die instinktiven wenden wir auch unsere gedanklichen Einsichten auf physikalische Situationen an, für die Naturgesetze gelten können – und oft genug gelten –, die unseren angenommenen, auf unserer Daseinsstufe erfolgreichen Gesetzen widersprechen. Aber auch hier kommt uns unsere Fähigkeit zu gedanklicher Einsicht zu Hilfe: Konfrontiert mit Ereignissen, die keiner uns bekannten Regel gehorchen, lesen wir von ihnen Regeln ab, denen sie zu genügen scheinen. Die erfolgreichen Regeln werden nach viel Versuch und Irrtum zu neuen Gesetzen zusammengefaßt. Auf höheren Stufen können also Einsichten entwickelt werden, die denen aus tieferen Stufen widersprechen. Wenn das so ist, widersprechen wohlgemerkt zwar die Einsichten einander, nicht aber die aus der einen oder anderen Einsicht zu ziehenden Folgerungen, die experimentell bestätigt werden konnten.

Wir sind geneigt, Einsichten, die große Bereiche unserer Erfahrung betreffen und die wir nach mancherlei Für und Wider gelten lassen, zu Prinzipien zu erheben. Ich werde mich in diesem Kapitel auf zwei prominente Beispiele beschränken, die im Laufe der Zeit radikale Änderungen erfahren haben: das Perpetuum mobile und die Fernwirkung. Wer auch immer zuerst ein Gerät zu dem Zweck entworfen hat, daß es als Perpetuum mobile dienen möge, hat die (wie wir heute wissen: falsche) Einsicht besessen, daß ein Perpetuum mobile möglich sei. Vertreter dieser Einsicht – einer von ihnen war Niels Bohr – haben erst im 20. Jahrhundert den Widerstand gegen die entgegengesetzte Einsicht aufgegeben – daß es nämlich unmöglich ist, ein Perpetuum mobile zu bauen. Hier hat eine Einsicht der entgegengesetzten Platz gemacht. Das war ohne Reibung mit dem Experiment möglich, weil die Einsicht, daß ein solcher Apparat möglich sei, niemals und nirgendwo eine experimentelle Bestätigung erfahren hat. Daß es außerhalb der Wissenschaft immer noch Vertreter der Meinung gibt, ein Perpetuum mobile sei möglich, soll uns hier nicht beschäftigen. Sollten sie (entgegen meiner persönlichen Einsicht) recht haben, wird diese Möglichkeit sicher nicht aus Forschungen zu einem Projekt namens «Perpetuum mobile» erwachsen, sondern aus Grundlagenforschungen, die ganz anderen Zwecken dienen – der Erforschung der Naturgesetze für die Elementarteilchen zum Beispiel. So war es auch kein Projekt zur Erleichterung der Kommunikation über große Distanzen, das im 18. Jahrhundert zur Entdeckung der Radiowellen führte. Deren Entdeckung durch Heinrich Hertz (1857–1894) im Jahr 1887, der damals als Physiker an der Universität Karlsruhe wirkte, war ein Resultat von Grundlagenforschungen, die allein die Vertiefung unseres Verständnisses der Welt bezweckten.

Die zweite zum Prinzip erhobene Einsicht, die ich hier erwähnen will, bezieht sich auf die Unmöglichkeit instantaner Fernwirkung. Es ist kurios, daß gerade Newton das Banner dieses Prinzips hochgehalten hat. Denn seine unermeßlich erfolgreiche Mechanik *ist* eine instantane Fernwirkungstheorie: Wenn sich *jetzt* die Sonne zu einer Zigarre verformen würde, erreichte die von der veränderten Sonne ausgehende veränderte Kraft laut Newton die Erde ebenfalls *jetzt* und würde deren Bahn instantan beeinflussen. Erst Albert Einstein ist im 20. Jahrhundert mit seiner Allgemeinen Relativitätstheorie das gelungen, was Isaac Newton angestrebt hat – eine Theorie der Schwerkraft zu formulieren, die ohne Fernwirkung auskommt.

Auch die 1873 durch den großen schottischen Physiker James

Clerk Maxwell (1831–1879) formulierten und nach ihm benannten Gleichungen, die Elektrizität und Magnetismus vereinigen, kennen keine Fernwirkung. Ausgestattet mit zwei fundamentalen Theorien, die im Detail über die kontinuierliche Ausbreitung von Wirkungen Auskunft geben, haben wir die Einsicht entwickelt, daß es keine instantane Fernwirkung geben könne. Doch wahrscheinlich ist gerade dieses Ingrediens des gesunden Menschenverstandes dafür verantwortlich, daß dessen Gedankenresultate mit denen der Quantenmechanik unvereinbar sind: Laut Quantenmechanik sind instantane Ausbreitungen von Wirkungen möglich, durch die aber – wie seltsam! – keine Nachrichten übermittelt werden können[9]. Dies ist ein Knoten, den zu entwirren wir im vorletzten Kapitel versuchen werden.

Huygens und die Gesetze des elastischen Stoßes

Machtvolle Anwendungen findet das Prinzip der Symmetrie bei der Betrachtung physikalischer Systeme von verschiedenen, aber gleichberechtigten Standpunkten aus, von denen wir bereits einige Beispiele kennengelernt haben (S. 43 ff., insbesondere S. 52 f.). Eine der schönsten und historisch wichtigsten Anwendungen des Prinzips ist der Beweis von den Gesetzen des elastischen Stoßes durch den niederländischen Physiker Christian Huygens (1629–1693).

Mit Huygens stellen wir uns einen Mann in einem Boot vor, das mit der beliebigen, aber konstanten Geschwindigkeit w an einem am Ufer stehenden anderen Mann von links nach rechts vorüberfährt (Abb. 10). Zusammen führen sie ein Experiment aus, das der Mann am Ufer so beschreibt: «Ich führe zwei an Fäden aufgehängte Kugeln mit entgegengesetzten Geschwindigkeiten u und

Abb. 10 Daß der Mann am Ufer und der im Boot einander an den Händen, und mit ihnen gemeinsam die Fäden halten, soll auf die Gleichberechtigung beider als Beobachter verweisen.

$-u$ so zusammen, daß sie zentral elastisch aneinander stoßen. Wie Descartes gelehrt hat und die Symmetrie zeigt (Abb. 11a–c), tauschen die Kugeln hierbei ihre Geschwindigkeiten u und $-u$ aus.» Indem wir die jeweiligen Geschwindigkeiten u_1 und u_2 der beiden Kugeln zu einem Paar (u_1, u_2) zusammenfassen, können wir den Prozeß, wie ihn der Mann am Ufer sieht, symbolisch durch $(u, -u) \rightarrow (-u, u)$ beschreiben. Für den Mann im Boot hingegen bewegt sich das Ufer mit der Geschwindigkeit $-w$ nach links. Die dementsprechende kinematische Übersetzung einer Geschwindigkeit v relativ zum Ufer durch eine *Galilei-Transformation* in die von dem bewegten Mann wahrgenommene Geschwindigkeit $v - w$ hält Huygens für selbstverständlich gültig. Seit Einsteins Spezieller Relativitätstheorie wissen wir jedoch, daß diese bei großen Geschwindigkeiten ganz falsch ist.

Indem wir Galileis und Huygens kinematische Übersetzung akzeptieren, erhalten wir aus der Beschreibung des elastischen Stoßes $(u, -u) \rightarrow (-u, u)$ durch den Mann am Ufer die Beschreibung

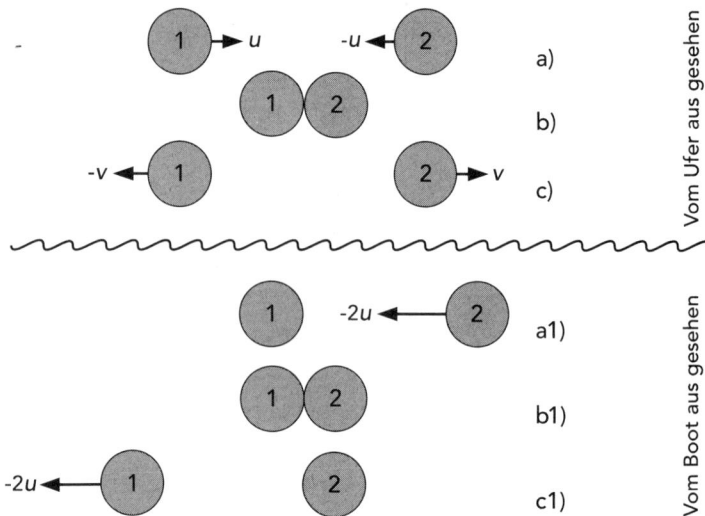

Abb. 11 Wenn zwei gleiche Kugeln mit entgegengesetzten Geschwindigkeiten u und $-u$ zentral aufeinandertreffen, folgt aus der Spiegelsymmetrie des Zusammenstoßes a)→ b)→ c) zusammen mit jener der für ihn geltenden Naturgesetze, daß sich die Kugeln auch nach ihm mit entgegengesetzten Geschwindigkeiten, nun v und $-v$, entlang derselben Linie bewegen. Bei einem total inelastischen Stoß wird die gesamte Bewegungsenergie in Wärmeenergie umgewandelt, so daß nach ihm die Kugeln aneinander kleben und $v = 0$ gilt. Das schließt selbstverständlich aus, daß der Ablauf auch in umgekehrter Reihenfolge c)→ b)→ a) auftreten kann. Verlangt man das aber vermöge einer angenommenen Zeitumkehrsymmetrie des Prozesses, muß $v = u$ gelten. In der speziellen Situation der Abbildung folgt also die Erhaltung von Impuls $u + (-u) = (-v) + v = 0$ und Energie $2(m/2)u^2 = 2(m/2)v^2$, worin m die beiden Kugeln gemeinsame Masse ist, aus den Forderungen nach Symmetrie der Naturgesetze des elastischen Stoßes gegenüber Raum- und Zeitspiegelungen. Wie im Text beschrieben, stößt in der Sichtweise eines Beobachters, der sich relativ zum ersten mit der Geschwindigkeit u von links nach rechts bewegt, die Kugel Nr. 2 auf die ruhende Nr. 1, bleibt liegen, und Nr. 1 setzt den Weg von Nr. 2 mit deren vormaliger Geschwindigkeit fort (a1 → b1 → c1).

$(u-w, -u-w) \rightarrow (-u-w, u-w)$ desselben Prozesses wie durch den Mann im Boot. Die Wahl u für die Geschwindigkeit w des Bootes, $w = u$, ergibt das bemerkenswerte Resultat $(0, -2u) \rightarrow (-2u, 0)$, welches der Bootsmann so beschreibt: «Die (relativ zu meinem Boot) ruhende Kugel Nr. 1 wird von rechts durch die Kugel Nr. 2 angestoßen. Als Resultat bleibt die Kugel Nr. 2 liegen, und die Kugel Nr. 1 bewegt sich mit der vormaligen Geschwindigkeit der Kugel Nr. 2 nach links; die Kugeln haben, kurz gesagt, ihre Geschwindigkeiten 0 und $-2u$ ausgetauscht.»

Huygens will durch seine Abb. 10 zeigen, daß genau wie der Mann am Ufer auch der Mann im Boot behaupten kann, er habe das Experiment mit den Kugeln durchgeführt, also nicht nur beobachtet. Denn wie die Abbildung zeigt, hält er die Fäden, an denen die Kugeln hängen, *zusammen* mit dem Mann am Ufer. Über die rein kinematische Übersetzung von Geschwindigkeiten geht Huygens durch die Annahme hinaus, daß die Beobachtung des Mannes im Boot auch das Resultat eines Experimentes am Ufer mit entsprechend veränderten Geschwindigkeiten wäre: Verleiht der Mann am Ufer vor dem Stoß *seinen* Kugeln die Geschwindigkeiten 0 und $-2u$ (da u frei wählbar ist, also irgendeine Geschwindigkeit), sind sie nach dem Stoß $-2u$ und 0 schnell (Abb. 11a1–c1). Sie haben, wie die vom Boot aus betrachteten Kugeln seines ersten Experiments (Abb. 11a–c), ihre Geschwindigkeiten 0 und $-2u$ ausgetauscht.

Dieser Schluß ist, wie Huygens weiß[10], überhaupt nicht selbstverständlich – gilt er doch nur für kinematische Übersetzungen, die von einem mit konstanter Geschwindigkeit bewegten System zu einem anderen führen: Wenn sich das Boot beschleunigt bewegte, würde die kinematische Übersetzung dessen, was der Mann im Boot sieht, am Ufer im allgemeinen *nicht* auftreten können. Was es aber bedeutet, sich mit konstanter Geschwindigkeit zu bewegen, weiß Huygens nicht zu sagen. Sein (und unser) Problem ist natürlich nicht die Konstanz der relativen Geschwindigkeiten von Boot und Ufer, sondern es ist die absolute Konstanz irgendeiner Geschwindigkeit, welche die Konstanz aller anderen Geschwindigkeiten als Relativgeschwindigkeiten festlegen würde. So begnügt Huygens sich denn mit der pragmatischen Annahme, daß für seine Zwecke die Geschwindigkeit des Ufers hinreichend genau konstant sei, so daß er sie, wie jede andere konstante Geschwindigkeit, zu absoluter Ruhe ernennen kann.

Kein Perpetuum mobile

Zu den wichtigsten von Theorien abgelesenen und verallgemeinerten Prinzipien der Physik gehören die von der Unmöglichkeit eines Perpetuum mobile erster oder zweiter Art. Zur Erinnerung: Ein Perpetuum mobile erster Art, dessen Unmöglichkeit übrigens Huygens als erster behauptete und für seine weiter gehenden Gedankenschlüsse verwendete ([23], S. 34f.), ist ein Gedankengebilde, das die Gesamtenergie vermehrt (oder auch, nicht so attraktiv, aber theoretisch auf derselben Stufe, vermindert). Ein Perpetuum mobile zweiter Art ändert die Gesamtenergie zwar nicht, kann aber bewirken, daß in einem Körper, der sich im Thermischen Gleichgewicht befindet, in dem also überall die gleiche Temperatur herrscht, ohne Zufuhr von Energie Temperaturdifferenzen auftreten. Während die gesamte Wärmeenergie dieselbe bleibt, wird die rechte Hälfte des Körpers wärmer und die linke kälter. Würde das geschehen, könnte eine konventionelle Wärmekraftmaschine die aufgetretene Temperaturdifferenz unter Leistung mechanischer Arbeit abbauen – zum Beispiel ein Gewicht anheben. Am Ende wäre keine andere Änderung eingetreten als diese: Der Körper wäre kälter geworden, und die der Differenz der Temperaturen am An-

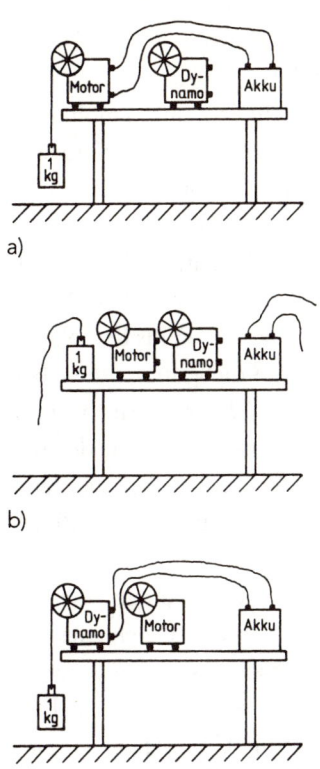

a)

b)

c)

Abb. 12 Die Geräte der Abbildung können unter der Voraussetzung, daß Newtons Gesetz der gegenseitigen Anziehung von Massen nicht zu allen Zeiten dasselbe ist, als Perpetuum mobile erster Art dienen. Genauer soll das Gesetz zwar seine Form behalten, aber die in ihm auftretende Newtonsche Gravitationskonstante G soll an einem Sonntag doppelt so groß sein wie sonst immer. Diese Konstante bestimmt die Kraft, mit der Massen sich gegenseitig anziehen: Wird G verdoppelt, ist die Kraft doppelt so stark. Am Samstag abend, bei noch normaler Gravitationskonstante G, benutzen wir Strom aus dem Akku, um das Gewicht mit Hilfe des Motors vom Fußboden auf den Tisch zu heben. Dort bleibt es stehen, bis wir am Sonntag mittag sicher sein können,

daß die Schwerkraft doppelt so stark ist wie normal. Dann hängen wir das Gewicht an den Dynamo und lassen es wieder auf den Fußboden herunter. Die elektrische Energie, die der Dynamo dabei liefert – das Doppelte dessen, was der Motor zum Heben des Gewichtes gebraucht hat – speichern wir im Akku. Am Montag, bei wieder normaler Schwerkraft, hat sich nur eines gegenüber den Verhältnissen am Samstag mittag geändert – der Akku enthält mehr Energie; das Gewicht steht genau wie anfangs auf dem Boden. Das mechanische System haben wir also nicht verändert, ihm aber Energie entnommen. Daß dies – die Erzeugung von Energie – in der Wirklichkeit unmöglich zu sein scheint, ist ein Indiz dafür, daß sich die Naturgesetze im Laufe der Zeit nicht ändern.

fang und am Ende entsprechende Wärmeenergie wäre in potentielle Energie des Gewichtes umgewandelt worden.

Wir sind heute davon überzeugt, daß kein Perpetuum mobile gebaut werden kann, welcher Hilfsmittel und Zweige der Naturwissenschaften wir uns auch immer bedienen. Den Energiesatz, der ein
Perpetuum mobile erster Art für unmöglich erklärt, halten wir für
unbedingt gültig. Dies auch deshalb, weil der Satz nach Auskunft
eines von der deutschen Mathematikerin Emmy Noether (1882–
1935) bewiesenen und nach ihr benannten Theorems den Naturgesetzen unter der Voraussetzung folgt, daß diese immer dieselben
bleiben. Das Gedankenexperiment der Abb. 12 zeigt an einem einfachen Beispiel, daß Änderungen der Naturgesetze im Laufe der Zeit
den Bau eines Perpetuum mobile erster Art ermöglichen würden.

Aber warum sollten die Naturgesetze immer und überall dieselben sein? Seit einigen Jahren gehen Meldungen über experimentelle Resultate um, die besagen, daß einige der (dann nur vermeintlichen) Naturkonstanten im Verlauf der Geschichte des
Universums ihren Zahlenwert geändert haben könnten, unter ihnen als prominenteste Größe die Lichtgeschwindigkeit c. Des-
senungeachtet erheben wir noch immer die Unmöglichkeit eines
Perpetuum mobile zum Prinzip und führen Beweise mit dessen
Hilfe: Wird einem Erfinder nachgewiesen, daß ein von ihm ent-
worfener Apparat als Perpetuum mobile benutzt werden könnte,
schließen wir ohne weiteres, daß er nicht wie vorgesehen funktionieren kann. Besonders hart trifft dieses Vorgehen natürlich diejenigen, die einen Apparat erfunden haben, dessen ausgemachter
Zweck es ist, Energie zu liefern – der also ein Perpetuum mobile
sein soll. Weil sich aber kein solcher Erfinder auf die in Milliarden
Jahren geradeso merklichen Änderungen der Werte von Naturkonstanten, wenn es sie überhaupt gibt, berufen kann, sind die Zu-
rückweisungen immer noch berechtigt: Kein Zweifel also daran,
daß ein Perpetuum mobile unmöglich ist.

Uns geht es um Gedankenexperimente, die Ideen und/oder Einsichten mit dem Verhalten realer Systeme verknüpfen. In der Literatur über Gedankenexperimente finden sich Beiträge, die unterstellen, daß wir durch ein Gedankenexperiment auch dann etwas über die Natur erfahren, wenn das ihm entsprechende Realexperiment nicht durchgeführt wurde (und das Gedankenexperiment keinen logischen Widerspruch zutage gefördert hat). Das haben wir bereits zurückgewiesen. Tatsächlich lernen wir durch das Gedankenexperiment in diesem Fall zwar nichts über die Natur, wohl aber etwas über unsere Ideen und/oder Einsichten – über das Verhältnis nämlich, in dem verschiedene Ideen und/oder Einsichten zueinander stehen. Jedes Gedankenexperiment formuliert außerdem die Frage an die Natur, ob die Argumente, die einen bestimmten Ausgang des ihm entsprechenden Realexperimentes implizieren, gültig sind.

Bei Gedankenexperimenten, die auf so fest verankerten Einsichten wie der beruhen, daß es kein Perpetuum mobile geben kann, scheint es anders zu sein. Aber genaugenommen sagen auch diese Gedankenexperimente nichts weiter als: *Wenn* die Voraussetzungen des Gedankenexperimentes erfüllt sind – hier: daß es kein Perpetuum mobile geben kann –, wird dieses oder jenes im Erprobungsfall geschehen oder nicht geschehen. Stimmt experimentell, was das Gedankenexperiment aus seinen Voraussetzungen folgert (und sind die Mittel der Folgerung einwandfrei), so wurden die Voraussetzungen nicht widerlegt, können es aber immer noch werden. Stimmt es nicht, sind die Voraussetzungen widerlegt, und wir haben eine unabweisbare Einsicht über die Natur gewonnen.

So aber werden gewisse Prinzipien nicht hinterfragt – insbesondere das nicht von der Unmöglichkeit eines Perpetuum mobile. Dabei ist die Einsicht, daß es kein Perpetuum mobile welcher Art auch immer geben kann, nur unter Naturwissenschaftlern unumstritten, und auch bei ihnen erst seit relativ kurzer Zeit. Die

a)   b)

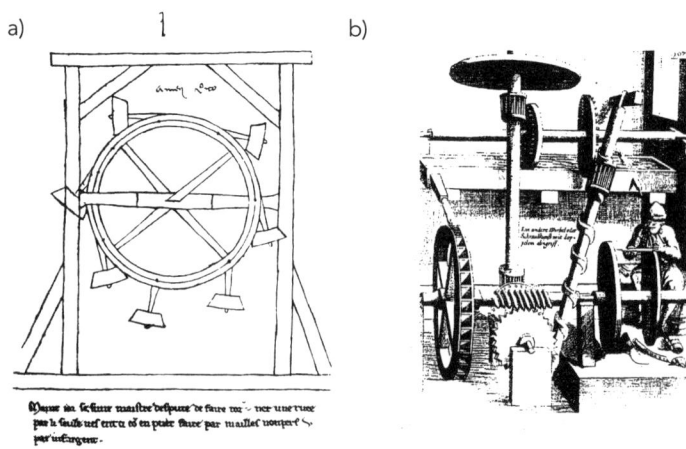

Abb. 13 Zwei historische Vorschläge (nach [118], S. 164) für die Konstruktion eines Perpetuum mobile erster Art – eines also, das die Gesamtenergie vermehrt. Die dem Vorschlag a) aus dem Jahr 1235 zugrunde liegende Idee, daß bewegliche Hämmer ein Rad antreiben könnten, wurde modifiziert wieder und wieder aufgegriffen – zum Beispiel in der Renaissance 250 Jahre später von Leonardo da Vinci. Das Wasser der 1629 vorgeschlagenen Vorrichtung b) treibt, indem es über ein Mühlrad abwärts fließt, eine Archimedische Schraube an, die es wieder nach oben transportiert. Der hier zugrunde liegenden Idee setzen wir unsere Einsicht in den Energiesatz entgegen: Ewige Bewegung ist dann und nur dann möglich, wenn es erstens keine Reibung gibt und zweitens dem System keine Energie entnommen wird. Die Anordnung b) erfüllt keine dieser beiden Voraussetzungen.

Abb. 13 stellt zwei frühe Vorschläge – von 1235 und von 1629 – vor. Die Erfinder dieser Apparate wußten nicht, daß diese, würden sie so funktionieren wie anvisiert, einem Naturgesetz – dem vom Energieerhalt – widersprechen würden. Dieses Gesetz hat die Evolution unseren Instinkten nicht eingegeben – anders als beispielsweise das Gesetz vom Schwerpunkt, das uns (anders als Hunde) lehrt, eine Stange mit Gewichten so zu tragen, daß wir die Stange im Schwerpunkt unterstützen.

Um die moderne, alles umfassende Form des Energiesatzes hat noch der große deutsche Naturforscher Hermann von Helmholtz (1821–1894) gerungen. In seinem Lebensbericht (zitiert nach [170], S. 358) zu seinem 70. Geburtstag schreibt er 1891: Ich stieß «auf die Frage: ‹Welche Beziehungen müssen zwischen den verschiedenartigen Naturkräften bestehen, wenn allgemein kein Perpetuum mobile möglich sein soll?› und die weitere ‹Bestehen nun thatsächlich alle diese Beziehungen?› [...] Zu meinem Erstaunen nahmen aber die physikalischen Autoritäten, mit denen ich in Berührung kam, die Sache ganz anders auf. Sie waren geneigt, die Richtigkeit des Gesetzes zu leugnen [...].»

Manche Beweise, die darauf beruhen, daß es kein Perpetuum mobile geben kann, besitzen in der Tat überraschende Konsequenzen. Hier das erste Beispiel [88]: Körper, die Licht einer bestimmten Frequenz – zum Beispiel das gelbe Licht der Natriumlinie – bevorzugt absorbieren, müssen dieses auch bevorzugt emittieren. Vereinfachend nehmen wir an, es gebe einen Körper A, der rotes Licht sowohl emittieren als auch absorbieren, gelbes aber nur absorbieren kann; er wandelt sozusagen gelbes Licht in rotes um. Dieser Körper A besitzt eine bestimmte Temperatur, und ihm steht ein «normaler» Körper B mit derselben Temperatur[11] gegenüber, der sowohl rotes als auch gelbes Licht absorbiert und ausstrahlt. Damit sich keine Temperaturdifferenz zwischen den beiden Körpern ausbildet, muß A von B genausoviel Energie in Form von gelbem Licht empfangen, wie A an B in welcher Form auch immer abgibt. Nun teilen wir den Hohlraum zwischen A und B in Gedanken durch einen Filter F, der rotes Licht reflektiert, gelbes aber ungehindert durchläßt, in zwei Hälften auf. Gleich danach ist die Temperatur in den beiden Hälften selbstverständlich dieselbe. Dann aber nimmt sie in der linken zu, in der rechten ab. Denn es kann, wie die Abb. 14 verdeutlicht, keine Energie von links nach rechts transportiert werden, wohl aber von rechts nach links. Es würde sich also eine Temperaturdifferenz ausbilden, die zum An-

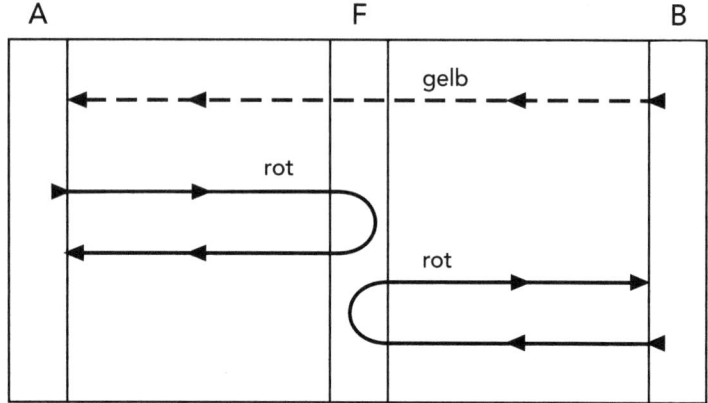

Abb. 14 Nur gelbes Licht kann durch den Filter *F* hindurchtreten. Da laut Annahme nur *B* solches Licht emittiert, wird Energie zwar von rechts nach links, nicht aber von links nach rechts transportiert: Die linke Hälfte des Kastens wird wärmer, die rechte kälter.

heben eines Gewichtes genutzt werden könnte – die Konstruktion eines Perpetuum mobile wäre gelungen.

Folglich kann es keinen Körper wie *A* geben, der Licht mit einer gewissen Frequenz (gelb) zwar absorbieren, aber nicht emittieren kann. Daß er, wenn dies unmöglich ist, in der Lage sein muß, das Licht mit anderen Frequenzen abzugeben, ist selbstverständlich, weil er sonst nur wärmer werden könnte.

Leser, die ohne spezielle Vorbildung mit diesem Gedankenexperiment konfrontiert werden und die Voraussetzung anerkennen, daß es kein Perpetuum mobile geben kann, werden eher folgern, daß die Eigenschaften von *F* nicht realisiert werden können als die von *A*. Wie komplizierte Anforderungen werden doch an *F* gestellt, verglichen mit denen an *A*. Dennoch – Argumente, die hier nicht weiter ausgeführt werden sollen, zeigen, daß das Gedankenexperiment nicht *F* ausschließt, sondern *A*: Körper, die Licht mit einer bestimmten Frequenz bevorzugt absorbieren, emittieren ebendieses Licht auch bevorzugt. Welche *Verwendung* dieses Gedankenexperiment findet – ob zur Widerlegung von *A* oder *F* –, sagt über seine Qualität nichts aus. Genaugenommen zeigt es nur, daß drei Annahmen *nicht zusammen* aufrechterhalten werden können: daß es kein Perpetuum mobile zweiter Art geben kann, wohl aber die Vorrichtungen *A* und *F*.

Wenn Uhren im Schwerefeld überall gleich schnell gingen, könnte ein Perpetuum mobile gebaut werden

Ein auf den ersten Blick überzeugender Vorschlag ([138], siehe auch [45]) für ein Perpetuum mobile, das Licht statt des Wassers der Abb. 13b) verwendet, stammt von dem britischen Mathematiker und Physiker Hermann Bondi (geb. 1919). Der Vorschlag basiert auf einer Publikation [58] von Albert Einstein aus dem Jahr 1911. Bondis Gedankenexperiment läuft darauf hinaus, daß Licht die Eigenschaften, die er unterstellt und die ein Perpetuum mobile ermöglichen würden, tatsächlich nicht besitzt.

Betrachten wir die Maschine der Abb. 15. Die Körbe enthalten Atome, die Licht einer gewissen Frequenz absorbieren und emittieren können. Genauer kann ein Atom, das sich in seinem Grundzustand befindet, Licht mit der Frequenz ν absorbieren und geht dadurch in einen angeregten Zustand über, der um die einem

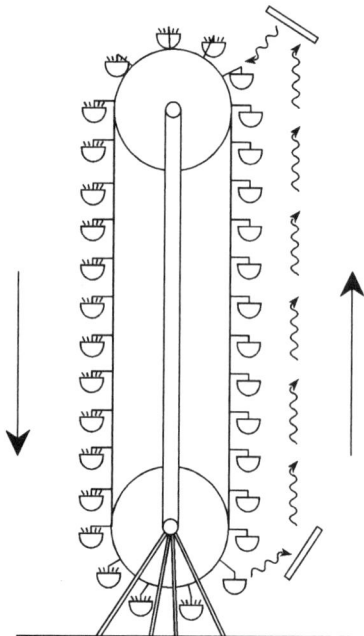

Abb. 15 Ein hypothetisches Perpetuum mobile, das Licht statt des Wassers der Abb. 13b verwendet.

Lichtquant entsprechende Energie $E = h \cdot \nu$ höher liegt als der Grundzustand. Durch Emission eines Lichtquants mit derselben Frequenz kann das Atom wieder in seinen Grundzustand übergehen.

Die Abbildung zeigt den Aufbau des Perpetuum mobile. Das Band, an dem die Körbe befestigt sind, läuft über reibungslos drehbare Walzen. Anfangs halten wir das Band fest und beladen die Körbe rechts mit Atomen im Grundzustand, die Körbe links mit Atomen im angeregten Zustand. Wenn wir das Band loslassen, wird es beginnen, sich entgegen dem Uhrzeigersinn zu bewegen. Denn die Atome links sind energiereicher als die Atome rechts, so daß aufgrund von Einsteins $E = mc^2$ die Atome links auch massereicher sind. Obwohl das m der Speziellen Relativitätstheorie, die keine Gravitation kennt, für die träge und nicht für die schwere Masse steht, wollen wir bereits hier die Gleichheit beider Massentypen annehmen. Also sind die Atome links auch schwerer als die rechts, und das Band beginnt entgegen dem Uhrzeigersinn zu laufen.

Damit es immer weiterläuft und dabei Energie liefert, veranlassen wir jedes am unteren Ende des Bandes ankommende Atom durch eine sinnreiche Vorrichtung (die nicht weiter interessiert), sein Lichtquant abzugeben, und schicken dieses durch ein Spiegelsystem nach oben. Dort, am oberen Ende des Bandes, bestrahlen wir die Atome mit dem Licht, das sie unten abgegeben haben. Diese nehmen es auf, so daß die anfängliche Situation ungeändert bestehenbleibt: Links sind die schweren, rechts die leichten Atome versammelt, das Band dreht sich und liefert Energie.

Wo steckt der Fehler dieser Überlegung, und was können wir aus ihm lernen? Natürlich könnte die eine oder andere beim Bau der Maschine gemachte Idealisierung für den Fehlschluß verantwortlich sein, aber so ist es nicht. Der Fehler steckt in der Annahme, daß sich Licht *ohne Änderung seiner Frequenz* im Schwerefeld nach oben bewegen kann. Um die Energie E eines Lichtquants, die wie jede Energie E zu einer Masse E/c^2 äquivalent ist, entgegen der Schwerkraft von «unten» nach «oben» zu befördern, muß Arbeit geleistet werden, und diese Arbeit entnimmt das Licht beim Aufsteigen seinem $E = h \cdot \nu$, so daß auch ν beim Aufsteigen abnimmt: Das Licht erleidet eine «Rotverschiebung», eine Verschiebung also in Richtung der langwelligen Seite des Spektrums des sichtbaren Lichtes. Der Energieverlust des Lichtes beim Aufsteigen gegen die Schwerkraft bewirkt, daß seine Quanten die Atome «oben» nicht wieder in den Zustand versetzen können, aus dem heraus sie «unten» emittiert wurden. Durch eine sinnreiche Vorrichtung mag es gelingen, die dem verminderten ν der Lichtquanten entsprechende Energie «oben» auf die Atome zu übertragen, aber diese Energie ist geringer als jene, die von den Atomen in Gestalt von Lichtquanten «unten» abgegeben wurde. Steckt man also keine Energie in die Maschine hinein, können die angeregten Atome nur durch weniger angeregte und damit energieärmere ersetzt werden, so daß die Maschine das Schicksal aller Perpetuum-mobile-Maschinen erleiden muß: Sie bleibt stehen, und zwar um so früher, je mehr Energie ihr zusätzlich durch Reibung und Arbeitsleistung entnommen wird.

Nun können wir die Atome als Uhren – Atomuhren – interpretieren, die mit jener Frequenz ν schlagen, die gemäß der Energie-Frequenz-Beziehung $E = h \cdot \nu$ dem Energieunterschied ihrer Niveaus entspricht. An denselben Ort gebracht, gehen alle Atomuhren aus gleichen Atomen gleich schnell. Befinden sie sich aber in verschiedenen Höhen im Schwerefeld, können wir immer noch Lichtstrahlen von einer zur anderen zum Vergleich ihrer Ganggeschwindigkeiten verwenden – mit dem zur Verminderung der Lichtfrequenz des Lichtes beim Aufsteigen im Schwerefeld äquivalenten Resultat, daß Uhren oben schneller gehen als unten.

Sie gehen schneller, weil die zum Transport einer Uhr nach oben aufzuwendende Energie sich so über ihre Energiezustände verteilt, daß deren Unterschiede größer werden. Denn je mehr Masse/Energie ein System besitzt, desto mehr Energie ist erforderlich, es im Schwerefeld anzuheben. Mit der Energiedifferenz zweier Niveaus wächst nun aber nach $E = h \cdot \nu$ auch die ihr zugeordnete Frequenz ν. Indem wir ν als Ganggeschwindigkeit der Uhr interpretieren, haben wir es oben im Schwerefeld mit schneller gehenden Uhren zu tun als unten. Die Frequenz von Licht, das im Schwerefeld aufsteigt, nimmt ab, weil es die dafür erforderliche Energie sozusagen selbst aufbringen muß. Ob oben oder unten im Schwerefeld, ist die Lichtfrequenz durch den jeweiligen Gang einer Uhr zu definieren. Nach dem Gesagten haben wir also zwei Möglichkeiten, die eine kurze Rechnung als äquivalent erweist, die Frequenz von Licht, das im Schwerefeld aufgestiegen ist, zu berechnen: über den Energieverlust des Lichtes oder den Energiegewinn der Uhr. Weiter unten werden wir den Gang von Uhren an verschiedenen Positionen im Schwerefeld durch eine direktere Methode vergleichen.

Zusammenfassend können wir sagen, daß der Gang einer Uhr im Schwerefeld von ihrer Höhenlage abhängt. Sie geht um so langsamer, je tiefer sie in das Schwerefeld eingetaucht ist. In der Nähe der Erdoberfläche ist der Effekt winzig, konnte aber trotzdem nachgewiesen werden.

Der erste Nachweis im Jahr 1959 durch die amerikanischen Physiker Robert Pound und Glenn Rebka gelang durch γ-Strahlen, elektromagnetische Wellen also, die sich von sichtbarem Licht nur durch ihre größere Frequenz unterscheiden und von Atom*kernen* – statt, wie im Gedankenexperiment, von Atom*hüllen* – ausgesandt werden. Pound und Rebka ließen γ-Strahlen, die am Boden von den Atomkernen eines Nuklids bei einem Übergang emittiert wurden, im Schwerefeld aufsteigen und untersuchten, ob sie in größerer Höhe von *Atomkernen desselben Nuklids durch den inversen Übergang* absorbiert werden können. Die Antwort des Experimentes ist ein eindeutiges Nein, die quantitativen Resultate des Experimentes von Pound und Rebka bestätigten die Vorhersagen der Allgemeinen Relativitätstheorie. Durch eine Atomuhr in einer Rakete ist 1976 die Vorhersage der Allgemeinen Relativitätstheorie für die durch die Schwerkraft bewirkte Rotverschiebung mit 0,02 Prozent Genauigkeit bestätigt worden.

Ist die Masse transitiv?

Gegeben seien drei Körper A, B und C. Wenn jeder eine gewisse Masse m_X besitzt, wobei X für A, B oder C steht, und sowohl

$m_A = m_B$ als auch $m_B = m_C$ gilt, so folgt mit logischer Notwendigkeit das Bestehen der Relation $m_A = m_C$. Nicht logisch notwendig ist aber, daß eine physikalische Prozedur wie das Wiegen einen analogen Schluß erlaubt: daß nämlich daraus, daß sowohl A und B als

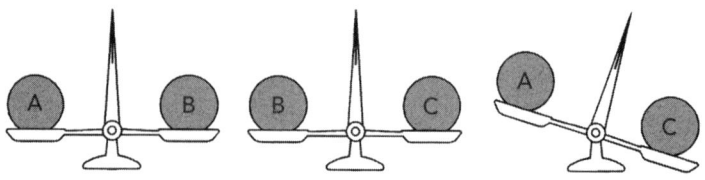

Abb. 16 Kann es sein, daß die Körper A und B dasselbe wiegen und so auch die Körper B und C, der Körper C aber schwerer ist als A? Die Abbildung, die ich wie das ganze Gedankenexperiment dem Artikel «Thought Experiments» [175] von Roy A. Sorensen entnommen habe, unterstellt, daß das möglich sei. Wenn das aber möglich ist, und wenn die Körper außerdem zwei andere, weniger kontroverse Voraussetzungen erfüllen, kann mit ihrer Hilfe ein Perpetuum mobile erster Art konstruiert werden. Die Argumente des Textes betreffen die trägen statt der hier zum Zweck der Anschaulichkeit verglichenen schweren Massen der Körper.

auch B und C gleich schwer sind, dasselbe für A und C gilt. Die Abb. 16 veranschaulicht eine solche Möglichkeit: Obwohl die Waage Gleichgewicht anzeigt, wenn die Waagschalen mit A und B oder mit B und C beladen sind, neigt sich die Schale mit C beim Vergleich mit A.

Newton hat in seiner Mechanik eine solche Möglichkeit nicht einmal erwogen, und es muß zugegeben werden, daß unsere Vorstellungen vom Wiegen kein Übergewicht von C beim Vergleich mit A zulassen, wenn sowohl beim Vergleich von A mit B als auch bei dem von B mit C Gleichgewicht herrscht. Trotzdem – logisch notwendig ist es nicht. Denn «Wiegen» ist eine physikalische Prozedur und besitzt als solche keine Eigenschaft, die durch reines Denken erschlossen werden könnte[12]. Einen ähnlichen, wenn auch kleineren gedanklichen Widerstand setzen wir der Möglichkeit entgegen, daß der Sportverein A den Verein B schlägt, der Verein B dann C, schließlich aber C über A siegt. Ad absurdum wird unsere Erwartung der «Transitivität» aller Relationen schließlich durch die Relation «berühren» geführt: Wenn ein A ein B berührt, das B dann ein C, ist dadurch keinesfalls sichergestellt, daß A nicht nur B, sondern auch C berührt.

Unser Szenario mit den Körpern A, B und C erlaubt die Konstruktion eines Perpetuum mobile erster Art unter den weiteren Voraussetzungen, daß diese Körper perfekt elastisch sind und auf

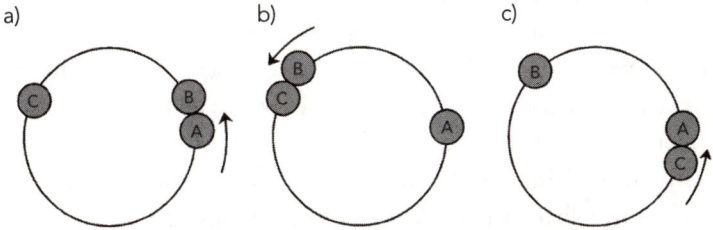

Abb. 17 Wie, und unter welchen Voraussetzungen, dieses Perpetuum mobile erster Art funktionieren würde, erläutert der Text.

dem Ring der Abb. 17 reibungslos gleiten. Anfangs ruhen B und C, und A bewegt sich mit einer gewissen Geschwindigkeit v auf B zu. In diesem Zustand besitzt die Anordnung die der Geschwindigkeit v von A entsprechende Energie als Gesamtenergie. Da A und B laut Annahme dieselbe Masse besitzen, bleibt A nach dem elastischen Stoß der Abb. 17a) liegen, und B bewegt sich mit der vormaligen Geschwindigkeit v des Körpers A auf C zu. Das Spiel wiederholt

sich (Abb. 17b) mit B und C, deren Massen ebenfalls übereinstimmen, so daß in der Zeit zwischen den Abb. 17b und Abb. 17c die
Körper A und B ruhen und sich C mit Geschwindigkeit v auf A zu
bewegt. In Abb. 17c trifft nun C auf den ruhenden Körper A, der
laut Annahme eine *geringere* Masse als C besitzt. Als Resultat des
elastischen Stoßes von C an A bewegt sich A also mit einer Geschwindigkeit v_A, die *größer* ist als v, so daß das System insgesamt
Energie gewonnen hat – nicht einmal eingerechnet, daß der massi-
vere Körper C sich nach dem Stoß weiterbewegt und dadurch einen weiteren Beitrag zur Gesamtenergie liefert. Denn wenn in einem elastischen Stoß ein Körper C einen weniger massiven Körper
A mit einer Geschwindigkeit v anstößt, beginnt sich A mit einer
Geschwindigkeit zu bewegen, die größer ist als v, während C sich
mit einer Geschwindigkeit unterhalb von v weiterbewegt. Dies
kann der Leser durch Aneinanderschnipsen von Euromünzen bestätigt finden. Sind die Massen gleich, bleibt die bewegte Masse
liegen, während sich die andere mit deren vormaliger Geschwindigkeit zu bewegen beginnt – wie von Huygens im Gedankenexperiment vorhergesehen (S. 72 ff.).[13]

In einem Zeitraum, der unmittelbar vor der Abb. 17a beginnt
und unmittelbar nach der Abb. 17c endet, ist also die Gesamtenergie unseres Systems gewachsen. Was können wir daraus schließen?
Eigentlich nur, daß vier offensichtliche (und zudem mehrere verborgene) Annahmen im Widerspruch zueinander stehen: erstens
die, daß es kein Perpetuum mobile erster Art geben kann; zweitens,
daß «Gleichheit der Massen zweier Körper» keine transitive Relation ist; drittens, daß Körper wie A, B und C mit ihren seltsamen
Massenrelationen elastisch aneinanderstoßen können; und schließlich viertens, daß es möglich ist, derartige Körper ohne Energieverlust eine geschlossene Bahn beschreiben zu lassen.

Psychologie und Logik der Forschung

Der französische Physiker Pierre Duhem (1861–1916) hat in seinem Buch *Ziel und Struktur der physikalischen Theorien* drei Typen von – wie er sagt – «fingierten Experimenten» unterschieden ([50], S. 269ff.). Das vom ersten Typ, das unrealisierte, wurde nicht realisiert, könnte aber realisiert werden. Das zweite, unrealisierbare fingierte Experiment «setzt die Existenz eines Körpers voraus, den man in der Natur nicht antrifft, physikalische Eigenschaften, die niemals beobachtet wurden». Das vom dritten Typ, das absurde, «will einen Lehrsatz beweisen, der, wenn er als Ausdruck einer experimentellen Tatsache angesehen wird, einen Widerspruch aufweist». Duhem unterscheidet mit Entschiedenheit zwischen der Psychologie und der Logik der Forschung. Zur Psychologie der Forschung – Duhem verwendet die Bezeichnungen «Psychologie» und «Logik» der Forschung allerdings nicht – gehört alles, was Forscher dazu bringt, Hypothesen aufzustellen. Das kann ein Gedankenblitz sein, der eine Kette von Beobachtungen zusammenfaßt, oder ein Traum – auf jeden Fall ist der Weg eines Forschers hin zu seinen Hypothesen seine (oft) unordentliche Privatsache, möglicher Gegenstand der Psychologie oder auch Soziologie, nicht aber der physikalischen Wissenschaft, welcher die Hypothesen selbst angehören. Die Frage, ob in Analogie zu den Schritten, welche zu einer Hypothese geführt haben, schlüssige «induktive» Beweise der Hypothese formuliert werden können, verneint Duhem. Er betont (und ich stimme zu), daß physikalische Theorien nur *insgesamt* getestet werden können, wobei unter «insgesamt» bei einer sich entwickelnden Wissenschaft notgedrungen nur deren jeweiliger Zustand verstanden werden kann. Aber ich bezweifle (wohl mit Duhem), daß andere als psychologische und vielleicht soziologische Kriterien an eine nicht abgeschlossene Theorie angelegt werden können. Anders ist es bei einer abgeschlossenen Theorie mit

wohldefiniertem Anwendungsgebiet: Sie ist Gegenstand nicht nur
der Psychologie, sondern auch der Logik der Forschung. Losgelöst
von der möglicherweise unordentlichen Privatsache der Motivatio-
nen, welche Forscher bei der Aufstellung von Hypothesen leiten,
besitzt sie einen objektiv kommunizierbaren Gehalt.[14]

Duhem wendet seine Einsichten in die Psychologie und Logik
der Forschung auch auf die physikalische Lehre an, indem er
fordert, der Lehrer dürfe nicht den Eindruck erwecken, daß Naturgesetze induktiv abgeleitet werden könnten, indem er sie als not-
wendige Folgerungen aus motivierenden Bemerkungen und Argumenten darstellt. Diese sind erlaubt und wohl auch unumgänglich
wegen der Komplexität des physikalischen Theoriengebäudes, aber
die eigentliche Physik beginnt erst, nachdem die Einzelheiten bei-
sammen sind: «Wenn die Interpretation des kleinsten physikalischen Experimentes die Anwendung einer ganzen Gruppe von
Theorien voraussetzt, wenn sogar die Beschreibung des Experimentes eine Menge abstrakter symbolischer Ausdrücke, deren Sinn
die Theorien allein festlegen und deren Verbindung mit den Tatsachen sie allein kennzeichnen, erfordert, ist es wohl nötig, daß der
Physiker sich entschließe, eine lange Kette von Hypothesen und
Deduktionen zu entwickeln, bevor er den Versuch macht, den geringsten Vergleich zwischen dem theoretischen Gebäude und der
konkreten Realität auszuführen» (S. 272). Der logisch allein kommunizierbare und einwandfreie Teil dieser Kette ist, so verstehe ich
Duhem, der «Vergleich zwischen dem (*errichteten!*) theoretischen
Gebäude und der konkreten Realität». Während all dies auch von
Karl Popper stammen könnte, hält Duhem im Gegensatz zu Popper eine beweiskräftige *Bestätigung* eines Theoriengebäudes für
möglich.

Der einzige Gebrauch «fingierter Experimente», den Duhem diskutiert, ist die Unterstützung induktiver Argumente in der Lehre,
und den lehnt er entschieden ab: «Der Physiker, der genötigt ist,

sich auf ein Prinzip zu berufen, das in Wirklichkeit keineswegs aus den Tatsachen abgeleitet wurde, das keineswegs durch Induktion entstand, und dem es dabei widerstrebt, dieses Prinzip für das auszugeben, was es ist, d. h. für ein Postulat, ersinnt ein Experiment, das, wenn es ausgeführt und gelungen wäre, zu dem Prinzip führen könnte, dessen Berechtigung dargetan werden soll.»

In Poppers Ablehnung des «apologetischen» Gebrauchs von Gedankenexperimenten finden wir die Auffassungen Duhems wieder. Da Duhem aber keinen anderen Gebrauch als den induktiven kennt, den er ablehnt, muß er Gedankenexperimente überhaupt ablehnen. Darin folgen wir ihm keinesfalls: Die Argumente physikalischer Gedankenexperimente lassen sich in der Regel so anordnen, daß sie Auskunft über das Verhältnis geben, in dem Ideen, Vorstellungen und Einsichten zueinander stehen. Ein Beispiel ist das Gedankenexperiment der Abb. 17. Dies sogar, obwohl es wegen der Voraussetzung an die Massen der Körper *A, B* und *C* nach dem Urteil aller gerecht und billig Denkenden zu jenen fingierten Experimenten gehört, welche Duhem als «unrealisierbar» einstuft. Der für ihn «absurde» Experimenttyp läuft auf Tatsachenbehauptungen hinaus, deren experimentelle Überprüfung notwendig die Voraussetzungen zerstören müßte, unter denen eine der Tatsachen behauptet wird. Sein Beispiel: Zum Beweis der Tatsachenbehauptung «Es gibt, wenn elektrisches Gleichgewicht besteht, keine Elektrizität im Innern des leitenden Körpers» wäre es erforderlich, «dorthin einen Probekörper [zu] bringen; dazu müßte man vorher das Kupfer, welches sich dort befindet, wegnehmen. Aber dann wäre dieser Punkt nicht mehr im Innern der Kupfermasse; er wäre außerhalb dieser Masse. Man kann nicht, ohne in einen logischen Widerspruch zu verfallen, unseren Lehrsatz als Beobachtungsresultat auffassen» (S. 271). Als Beobachtungsresultat, wie Duhem es sich zur Bestätigung vorangehender Annahmen vorstellt, könnte der «Lehrsatz» tatsächlich nicht auftreten, wohl aber als Konsequenz dieser Annahmen, aus der weitergehende experimentell überprüfbare Resultate abgeleitet werden oder die mit Konsequenzen anderer Annahmen im Widerspruch stehen könnten.

Duhems Ablehnung aller Gedankenexperimente beruht auf dem einzigen Gebrauch, den er für sie vorsieht, und ist bereits deshalb nicht berechtigt. Aber wie steht es um den «induktiven» oder – wie Popper sagt – «apologetischen» Gebrauch selbst? Können wir in der Ablehnung dieses Gebrauches Duhem und Popper folgen? Ich denke nicht. Einiges zu Poppers Auffassung habe ich im Zusammenhang mit den Gedankenexperimenten Galileis gesagt. Man braucht, denke ich, nur Salviatis Argumente in den Dialogen Galileis zu verfolgen, um sich von der Berechtigung des Gebrauchs induktiver/apologetischer *Argumente* in Gedankenexperimenten zu überzeugen.

Literatur zu den Gedankenexperimenten

Die den Gedankenexperimenten gewidmeten Schriften, die ich für dieses Buch gelesen habe, stehen mit dem Zusatz «Gde» versehen ausnahmslos im Literaturverzeichnis. Nach einigem Schwanken habe ich mich entschieden, *kein kommentiertes* Literaturverzeichnis anzufertigen. Eine zusammenfassende Betrachtung verschiedener Arbeiten ist wegen der großen Unterschiede der Standpunkte verschiedener Autoren unmöglich, und auf Einzelbesprechungen mochte ich mich nicht einlassen. Zudem gelten die Bemühungen der Autoren vorwiegend der systematischen Klassifizierung der Typen von Gedankenexperimenten – ein verdienstvolles Bemühen, das aber meines nicht ist.

Das schöne Buch *Denkkapriolen?* [36] von Wolfgang Buschlinger enthält eine Diskussion der Literatur, mit der ich, insoweit sie naturwissenschaftliche Gedankenexperimente betrifft, im wesentlichen übereinstimme. Ich stimme mit Buschlinger (S. 36) auch darin überein, daß Gedankenexperimente vor allem *Argumente* sind. Eine interessante, von Buschlinger und Poser [150] herausgestellte Eigenschaft von Gedankenexperimenten ist ihr «kontrafaktischer» Charakter (siehe auch [156] und [185] sowie meine Endnote 52 zu kontrafaktischen Annahmen über Ergebnisse von Experimenten in der Quantenmechanik). Darin, daß schlüssige Gedankenexperimente in der Physik dieselbe Rolle wie die indirekten Beweise in der Mathematik spielen können, stimme ich mit Hans Poser überein. Gesagt sei, daß ich den «platonischen» Auffassungen von James Robert Brown in *The laboratory of the mind* [31] nicht zustimmen kann.

Mit den Auffassungen Machs ([123], [126], [124] und [125]), Duhems [50] und Poppers [149] zu den Gedankenexperimenten setze ich mich an vielen Stellen des Buches auseinander. Den «evolutionären» Aspekt, der im Buch eine wichtige Rolle spielt, hat besonders Gerhard Vollmer ([191] und [141]) betont.

Kapitel 2:
Beispiele und Bedenken

Die Gesetze der Statik

Von den insgesamt nicht widerlegten Prinzipien der Physik ist das der Symmetrie das wohl mächtigste (S. 43 ff.). Nehmen wir die als Mobile gezeichnete Waage der Abb. 18a. Diese befindet sich im Gleichgewicht, vorausgesetzt selbstverständlich, daß ihr Balken in der Stellung der Abbildung ruht und sich nicht durch sie hindurchbewegt. Bereits aus Symmetriegründen kann der Balken in dieser Stellung nicht *beginnen*, sich zu bewegen. Denn wenn die ganze Anordnung um ihre Mittellinie um 180 Grad gedreht wird, bleibt sie dieselbe – sie geht, anders gesagt, durch die Drehung in sich selbst über. Nun könnte sich der Waagebalken nur dadurch zu bewegen beginnen, daß sein rechter Flügel sich hebt oder senkt. Sagen wir, daß er sich hebt. Im Drehbild der Anordnung beginnt die Bewegung dann damit, daß sich der – immer noch von uns aus gesehen – *linke* Flügel hebt, der rechte senkt. Folglich kann es keinen Grund für das eine oder andere geben. Denn für die entgegengesetzte Bewegung sprächen dann dieselben Gründe.

Vielleicht wundert sich der Leser darüber, daß ich weiter oben «synthetische Urteile a priori» als unmöglich ausgeschlossen habe, nun aber (anscheinend) unabhängig von jeder Erfahrung eine experimentell überprüfbare Eigenschaft der Waage a), wie Ernst Mach gesagt hat, «herausphilosophiert» habe. Dazu ist zu sagen, daß ich das mächtige Prinzip der Symmetrie, auf dem dieser Schluß beruht, keinesfalls als selbstverständlich gültig unterstellt habe. Es mag selbstverständlich gültig scheinen und deshalb angenommen werden, ist aber trotzdem, in den Worten Einsteins, eine

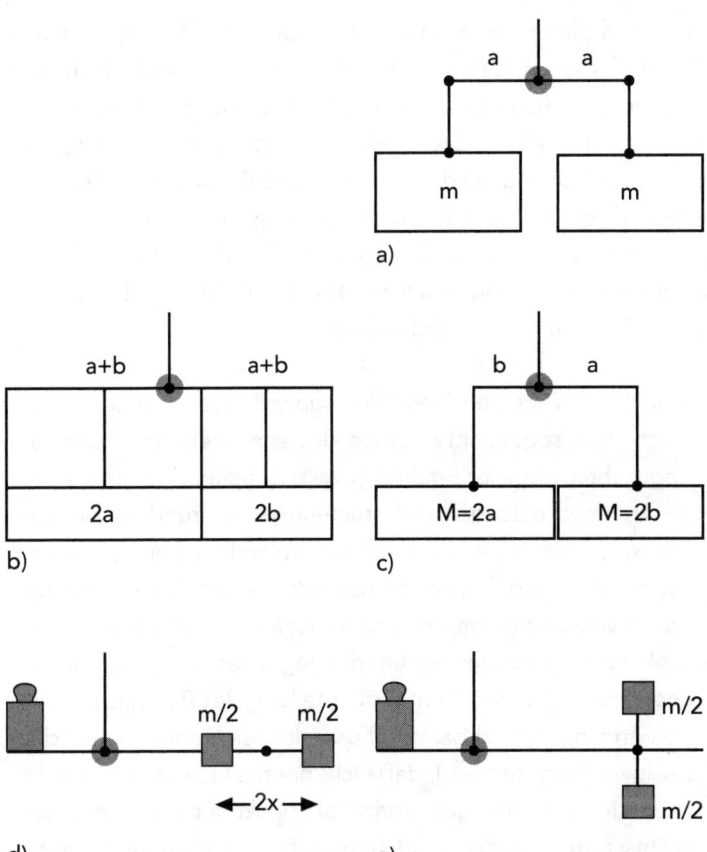

Abb.18 Als Mobile dargestellte Waagen, deren Bedeutung für die Ableitung der Hebelgesetze der Text erläutert. Die Kreise mit den eingezeichneten Mittelpunkten deuten Gelenke an, vermöge deren sich die waagerechten Wägebalken um ihre senkrechten Aufhängungen drehen können. Mit M und m sind Massen, mit a, b und x Abmessungen bezeichnet. In den Gleichungen M = 2a und m = 2b von c) ist ein gemeinsamer Proportionalitätsfaktor mit der Dimension «Gramm pro Zentimeter» zur Vereinfachung ausgelassen worden.

«freie Erfindung des menschlichen Geistes», die experimentell überprüft werden kann, um bei Bewährung von einer Erfindung zu einer (natürlich nur vorläufigen) Entdeckung zu werden. Aber bereits die Erfindung eines Prinzips hängt von der Erfahrung ab; sei sie nun individuell oder uns durch die Evolution als Art eingegeben. Doch auch wenn das Prinzip angenommen ist, erwähnt seine Anwendung wohl niemals alle «eigentlich» zu machenden Voraussetzungen. Von ihnen hat für den in Rede stehenden Fall Ernst Mach einige hervorgehoben:

> Man könnte meinen [das Gleichgewicht der Waage a)] sei (nach dem sogenannten Satze des zureichenden Grundes), abgesehen von aller Erfahrung, selbstverständlich, es sei bei der Symmetrie der ganzen Vorrichtung kein Grund, warum die Drehung eher in dem einen als in dem andern Sinne eintreten sollte. Man vergißt aber hierbei, daß in der Voraussetzung schon eine Menge *negativer* und *positiver*, unwillkürlicher, instinktiver Erfahrungen liegen, die negativen z. B., daß ungleiche Farben der Hebelarme, die Stellung des Beschauers, ein Vorgang in der Nachbarschaft usw., keinen Einfluß haben, die positiven hingegen [...], daß nicht nur die Gewichte, sondern auch die Entfernungen vom Stützpunkt für die Gleichgewichtsstörung maßgebend sind, daß sie bewegungsbestimmende Momente sind.

Um uns, wie die Naturwissenschaften überhaupt, trotzdem bei Begründungen nicht im Uferlosen zu verlieren, können wir die Berufung auf Erfahrung als Generalklausel unseren sowieso nur tentativen Schlüssen voranstellen. Denn, wie wir bei Richard P. Feynman in seinen hochberühmten Vorlesungen zur Physik (Band 1 von [65], S. 159) lesen können, benötigen «Alle unsere Vorstellungen in der Physik [...] eine gewisse Dosis gesunden Menschenverstandes bei ihren Anwendungen; sie sind nicht rein mathematische oder abstrakte Vorstellungen.»

Begründung der Hebelgesetze durch Gedankenexperimente

Die Spiegelsymmetrie der Waage der Abb. 18a impliziert dasselbe wie ihre Drehsymmetrie: Zwei gleiche Gewichte an zwei gleich langen Armen aufgehängt, halten einander die Waage. Wie aber ist es, wenn die Gewichte nicht gleich und auch die Arme nicht gleich lang sind – wie müssen Gewichte und Arme dann beschaffen sein, damit Gleichgewicht herrscht (Abb. 18c)? Nach Auskunft von Galileo Galilei kannte bereits Aristoteles die Antwort, konnte sie aber nicht begründen. Die richtige Antwort begründen konnte erst Archimedes 200 Jahre nach Aristoteles. Wir benutzen heute die eine oder andere Maschinerie der theoretischen Mechanik – das Prinzip von den Virtuellen Verrückungen oder das von der Gleichheit der Drehmomente –, um die richtige Antwort namens *Hebelgesetze* herzuleiten. Davon wußte Archimedes nichts. Er begründete die Hebelgesetze mit Hilfe eines genialen Gedankenexperiments.

Galilei gelang es in seinem Spätwerk [72], das Argument des Archimedes zu vereinfachen. Dazu äquivalent, aber moderner und leichter verständlich ist die Darstellung desselben Gedankenexperiments in Ernst Machs *Mechanik* ([123], S. 12f.): «Galilei denkt sich ein horizontales homogenes schweres Prisma und eine ebenso lange homogene Stange, an der das Prisma an seinen Enden aufgehängt ist. Die Stange ist in der Mitte mit einer Aufhängung versehen. In diesem Falle wird Gleichgewicht bestehen; das läßt sich sofort einsehen. In *diesem* Falle ist aber *jeder andere* Fall enthalten. Galilei zeigt dies auf folgende Weise. Setzen wir (Abb. 18b), es wäre die ganze Länge der Stange oder des Prismas $2(a+b)$. Wir schneiden nun das Prisma derart entzwei, daß das eine Stück die Länge $2a$, das zweite $2b$ erhält.» Mach stellt sich nun vor, daß «wir die […] beiden Prismenstücke in deren Mitte an der Stange aufhängen. Da die ganze Länge der Stange $2(a+b)$ ist, beträgt eine jede Hälfte $a+b$. Es ist also die Distanz des Aufhängepunktes des rechten Prismenstücks vom Aufhängepunkt der Stange $a+b-b=a$, des linken aber $a+b-a=b$. Die Erfahrung, daß es auf das *Gewicht* und *nicht* auf die Form der Körper ankommt, ist leicht gemacht. Somit ist klar, daß das Gleichgewicht noch besteht, wenn irgendein Gewicht von der Größe $M=2a$ auf einer Seite in der Entfernung b und irgendein Gewicht von der Größe $m=2b$ auf der anderen Seite in der Entfernung a aufgehängt wird. Die *instinktiven Erkenntniselemente* [meine Hervorhebung] treten bei dieser Ableitung noch mehr hervor als bei jener von Archimedes.» Folglich, wie zu beweisen war, besteht Gleichgewicht, wenn die Massen M und m in demselben Verhältnis M/m zueinander stehen wie der Kehrwert a/b der Entfernungen b und a ihrer Aufhängungspunkte von dem Drehpunkt der Waage, also $M/m=2a/(2b)=a/b$.

Hier wird, wie Ernst Mach vor allem zeigen will, instinktiv mehr vorausgesetzt, als die Rechts-links-Symmetrie der Anordnung impliziert: «Archimedes setzt die Wirkung zweier gleicher Gewichte unter allen Umständen gleich der Wirkung des doppelten Gewichtes mit dem Angriffspunkt in der Mitte. […] Die ganze Ableitung enthält den zu beweisenden Satz, wenn auch nicht ausdrücklich ausgesprochen und in anderer Form, schon als Voraussetzung.» Was Mach hiermit meint, sollen die Abb. 18d) und e) verdeutlichen. Ist instinktiv klar, daß die Hantel mit den beiden Massen $m/2$ in den Abständen x von ihrem Mittelpunkt in der Stellung d) durch dasselbe Gegengewicht im Gleichgewicht gehalten wird wie in der Stellung e)? Ich weiß es nicht. Daß die mathematische Formulierung dieser Voraussetzung mit dem zu beweisenden Satz identisch ist, kann leicht eingesehen werden. Angenommen wird auf jeden Fall erstens, daß eine auf der rechten Seite der Waage von d) und e) angebrachte Masse ein Gegengewicht auf deren linker Seite erfordert, das zu ihr selbst proportional ist und von ihrer Position auf dem Waagebalken über eine Funktion f dieser Position irgendwie abhängt. Zweitens wird angenommen, daß das für mehrere Massen erforderliche Gegengewicht, wenn an immer *derselben Stelle* links angebracht, sich als Summe der für die einzelnen Massen erforderlichen Gegengewichte erweist. Das für d) erforderliche Gegengewicht ist also $(m/2) \cdot f(a-x) + (m/2) \cdot f(a+x)$, und das für e) ist $[(m/2)+(m/2)] \cdot f(a)$, so daß $f(a-x) + f(a+x) = 2 \cdot f(a)$ gelten muß, damit die Gegengewichte übereinstimmen. Diese Gleichung soll für alle x gelten, so daß wir sie nach x differenzieren können mit dem Ergebnis $f'(a-x) = f'(a+x)$, worin f' für die Ableitung von f nach seinem Argument steht. Offenbar kann diese Gleichung nur dann für alle x gelten, wenn f' von seinem Argument – nennen wir es y – unabhängig, also konstant ist: $f'(y) = c$ mit einer Konstanten c. Integration ergibt $f(y) = c \cdot y + d$ mit d als Integrationskonstanter. Für $y = 0$ befindet sich die Masse im Drehpunkt der Waage, so daß $f(0) = 0$ und damit $f(y) = c \cdot y$ ist. Folglich werden in den Worten von Ernst Mach «den Gewichten ihren Entfernungen von der Achse *proportionale* [...] Wirkungen zugeschrieben [...].» Dieselbe Betrachtung, angewendet nun aber auf Gewichte links und ein Gegengewicht rechts, ergibt zunächst, daß eine links an b angebrachte Masse M sich mit einer rechts an a angebrachten m im Gleichgewicht befindet, wenn $M \cdot f(b) = m \cdot f(a)$. Aus der Linearität $f(y) = c \cdot y$ von f folgt dann das bereits angeführte Hebelgesetz – und zwar als Voraussetzung, nicht erst als Konsequenz des auf Archimedes zurückgehenden Gedankenexperimentes.

Gleichgewicht an schiefen Ebenen

Eines der berühmtesten physikalischen Gedankenexperimente ist das des flämischen Mathematikers, Physikers und Ingenieurs Simon Stevin (1548–1620) zum Gleichgewicht an schiefen Ebenen. Die Bedeutung seines Experimentes hat Stevin keinesfalls unterschätzt, denn er hat eine Darstellung davon auf seinem Grabstein anbringen lassen. WONDER EN IS GHEEN WONDER – zu Deutsch:

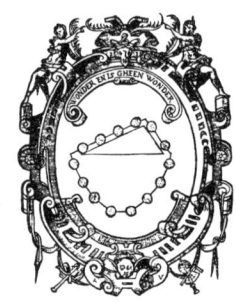

Abb. 19 Titelvignette des 1605 in Leyden erschienenen Buches *Hyomnemata mathematica* von Simon Stevin

Das Wunder ist, daß es kein Wunder gibt – lautet der Spruch auf der Titelvignette (Abb. 19) des Buches, in dem er sein Gedankenexperiment veröffentlicht hat. Ich interpretiere Stevins Satz als Vorläufer von Albert Einsteins berühmter Äußerung ([55] und Motto 2 dieses Buches): «Das ewig Unbegreifliche an der Welt ist ihre Begreiflichkeit.»

Die Abb. 20a zeigt Stevins Anordnung in einer von Ernst Mach übernommenen Darstellung. Mit Stevin sind wir intuitiv sicher, daß sich die Kette der Abbildung im Gleichgewicht befinden kann. Die Abbildung – offenbar die Nachzeichnung eines Realexperiments – zeigt sie in dieser Stellung. Im Gleichgewicht, so Stevin weiter, muß der durchhängende Teil der Kette eine rechts-links-symmetrische Gestalt besitzen. Deshalb kann er ihn fortnehmen, ohne das Gleichgewicht zu beeinträchtigen. In einem letzten Ge-

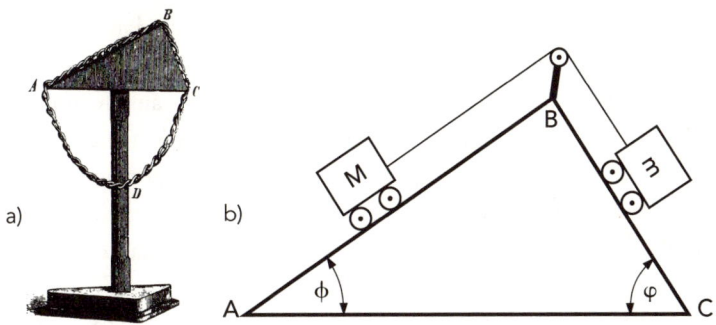

Abb. 20 a) Stevins Gedankenexperiment der hängenden Kette in der Darstellung von Ernst Mach. Die Kette befindet sich im Gleichgewicht. Nimmt man ihren herabhängenden Teil fort, bleibt das Gleichgewicht bestehen. Daraus folgt b) die Gleichgewichtsbedingung $M/m = L/l =$ sin(w)/sin(F) für die Gewichte M und m der mit den Kettenstücken AB und BC beladenen, selbst masselosen Wagen auf den schiefen Ebenen mit den Längen L und l der Seiten AB und BC.

dankenschritt faßt Stevin die Kettenstücke auf den beiden Dreiecksseiten mit Längen L (die Strecke AB) und l (die Strecke BC) als zwei Massen M und m auf, die offenbar zu L und l proportional sind. Also gilt $M/m = L/l$ als Gleichgewichtsbedingung für Massen M und m auf schiefen Ebenen (Abb. 20b). Leser, die sich an ihre Schulmathematik erinnern, können die Gleichgewichtsbedingung leicht in $M/m = \sin(\varphi)/\sin(\Phi)$ überführen.

Spontane Symmetriebrechung

Die Schlußfolgerung benötigt offenbar die Symmetrie der Gestalt des im Gleichgewicht herabhängenden Kettenteils. Warum aber ist es symmetrisch, und weshalb sind wir intuitiv gewiß, daß es das ist? Weil, so sagen wir, die Bedingungen, unter denen sich das Gleichgewicht einstellt, symmetrisch sind. Aber reicht das aus? Könnte es nicht mehrere Gleichgewichtslagen geben, die zwar nicht einzeln die Symmetrien der Bedingungen besitzen, wohl aber als Menge? So daß es von Zufällen bei der Einstellung des Gleichgewichtes abhinge, welche der unsymmetrischen Gleichgewichtslagen das System annimmt?

Das kann in der Tat so sein, und die Waage der Abb. 18a soll uns als erstes Beispiel dienen. Sie befindet sich nicht nur bei der horizontalen Stellung des Balkens im Gleichgewicht, sondern auch bei jeder anderen. Das Gleichgewicht ist *indifferent,* indem die *Menge* der möglichen Einstellungen des Balkens symmetrisch ist, nicht aber jede einzelne Einstellung: Zu jeder Neigung der linken Balkenhälfte nach unten gibt es dieselbe der rechten.

Deutlicher noch tritt die Frage nach dem Zusammenhang der Symmetrien eines Problems mit denen seiner Lösungen hervor, wenn das Gleichgewicht in der symmetrischen Lage *instabil* statt nur *indifferent* ist. Ein immer wieder herangezogenes Beispiel bildet ein um die senkrechte Achse drehsymmetrischer Flaschenboden. Abb. 21a zeigt einen Querschnitt, auf den wir unsere Diskussion beschränken wollen. Auch wenn es uns gelingen sollte, eine Kugel genau im Symmetriepunkt abzulegen, wird sie herunterrollen und in einer der beiden symmetrisch gelegenen Mulden (fast) zur Ruhe kommen. Denn Schwankungen sind unvermeidlich, seien es quantenmechanische oder thermische. Wenn die Kugel nun durch eine Schwankung der einen Mulde näher kommt, wird sie dadurch einer Kraft in ebendiese Richtung ausgesetzt. Also wird irgendwann die Kraft in die eine oder andere Richtung stärker sein als alle gegenläufigen Schwankungen – die Kugel wird herabrollen und die Symmetrie der Anordnung brechen.

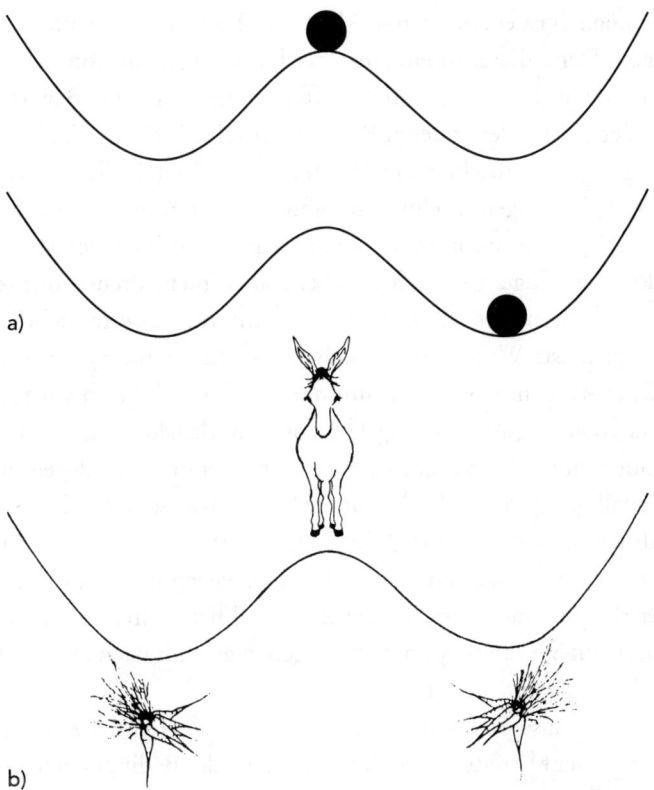

Abb. 21 Der Versuch a), die Kugel im Symmetriepunkt abzulegen, muß scheitern. Und selbst wenn es gelänge, würde sie doch um den Symmetriepunkt herum schwanken, so daß sie auf jeden Fall in eine der Mulden rollen und die Symmetrie der Anordnung dadurch «spontan» brechen muß. (b): Um nicht in der Mitte zwischen zwei Heuhaufen (es könnten auch Karotten sein) zu verhungern, muß Buridans Esel die Symmetrie brechen. Dies ermöglichen ihm und bewirken die unvermeidlichen Schwankungen seines Kopfes: Durch sie kommt er dem einen der beiden Heuhaufen näher als dem anderen, so daß die Anziehung durch ebendiesen Heuhaufen wachsen und der Esel die Symmetrie vollends brechen wird (nach [139], [75]).

Unmöglich ist es aber bereits, die Kugel im Symmetriepunkt abzulegen. Denn dieser ist ein einzelner Punkt in einem Kontinuum von Punkten. Er muß genau getroffen werden, um eine Bevorzugung der einen oder anderen Richtung bereits durch die Anfangsbedingungen auszuschließen: Alle unendlich vielen Stellen der Koordinate des Kugelmittelpunktes «hinter dem Komma» müßten beim Ablegen so getroffen werden, daß die Koordinate des Mittelpunktes der Kugel (die sich notabene auch nicht drehen dürfte) mit der des Symmetriepunktes übereinstimmt, was offensichtlich unmöglich ist. Wenn wir versuchen, die Kugel im Symmetriepunkt abzulegen, wissen wir nur, *daß* uns das mißlingen wird. In welche Richtung aber die Kugel herabrollen wird, können wir auch bei einem guten Verfahren, sie im Symmetriepunkt abzulegen, im Einzelfall nicht wissen. Sie bricht die Symmetrie, so der technische Ausdruck, *spontan*. Bei instabiler Lage regiert die Symmetrie nicht den Einzelfall, sondern den Mittelwert bei vielen Einzelfällen: Für unser Beispiel impliziert sie, daß die Kugel bei zahlreichen Versuchen, sie im Symmetriepunkt abzulegen, gleich oft nach rechts wie nach links herabrollen wird.

Wenn wir also sagen, daß der herabhängende Teil der Kette im Gleichgewicht bereits wegen der Symmetrie der Bedingungen eine symmetrische Gestalt annehmen muß, erheben wir unsere im Allgemeinen falsche Intuition zu einem Prinzip, das wir bereits bei der Diskussion der Abb. 18a verwendet haben und das der große deutsche Mathematiker und Philosoph Gottfried Wilhelm Freiherr von Leibniz (1646–1716) passend das *Prinzip vom Zureichenden Grunde* genannt hat: Wenn es keinen Grund für eine Abweichung nach rechts oder links gibt, wird keine auftreten. Dabei wußte er um die Möglichkeit der spontanen Symmetriebrechung. Denn er kannte das dem scholastischen Philosophen Buridan (1295–1366) zugeschriebene Beispiel – den Esel zwischen zwei Heuhaufen (Abb. 21b) –, durch das allerdings die Unmöglichkeit dessen, was heute spontane Symmetriebrechung heißt, bewiesen werden sollte. Leibniz kommentiert folgendermaßen [169]: «Es ist wahr, daß man sagen müßte, ein Esel lasse sich selbst Hungers sterben, wenn der Fall möglich wäre, daß er zwischen zwei Wiesen steht, die er gleich gerne fressen möchte. Im Grunde genommen ist dieses Problem mit Sicherheit unmöglich, es sei denn, Gott hätte die Umstände eigens so eingerichtet.» Wenn wir davon absehen, daß Leibniz die Allmacht Gottes nicht einschränken will, rettet er sein Prinzip vom zureichenden Grunde durch einen seltsamen Umkehrschluß: «Es gibt niemals eine Indifferenz des Gleichgewichts, das heißt, wo auf beiden Seiten alles vollkommen gleich ist, so daß es keine größere Neigung zu einer bestimmten Seite hin gibt.» Meint Leibniz hier vielleicht nur die oben konstatierte Unmöglichkeit, einen Symmetriepunkt genau zu treffen? Nein, denn er fährt fort: «Wenn zwei miteinander unvereinbare Dinge gleich gut sind und das eine gegenüber dem andern weder an sich noch aufgrund ihres Zusammenhanges mit anderen Dingen irgendeinen Vorzug besitzt, so wird Gott keines von beiden erschaffen.» Also kann es keinen selbständigen, von den Dingen unabhängigen Raum geben, weil Gott die Welt sonst in ihm hier oder dort hätte ansiedeln können. Und das widerspräche dem Prinzip von Leibniz, das einen Grund dafür einfordern würde, daß sich die Welt dort befindet, wo sie tatsächlich ist: Hätte Gott zwischen gleich geeigneten Orten für seine Welt wählen müssen, hätte er überhaupt keine Welt erschaffen. Für die Zeit und den Zeitpunkt der Erschaffung der Welt gilt laut Leibniz Analoges.

Unsere Intuition ist ein merkwürdiges Ding. Sie hat auch dann oft genug recht, wenn der Versuch scheitert, sie auf unbewußte Prinzipien zurückzuführen, die vor dem Gericht der Physik Bestand hätten. Ich denke, daß kaum einer, der den Argumenten Stevins folgt, zu sagen weiß, warum die Kette nicht zwischen gleichberechtigten, aber verschiedenen Gleichgewichtslagen wählen muß.

Es ist so, aber warum? Die Evolution, auf der unsere Intuition letztlich beruht, ist vor allem wohl pragmatisch. Sie schert sich um das Kosten-Nutzen-Verhältnis in der Welt, wie sie nun einmal ist, insofern also auch um die Physik. Deren Prinzipien aber kennt sie nicht.

Mögliche und unmögliche Vergrößerungen

Wer sich darüber wundert, daß ein Floh hundert übereinander gestapelte Flöhe überspringen kann, vollführt ein Gedankenexperiment: Er vergrößert in Gedanken die Abmessungen des Flohs um den Faktor eintausend auf Menschen- oder Tigergröße und wundert sich darüber, daß ein Mensch oder Tiger bei entsprechend vergrößerter Sprunghöhe einhundert Meter hoch springen könnte. Das ist ein offensichtlich unsinniges Ergebnis; Skalen- oder Vergrößerungssymmetrie gilt für Systeme auf der Erdoberfläche nicht. Wäre es physikalisch möglich, daß ein Geschöpf auch nur zehn Meter hoch springt, würde der Tiger das sicher können. Denn dann könnte er Paviane aus den Bäumen pflücken. Und auch für den Floh ist es lebenswichtig, gut springen zu können. Warum springt er dann nicht wie der Tiger zwei Meter hoch?

Sprunghöhe und Größe

Sieht man nur auf den Energieumsatz, sollten alle Lebewesen, für die gut springen zu können lebenswichtig ist, etwa gleich hoch springen können ([129], [98], [167], [190], [74], [80]). Tatsächlich springt die Springmaus so hoch wie das Känguruh ([2], S. 60) –

etwa zwei Meter. Das Modell mit dem Ergebnis der gleichen Sprunghöhe[15] für alle Tiere nimmt an, daß immer derselbe Bruchteil des Körpervolumens – die Beinmuskeln – immer denselben Bruchteil seiner chemischen Energie für den Sprung zur Verfügung stellt. Werden alle Abmessungen eines Tieres verdoppelt, so wachsen sein Körpervolumen und sein Gewicht auf das Achtfache, und mit ihnen wächst die für den Sprung zur Verfügung stehende Energie um denselben Faktor. Also wird auch die Bewegungsenergie beim Absprung verachtfacht und bei einem Sprung senkrecht in die Höhe mit ihr die Lageenergie im höchsten Punkt, in dem der Schwerpunkt des Tieres ruht. Da aber der Körper mit dem achtfachen Volumen achtmal so schwer ist, besitzt er die achtfache Lageenergie in *derselben* Höhe wie der ursprüngliche Körper – die Sprunghöhe sollte also von der Größe des Springers unabhängig sein.

Für Kanonen gilt Analoges: Die Höhe, bis zu der eine Kanone schießen kann, ist, wenn alles sonst gleich ist und Verluste vernachlässigt werden können, von ihrer Größe unabhängig. Das Schießpulver liefert Kanonen die chemische Energie, die zunächst in kinetische und dann in potentielle umgewandelt wird. Seine Menge, und mit ihr die zur Verfügung stehende Energie, wird verachtfacht, wenn die Abmessungen der Kanone verdoppelt werden. Verachtfacht wird dabei aber auch das Gewicht der Kanonenkugel, so daß die gesamte chemische Energie in potentielle umgewandelt ist, wenn die größere Kugel dieselbe Höhe wie zuvor die kleinere erreicht hat. Dasselbe Argument, nun aber auf die kinetische Energie statt auf die potentielle angewendet, zeigt übrigens, daß beide Kugeln durch das Pulver auf dieselbe Geschwindigkeit beschleunigt werden.

Die Sprunghöhe von Tieren ist tatsächlich in weiten Grenzen von ihrer Größe unabhängig. Bis zu sehr kleinen und sehr großen Tieren erstreckt sich die Unabhängigkeit aber nicht, und das hat an den beiden Grenzen verschiedene Gründe. Kleinen Tieren wie dem Floh gelingt die universelle Sprunghöhe von etwa zwei Metern vor allem deshalb nicht, weil sie die dafür erforderliche Abhebegeschwindigkeit durch Beschleunigung auf einer Strecke von vielleicht einem Millimeter, ihrer Beinlänge, erreichen müßten. Der sich auf kleine Tiere stärker als auf große auswirkende Luftwiderstand spielt ebenfalls eine wichtige Rolle. Vor allem aber würden die Organe kleiner Tiere bei hohen Sprüngen durch die dafür erforderliche Beschleunigung zusammengequetscht, wie es ein Tennisball beim Aufschlag von Boris Becker wurde, der nahezu derselben Beschleunigung ausgesetzt war. Ein Mensch, der fast fünfzig Zentimeter Beinlänge als Beschleunigungsstrecke nutzen kann, erreicht die Abhebegeschwindigkeit für zwei Meter Sprunghöhe bereits durch eine Beschleunigung, die etwa so groß ist wie die, die in einer Achterbahn auf ihn wirkt.

Große Tiere, die einfach allseitige Vergrößerungen kleiner Tiere

Abb. 22 Die Wespe, gegen die sich Jonathan Swifts Romangestalt Gulliver in Brobdingnag, dem Land der Riesen, verteidigen muß, ist eine geometrische Vergrößerung gewöhnlicher Wespen. Einfache Skalenüberlegungen ([129], [98], [167], [190]) zeigen, daß eine derart vergrößerte Wespe auf der Erdoberfläche nicht einmal kriechen, geschweige denn fliegen könnte.

wären, kann es nicht geben. Denn sie müßten unter ihrem eigenen Körpergewicht zusammenbrechen (Abb. 22). Das wußte bereits Galilei. Vergrößert man nämlich die Abmessungen eines Tieres in alle Richtungen um denselben Faktor – zum Beispiel zwei –, wachsen die Querschnittsflächen der Knochen um den Faktor vier, während das Volumen und mit ihm das Gewicht des Tieres um den Faktor acht wächst. Getragen wird das Gewicht eines Tieres aber durch die Querschnittsflächen seiner Knochen: Die Kräfte, die einen Knochen zusammenhalten, müssen bewirken, daß er an keiner schräg stehenden Querschnittsfläche zu gleiten beginnt. Daher wächst die Last, die die Knochenflächen pro Quadratzentimeter zu tragen haben, bei der angenommenen Vergrößerung des Tieres um denselben Faktor zwei – und die Knochen des Tieres können sein Gewicht nicht mehr tragen. Folglich sind große Tiere nicht einfach Vergrößerungen kleiner Tiere – die Breite der Knochen nimmt, verglichen mit ihrer Länge, überproportional zu (Abb. 23). Wassertiere wie der Wal können laut Galilei deshalb größer als Landtiere sein, weil bei ihnen das Fleisch die Knochen trägt.

Die Annahme, für die Gestalt und das Funktionieren von Lebewesen gelte Skalensymmetrie, ist also falsch. Wären die Naturgesetze skalensymmetrisch, würde der vergrößerte Nachbau eines jeden Systems sich im Laufe der Zeit genauso verhalten wie das

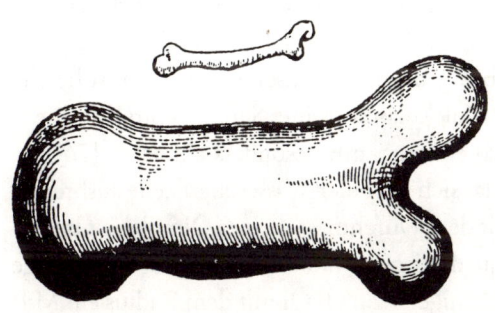

Abb. 23 Länge und Dicke der Knochen kleiner und großer Tiere nach Galilei.

System selbst, durch ein Vergrößerungsglas betrachtet. Es wäre, wie der britisch-indische Biologe J. B. S. Haldane (1892–1964) in *Warum die Natur keine Riesen schuf* [98] formulierte, unverständlich, daß «Flußpferde und Elefanten nicht über Hecken springen». Wenn wir nach den Symmetrien der Naturgesetze fragen, müssen wir uns aber mit jedem System auf der Erde *die Erde selbst* vergrößert denken. Die Frage ist also eigentlich, ob geometrisch vergrößerte Lebewesen auf einer um denselben Faktor vergrößerten Erde existieren könnten. Wenn nicht auf der ursprünglichen, dann sicher nicht auf der vergrößerten. Denn wird die Erde bei konstanter Dichte vergrößert, *wächst* die Schwerkraft an ihrer Oberfläche.

Atome können nicht vergrößert werden

Die Naturgesetze für die Materie sind bereits deshalb nicht skalensymmetrisch, weil es Atome mit ihrer bestimmten Größe gibt, nicht aber um den Faktor zehn oder anderthalb oder einhundert vergrößerte Atome. Genaugenommen gibt es also auch keine vergrößerten Systeme: Ein System, das größer zu sein scheint als ein anderes, enthält nicht größere, sondern mehr Atome! Analoges gilt für verkleinerte Systeme und Atome.

Folglich kann Skalensymmetrie der Naturgesetze höchstens für gewisse Bereiche gelten; Verkleinerungsfaktoren, die atomare Abmessungen ins Spiel bringen, sind auszuschließen. Nun ist bereits jede Bestimmung der Molekülanzahl einer Substanz pro Kubikzentimeter ein solches Experiment. Ein besonders einfaches [74] beruht darauf, daß Öl, das sich auf einer Wasseroberfläche ausbreiten kann, eine Schicht mit dem Durchmesser eines Ölmoleküls bildet.

Gegeben sei eine quadratische Wanne mit Wasser; Seitenlänge ein Meter. Ein kugelförmiger Tropfen Öl mit dem Radius ein Millimeter wird auf die Wasseroberfläche gebracht und breitet sich auf ihr aus. Die Ölschicht, die er dabei bildet, ist einen Durchmesser eines Ölmoleküls dick; das Gesamtvolumen des Öls ist dasselbe geblieben. Zusammen mit dem Volumen des Tropfens legt deshalb die Dicke der Ölschicht ihre Fläche fest. Wir wollen annehmen, die Ölschicht bedecke eine neunzig Zentimeter mal neunzig Zentimeter große Fläche im Innern der Wanne.

Nun der um den Faktor zwei «vergrößerte Nachbau» desselben Experiments: Ein Öltropfen mit zwei Millimeter Durchmesser wird auf die Oberfläche des Wassers einer quadratischen Wanne mit zwei Meter Seitenlänge gebracht. Skalensymmetrie würde bedeuten, daß auch die Seitenlänge der Fläche, die das Öl des Tropfens auf dem Wasser bedeckt, um den Faktor zwei gewachsen wäre – die Fläche selbst folglich um den Faktor vier. Das ist aber nicht so: Da der Durchmesser der Ölmoleküle, und damit die Höhe der Ölschicht, an der beabsichtigten Vergrößerung aller Längen *nicht* teilgenommen hat, bedeckt das Öl des Tropfens mit dem doppelten Durchmesser die *achtfache* statt der vierfachen Fläche – ganz wie sein Volumen durch die Vergrößerung der Abmessungen um den Faktor zwei auf das Achtfache gewachsen ist. Das wirkt sich auf das tatsächliche Experiment mit der doppelt so großen Wanne drastisch aus. Es funktioniert *nicht* wie das ursprüngliche, durch ein die Abstände verdoppelndes Vergrößerungsglas betrachtet: Die real vergrößerte Wanne vermag die vergrößerte Ölschicht nicht aufzunehmen. Die Fläche der Wanne ist nämlich um den Faktor vier von einem auf vier Quadratmeter gewachsen; die der Ölschicht hingegen um den Faktor acht von 0,8 auf 6,5 Quadratmeter.

Skalensymmetrie gilt tatsächlich nur für sehr spezielle Systeme. Eine um den Faktor einhundert vergrößerte Erde wäre eine Sonne; in ihr liefen ganz andere Reaktionen ab als in der Erde. Die trotzdem verbreitete Vermutung, daß die Skalensymmetrie gelten müsse, beruht vermutlich auf einer Identifikation von Skalensym-

metrie mit der Freiheit, die *Einheiten* beliebig zu wählen. Dieser
Freiheit unbeschadet, gilt Skalensymmetrie nicht allgemein. Denn
beim Wechsel der Einheiten ändern auch die Naturkonstanten ihren Zahlenwert. Nicht aber bei einem Neuaufbau des um einen
Faktor vergrößerten Systems in der einen, immer derselben, Wirklichkeit. So ist es auch im Universum, dessen Naturkonstante nicht
von zufälligen Eigenschaften wie Masse und Radius der Erde abhängen. Insbesondere und beispielsweise ist die Lichtgeschwindigkeit eine universelle Konstante. Sie ist für jeden Beobachter dieselbe, hängt nicht von seinem Ort oder seiner Geschwindigkeit ab.

Grundgrößen

Welche Einheiten auch immer die Bewohner eines fernen Planeten
verwenden, wir können ihnen mitteilen, wie groß wir sind, indem
wir ihnen unsere Größe in Atomdurchmessern angeben. Denn ihre
Atome sind so groß wie unsere. (Das würde sich zeigen, wenn wir
sie zusammenbrächten.) Da wir Geschwindigkeiten in Bruchteilen
der für alle und überall gleichen Lichtgeschwindigkeit messen können, sind wir ebenfalls in der Lage, die fernen Beobachter wissen zu
lassen, wie schnell unsere Autos fahren. Und so weiter: Insgesamt
enthalten die für unser Verständnis fundamentalen Naturgesetze
drei Konstante mit drei unabhängigen Dimensionen, aus denen
sich eine Länge, eine Zeit und eine Masse konstruieren lassen: die
Fundamentalkonstante Lichtgeschwindigkeit c der Speziellen Relativitätstheorie, die Plancksche Konstante h der Quantenmechanik und Newtons Gravitationskonstante G. Die Länge, Zeit und
Masse, die sich aus ihnen konstruieren lassen, gehören genauso zu
den für alle Beobachter überall und zu allen Zeiten verbindlichen
Beobachtungsgrößen wie der Durchmesser des Wasserstoffatoms

und die Lichtgeschwindigkeit selbst. Wie lange wir leben, können wir den Kollegen auf dem fernen Planeten in Einheiten der Planck-Zeit t_{Pl} mitteilen – der Zeit, die aus c, $h/(2\pi)$ und G ohne weitere Faktoren gebildet werden kann. Sie ist etwa 10^{-43} Sekunden lang; unser Leben währt ungefähr $2 \cdot 10^9$ Sekunden, also etwa 10^{52} Planck-Zeiten. Genauso unvorstellbar klein wie die Planck-Zeit ist die Planck-Länge l_{Pl} von etwa 10^{-33} Zentimeter. Hingegen können wir uns unter der Planck-Masse m_{Pl} ungefähr 10^{-5} Gramm, durchaus etwas vorstellen: Sie ist die Masse eines Staubkorns. Wenn auch für menschliche Maßstäbe klein, ist diese Masse für die fundamentale Planck-Skala riesig, da sie als Masse eines Elementarteilchens interpretiert werden muß. Deutlichere Hinweise auf diese Interpretation birgt die Planck-Dichte – diejenige Dichte, bei der eine Planck-Masse in einer Kugel mit der Planck-Länge als Radius konzentriert ist – etwa 10^{94} Gramm pro Kubikzentimeter. Die Dichte des Wassers beträgt ein Gramm pro Kubikzentimeter.

Die Planck-Größen sind dann relevant, wenn die Dichte so groß ist, daß als Kraft zwischen den Elementarteilchen auch die Schwerkraft berücksichtigt werden muß. Wegen der kleinen Massen von Elementarteilchen ist deren Masse für ihre Wechselwirkungen bei wesentlich größeren Abständen als die Planck-Länge irrelevant. Die Schwerkraft wird genau dann wichtig, wenn für das Verhalten der Teilchen alle drei fundamentalen Theorien der Physik zugleich berücksichtigt werden müssen: die Relativitätstheorien mit ihren Konstanten c und G sowie die Quantenmechanik mit ihrem h.

Licht als Welle oder Teilchen

Versetzen wir uns in das Jahr 1909 zurück. Vor neun Jahren hat Max Planck eine Formel publiziert, die das Spektrum der Strahlung

Schwarzer Körper – der nach ihm benannten Wärmestrahlung – genauestens reproduziert, die er aber nur herleiten kann, wenn er im Gegensatz zu der ganzen, heute klassisch genannten Physik die Wärmestrahlung und mit ihr das Licht nicht als Welle, sondern als Schwarm von Teilchen interpretiert.

Thomas Young hatte allerdings bereits am Anfang des 19. Jahrhunderts in berühmten Experimenten gezeigt, daß Licht interferieren, Licht also Licht auslöschen kann. Einander auslöschen können bei vorgegebener Alternative von Welle oder Teilchen zwar Wellen, nicht aber Teilchen, so daß Licht als Welle interpretiert werden mußte. Dasselbe sagt Maxwells Theorie des Lichts, die auf seinen Elektrizität und Magnetismus vereinigenden Gleichungen fußt. Die Klassische Physik läßt also keinen Raum für eine andere Interpretation des Lichtes als durch Wellen. Halbherzig begründete Planck denn auch den Erfolg seiner Formel nicht durch eine Teilchennatur des Lichtes, sondern durch unverstandene Phänomene bei dessen Absorption und Emission. Hierauf fallen wir noch heute zurück, wenn wir die Objekte der Quantenmechanik durch anschauliche Konzepte der Klassischen Physik zu beschreiben versuchen. Das Begriffsungetüm Komplementarität von Niels Bohr wurzelt in ebendiesem Versuch, Objekte der Quantenmechanik durch eine Sprache zu beschreiben, die ihnen nicht angemessen ist. Immer, wenn das versucht wird, erhebt die Komplementarität ihr schreckliches Haupt.

Einstein in seiner Arbeit von 1905 zum Lichtelektrischen Effekt, für die er 1921 den Physiknobelpreis erhalten sollte, ist viel radikaler. Für ihn *ist* Licht ein Schwarm von Teilchen – Photonen –, die wie Teilchen überhaupt auf Hindernisse nicht als gleichmäßiger Strom, sondern schwankend wie Schrot auftreffen. Uns geht es um ein (heute umstrittenes) Gedankenexperiment [53], durch das Einstein zeigen konnte, daß das Licht Schwankungen aufweisen muß, so daß es natürlicher wäre, dieses von vornherein als Teilchenschrot denn als Wellenkonglomerat aufzufassen.

Ohne Schwankungen würde Wärmestrahlung ein Perpetuum mobile ermöglichen

Gegeben sei zunächst einmal ein in einen Kasten eingeschlossenes ideales Gas aus harten Kugeln, die elastisch aneinander und an die Wände stoßen. Mit Ausnahme der noch einzuführenden Mittelwand sollen die Wände feststehen, so daß das Gas mit ihnen keine Energie austauschen kann. Zusätzlich enthält der Hohlraum, wie jeder andere auch, Strahlung. Mit ihr tauschen die Kastenwände durch Absorption und Emission Energie aus, so daß sich Wände und Strahlung im Gleichgewicht befinden. Wird dieses gestört, stellt es sich wieder ein. Die Plancksche Strahlung ist diese Gleichgewichtsstrahlung. Energie, die der Strahlung zugeführt wird, zerstört das Gleichgewicht. Ein neues stellt sich ein, und zwar, wenn der Kasten nach außen thermisch isoliert ist, bei *höherer Temperatur der Wände.*

Einstein und Planck stimmen darin überein, daß es keine Wechselwirkung zwischen den Wänden und dem idealen Gas geben kann, die das System vom Thermischen Gleichgewicht entfernt. Die elastischen Stöße zwischen den Kugeln und den feststehenden Wänden beeinflussen das Gleichgewicht nicht. Einstein konstruiert in seinem Gedankenexperiment eine Wechselwirkung zwischen Kugeln und Strahlung, die, gäbe es sie, dazu führen würde, daß Wärme «von selbst» von einem kälteren Körper auf einen wärmeren übergeht – im Gegensatz zum Zweiten Hauptsatz der Wärmelehre, der gerade das verbietet.

Der kältere Körper, der durch Wechselwirkung mit einem

wärmeren noch kälter würde, wäre das ideale Gas im Innern des Kastens; seine Wände wären der wärmere Körper. Vermittelt würde dieser Übergang durch die Strahlung, an welche – und ebendas ist unmöglich – das Gas seine ganze Energie abgeben würde.

Bevor wir uns dem Mechanismus, den Albert Einstein dafür ersonnen hat, zuwenden, wollen wir uns den unermeßlichen Nutzen eines solchen Wunderkastens klarmachen: Er würde alle Energieprobleme der Welt auf einen Schlag lösen. Einen Kasten würde ich in der Küche aufstellen und das Gas im Innern zum Kühlen, die obere Wand als Kochplatte benutzen. An einen anderen würde ich eine Dampfturbine anschließen, die elektrischen Strom zusammen mit kalter Luft liefern würde.

Einstein in seinen Jahren am Patentamt in Bern hat sicher zahlreiche Baupläne für derartige Maschinen zu beurteilen und abzulehnen gehabt. Sein Vortrag stellt seinen eigenen Bauplan nebst Ablehnung vor. Das Gedankenexperiment soll zeigen, daß Thermisches Gleichgewicht zwischen Planckscher Strahlung und einem idealen Gas nur dann eintreten kann, wenn auch die Strahlung – wie selbstverständlich das Gas – fluktuiert. Seinen Bauplan für ein Perpetuum mobile zweiter Art lehnt er deshalb ab, weil er in ihm fälschlich annimmt, die Plancksche Wärmestrahlung im Innern eines Hohlraums würde keine Schwankungen aufweisen. Dies, um diese Vorstellung zu widerlegen. Einstein geht es um den Druck von Strahlung und Teilchen ([53]):

In einem Hohlraume befinde sich ein ideales Gas sowie eine Platte aus fester Substanz, welche lediglich senkrecht zu ihrer Ebene frei beweglich sei. Infolge der Unregelmäßigkeit der Zusammenstöße zwischen Gasmolekülen und Platte wird letztere in Bewegung geraten. [...] Wir nehmen nun an, daß außer dem Gas, welches wir uns als aus wenigen Molekülen bestehend denken können, in dem Hohlraume Strahlung vorhan-

den ist, und zwar sei diese Strahlung sogenannte Temperatur-
strahlung von der nämlichen Temperatur wie das Gas. [...] Wir
nehmen ferner vorläufig an, daß unsere Platte auf beiden Seiten vollkommen reflektierend sei. Bei dieser Sachlage wird
nicht nur das Gas, sondern auch die Strahlung auf die Platte
einwirken. Die Strahlung wird nämlich auf beide Seiten der
Platte einen Druck ausüben. Die auf die beiden Seiten wirken-
den Druckkräfte sind einander gleich, wenn die Platte ruht. Ist
sie aber bewegt, so wird an der bei der Bewegung vorange-
henden Fläche (Vorderfläche) mehr Strahlung reflektiert als an
der Rückfläche. Die auf die Vorderfläche nach rückwärts wirkende Druckkraft ist also größer als die auf die Rückfläche wirkende Druckkraft. Es bleibt also als Resultierende der beiden
eine Kraft übrig, welche der Bewegung der Platte entgegen-
wirkt und mit der Geschwindigkeit der Platte wächst. Wir wollen diese Resultierende kurz «Strahlungsreibung» nennen.
Nehmen wir nun für einen Augenblick an, wir hätten damit die
ganze mechanische Einwirkung der Strahlung auf die Platte
berücksichtigt, so gelangen wir zu folgender Auffassung.
Durch Zusammenstöße mit Gasmolekülen werden der Platte
in unregelmäßigen Intervallen Impulse unregelmäßiger Richtung erteilt. Die Geschwindigkeit der Platte zwischen zwei solchen Stößen nimmt infolge der Strahlungsreibung stets ab,
wobei kinetische Energie der Platte in Strahlungsenergie verwandelt wird. Die Konsequenz wäre die, daß unausgesetzt
Energie der Gasmoleküle durch die Platte in Energie der
Strahlung verwandelt wird, so lange, bis alle vorhandene
Energie in Energie der Strahlung übergegangen ist. Es gäbe
also kein Temperaturgleichgewicht zwischen Gas und Strahlung.
Diese Betrachtung ist deshalb fehlerhaft, weil man die von der
Strahlung auf die Platte ausgeübten Druckkräfte ebensowenig

als zeitlich konstant und als frei von unregelmäßigen Schwankungen ansehen darf wie die vom Gase auf die Platte ausgeübten Druckkräfte.

Folglich muß auch der Druck der Strahlung im Thermischen Gleichgewicht fluktuieren. Und zwar nicht nur irgendwie, sondern genau richtig, wie Einstein ebenfalls zeigt. Denn aus der Planckschen Formel kann er mit Hilfe einer Verfeinerung seines Gedankenexperimentes die Schwankungen des Strahlungsdrucks als Funktion der Frequenz v der Strahlung berechnen und findet ein Ergebnis, das aus zwei Gliedern besteht. Das zweite, relativ uninteressante, tritt in der Wellentheorie der Wärmestrahlung genauso auf und enthält insbesondere Plancks Konstante h, die auf Photonen und Quantenmechanik hinweist, nicht. Wichtiger ist das erste Glied. Es ist zu h und v proportional, bei 1700 K und gelb-grünem Licht um etwa den Faktor 10^8 größer als das zweite und kann durch die Wellentheorie der Wärmestrahlung *nicht* erklärt werden. Hingegen, so Einstein weiter: «Bestände die Strahlung aus sehr wenig ausgedehnten Komplexen von der Energie hv, welche sich unabhängig voneinander durch den Raum bewegen und unabhängig voneinander reflektiert werden – eine Vorstellung, welche die roheste Veranschaulichung der Lichtquantenhypothese darstellt –, so würden infolge Schwankungen des Strahlungsdruckes derartige Impulse auf unsere Platte wirken, wie sie durch das erste Glied unserer Formel allein dargestellt werden.»

Vakuumenergie

Die von Max Planck 1900 hergeleitete Formel für die Wärmestrahlung[16] in einem Hohlraum unterscheidet sich von der korrekten um einen wichtigen Term: Sie berücksichtigt die Nullpunktsenergie der Strahlung nicht. Diese gibt es auch dann noch, wenn wir die Temperatur des Kastens durch Extrapolation auf die unerreichbare Temperatur «null Grad absolut» absenken. Die zugehörige «thermische Nullpunktsstrahlung» muß genauso wie die Wärmestrahlung bei endlicher Temperatur fluktuieren, ist also zumindest insofern real, als sie Schwankungen aufweist. Folglich ist der leerste Raum, den es im Einklang mit den Naturgesetzen geben kann – materiefreier Hohlraum bei der Temperatur absolut null –, tatsächlich nicht leer, sondern enthält Strahlung, deren Druck fluktuiert. Experimentell nachgewiesen wurde dieser Druck nach der triumphalen theoretischen Vorhersage im Jahre 1948 [37] des holländische Physikers H. B. G. Casimir (1909–2000). Mit großen Meßfehlern ist der Nachweis zuerst im Jahr 1958 M. J. Sparnaay [177] gelungen, aber es bleiben Zweifel. Die Realität des Casimir-Effektes erwiesen hat 1996 ein Experiment von S. K. Lamoreaux [121].

In der auf Einsteins Vortrag folgenden Diskussion ergreift Max Planck als erster das Wort. Er spricht aus, welche Konsequenzen Einsteins Überlegungen haben würden, wenn sie denn «einwurfsfrei» wären (was sie, so wissen wir heute, tatsächlich sind): «Dann wäre es notwendig, die freie Strahlung im Vakuum, also die Lichtwellen selber, als atomistisch konstituiert anzunehmen, mithin die Maxwellschen Gleichungen aufzugeben.»

Die weitere Entwicklung hat gezeigt, daß die atomistische Photonenhypothese Einsteins von 1905, die Planck nicht wahrhaben will, zwar nicht die Aufgabe der Maxwellschen Gleichungen, wohl aber die Quantisierung der in ihnen auftretenden Felder erzwingt. In seinem Gedankenexperiment hat Einstein von allen Details abgesehen, die so oder so sein können; zum Beispiel von der Wechselwirkung der Moleküle mit der Strahlung. Und wenn die Strahlung und die Moleküle wie angenommen durcheinanderflögen und auf die Platte einwirkten, müßten wir dann die geheiligten Prinzipien des Thermischen Gleichgewichts aufgeben? Oder nur das mindere Prinzip, daß es einen Hohlraum ganz ohne Strahlung und Fluktuationen geben kann? Das mindere Prinzip, so Einstein – und damit hatte er recht.

Bezugssysteme

Es ist eine Binsenwahrheit, daß das Aussehen eines Objektes im allgemeinen vom Standpunkt des Beobachters abhängt[17]. Nehmen wir die Denker der Abb. 24. Sie sind zwar nicht derselben Meinung darüber, *welche* Ziffer sie sehen, wohl aber darüber, daß, was

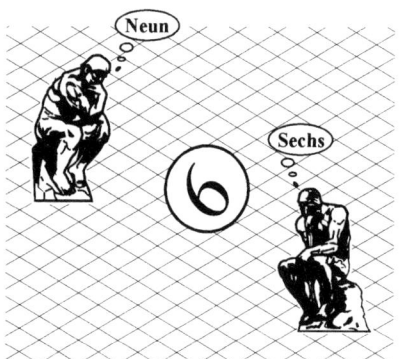

Abb. 24 Die Frage, ob die Ziffer eine Sechs oder Neun darstellt, wird auch im Text nicht geklärt.

sie sehen, *eine Ziffer ist:* Für den einen stellt sie eine Sechs, für den anderen eine Neun dar. Daß sie dasselbe Zeichen verschieden interpretieren, beruht darauf, daß sie ungeachtet der Verschiedenheit ihrer Standpunkte *dieselben* Regeln zur Interpretation ihrer Beobachtungen verwenden. Diese Regeln werden der Transformation, die den einen Denker in den anderen überführt – eine Drehung um 180 Grad –, *nicht* unterworfen. Würden die Denker ihre Regeln zur Interpretation graphischer Darstellungen auf das Zeichen 5 anwenden, würde zwar einer die Ziffer fünf erkennen, der andere aber nicht – für ihn wäre, was er sieht, sinnloses Gekrakel. Natürlich ist es schwer vorstellbar, daß ein menschlicher Beobachter sein Erkennungsvermögen für Ziffern nur so unflexibel anwenden könnte, daß er auf dem Kopf stehende Ziffern nicht als Ziffern erkennte. Anders wäre es aber, wenn der Beobachter seine Erkennungsregel als Programm einem Rechner eingeben und dann diesem die Erkennung überlassen würde.

Beobachter und wie sich ihnen Abläufe darbieten

Uns geht es hier ausnahmsweise um die Regel selbst, nicht um die menschliche Einsicht in sie. Um nämlich die Parabel von den Denkern und Ziffern in die Physik zu übersetzen, identifizieren wir die Denker mit Beobachtern, die Ziffern mit physikalischen Abläufen und die Erkennungsregeln mit den Naturgesetzen, die für die Abläufe gelten. Dies getan, können wir beginnen, die Moral der Parabel von den Denkern und den Ziffern auszusprechen: Gegeben seien zwei Beobachter, die verschiedene Standpunkte einnehmen. Den Begriff «Standpunkt» interpretieren wir großzügig und sagen, daß immer dann zwei Beobachter zwei Standpunkte einnehmen, wenn der eine aus dem anderen durch eine Transformation hervorgeht. Diese Transformation kann eine Drehung sein wie bei den zwei Denkern, genauso eine Verschiebung im Raum oder in der Zeit, sie kann eine Änderung der Geschwindigkeit, aber auch eine Spiegelung oder eine Vergrößerung sein. Darauf, daß die Transformation wie eine Drehung, Verschiebung oder Änderung der Geschwindigkeit zumindest im Prinzip auf wirkliche Beobachter wirklich angewendet werden kann, soll es uns nicht ankommen, solange wir nur wissen, wie die betrachteten Abläufe einem Beobachter erscheinen *würden,* könnten wir ihn der Transformation unterwerfen. Einen Beobachter tatsächlich spiegeln oder vergrößern können wir nicht, wohl aber statt seiner in Gedanken den durch die Transformation herbeigeführten Standpunkt einnehmen und von ihm aus den Ablauf betrachten. Genauso können wir in Gedanken die Zeit langsamer oder schneller vergehen oder gar rückwärts laufen lassen. Zulässig sind auch Transformationen, welche die Natur der Teilchen verändern, aus denen der Beobachter aufgebaut ist; zum Beispiel jene Transformation, die jedes Teilchen durch sein Antiteilchen ersetzt.

Als Resultat der Transformation verfügen wir also zumindest in Gedanken über zwei Beobachter, die denselben Ablauf von verschiedenen Standpunkten aus betrachten, so daß er ihnen nicht derselbe zu sein scheint. Bei ihren Überlegungen unterstellen sie, daß für das, was jeder einzelne sieht, dieselben Naturgesetze gelten[18]: Als wie verschieden ihnen derselbe Ablauf auch erscheinen mag, sollen doch die Beobachtungen beider mit denselben universellen Naturgesetzen, die der Transformation nicht unterworfen wurden, im Einklang sein. Ein Ergebnis der Konfrontation ihrer Beobachtungen mit der Unterstellung identischer Naturgesetze könnte natürlich sein, daß eben nicht für sie beide dieselben Naturgesetze gelten.

Einsichten und Bezugssysteme bei Huygens

Nehmen wir nun zwei Beobachter und einen Ablauf, und nehmen wir an, daß die Beobachtungen eines jeden von ihnen mit *densel-*

ben Naturgesetzen im Einklang sind. Wir wollen fragen, ob die Einsicht in die Gesetze für einen Ablauf, die ein Beobachter haben kann, von seinem Erscheinungsbild des Ablaufs abhängt – und antworten mit einem entschiedenen Ja. Ein Beispiel haben wir kennengelernt, nämlich die Einsicht von Descartes und Huygens in das Ergebnis eines zentralen elastischen Stoßes zweier gleicher Massen, die mit entgegengesetzt-gleichen Geschwindigkeiten aufeinandertreffen – im Schwerpunktsystem, wie wir sagen. Ihre Einsicht verriet Descartes und Huygens, daß zwei gleiche Massen bei einem derartigen Stoß ihre Geschwindigkeiten austauschen müssen. Umstritten war aber das Ergebnis eines zentralen elastischen Stoßes zweier gleicher Massen, die nicht gerade entgegengesetzt-gleiche Geschwindigkeiten besitzen. Huygens erkannte, daß dieser allgemeine Fall in den Sonderfall entgegengesetzt-gleicher Geschwindigkeiten durch einen Wechsel des Bezugssystems überführt werden kann: Immer gibt es einen Beobachter, für den der Stoß ein Stoß von zwei Massen mit entgegengesetzt-gleichen Geschwindigkeiten ist. Beginnend mit dieser Einsicht in das Ergebnis eines solchen Stoßes, kann Huygens die Frage nach dem Naturgesetz für den zentralen elastischen Stoß zweier gleicher Massen mit beliebigen Anfangsgeschwindigkeiten beantworten (S. 72 ff.). Das Gedankenexperiment, durch das Christian Huygens die Gesetze des elastischen Stoßes für ungleiche Massen bewiesen hat, findet sich in der Erstausgabe von *Gedankenexperimente* [23] auf S. 34 f.

Einsichten und Bezugssysteme bei Einstein

Ein zweites, vielleicht noch eindrücklicheres Beispiel dafür, daß die Einsicht eines Beobachters in einen Ablauf von dem Standpunkt abhängen kann, von dem aus er ihn betrachtet, ist das von

Albert Einstein ersonnene ([59], S. 116) Gedankenexperiment der Abb. 25. Ein Körper X nehme in seinem Ruhesystem K_0 symmetrisch von rechts und links zwei Lichtbündel γ mit entgegengesetzt-gleichen Impulsen auf. Dann bleibt er im Ruhezustand.

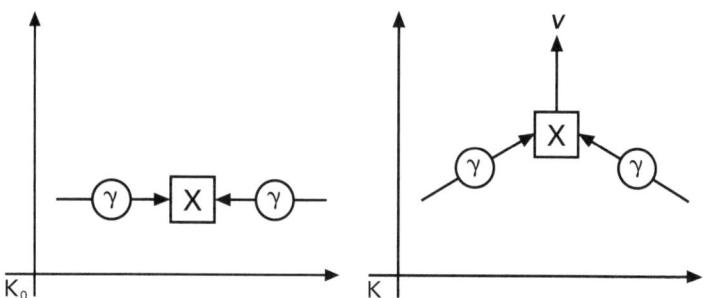

Abb. 25 Die Aufnahme von zwei Lichtbündeln (oder Massen oder Photonen) γ durch einen Körper X in dessen Ruhesystem K_0 und in einem System K, in dem X die Geschwindigkeit v besitzt

Durch eine Änderung der Geschwindigkeit gehen wir nun zum System K über, in dem X vor dem Zusammenstoß mit den Lichtbündeln die Geschwindigkeit v besaß. Da in K_0 seine Geschwindigkeit dieselbe geblieben ist, muß sie das auch in K sein. Das aber ist gar nicht offensichtlich; im Gegenteil! Denn die Lichtbündel besitzen in K eine nach oben gerichtete Impulskomponente, so daß durch deren Aufnahme der Impuls p von X größer geworden sein muß – bei, und das ist überraschend folgenreich, gleich gebliebener Geschwindigkeit.

Das Gedankenexperiment zeigt, daß der Faktor M in der Beziehung $p = M \cdot v$ von X durch die Aufnahme der beiden Bündel γ größer wird. Wenn diese durch zwei gleiche Massen m ersetzt werden, muß offensichtlich dasselbe gelten. So ist es tatsächlich in der

Newtonschen Mechanik. Vereinigen sich nämlich die beiden Massen m mit M, die alle dieselbe Geschwindigkeitskomponente v nach oben besitzen, zur Gesamtmasse $M + 2m$, so bleibt der nach oben gerichtete Impuls derselbe: *2mv + Mv = (2m + M) · v.* Der waagerechte Impuls ist sowieso null, und von der kinetischen Energie, welche die beiden Massen m mitbringen und durch die X wärmer wird, hängt laut Newton der Impuls nicht ab.

Also ermöglicht das Gedankenexperiment das Verständnis von Aspekten der Newtonschen Mechanik. Nun wieder die Lichtbündel γ: Ihre Aufnahme ändert nur den Energieinhalt von X, so daß sein M von ihm, also auch von der Temperatur, abhängen muß. Eine Weiterführung dieses Gedankenexperimentes ([59]; siehe auch [23], S. 138 ff.) ergibt quantitative Resultate zum relativistischen Zusammenhang von Masse und Energie.

Einstein kann sich kein Licht vorstellen, das relativ zu ihm ruht

Von Albert Einstein wird gesagt, er habe sich als sehr junger Mann vorzustellen versucht, wie sich das Licht einem Beobachter darböte, der sich zusammen mit ihm bewegte. Zweifelsohne wäre das Bezugssystem, in dem das Licht ruht, das bestmögliche zu dessen Erforschung. Später mußte Einstein erkennen, daß es unmöglich ist, mit dem Licht zu reisen, weil sich das Licht gegenüber jedem Beobachter unabhängig von dessen Geschwindigkeit mit immer derselben Geschwindigkeit, der Lichtgeschwindigkeit $c = 300\,000$ Kilometer pro Sekunde, bewegt. Wie es eine höchstmögliche, für alle Beobachter gleiche Geschwindigkeit zur Übertragung von Signalen geben kann, hat Albert Einstein in vielen Gedankenexperimenten ergründet, und wir werden einige von ihnen wiedergeben.

Die Existenz einer solchen *endlichen* Geschwindigkeit für jeden Beobachter macht zunächst einmal den naiven Gebrauch des Begriffs «gleichzeitig» unmöglich. Wie jeder Begriff, der in Aussagen mit empirischem Gehalt auftritt, muß auch dieser empirisch definiert werden; jetzt selbstverständlich in Ansehung der Tatsache, daß es eine Geschwindigkeit – die des Lichtes – gibt, die für alle Beobachter dieselbe ist. Die Einsicht, daß sich das Licht für jeden Beobachter unabhängig von dessen Geschwindigkeit gleich schnell ausbreitet, hätte Einstein dadurch gewinnen können, daß er das Experiment der amerikanischen Physiker A. A. Michelson (1852–1931) und E. W. Morley (1838–1923) von 1881 interpretiert hätte. Dieses hatte ergeben, daß die auf der Erde gemessene Geschwindigkeit des Lichtes von dessen Ausbreitungsrichtung unabhängig ist – gerade so, als ruhe die Erde *zu jeder Jahres- und Tageszeit* relativ zu einem Medium Äther, in dem sich das Licht mit der Lichtgeschwindigkeit ausbreitet. Das Experiment war genau genug, um die Geschwindigkeit der Erde gegenüber einem Medium nachzuweisen, das im Frühling relativ zu ihr ruht, sich aber im Herbst, ohne seine Geschwindigkeit geändert zu haben, relativ zu ihr bewegt. Es stellte sich heraus, daß die Geschwindigkeit des Lichtes relativ zur Erde, und damit wohl auch die der Erde relativ zum Äther, zu allen Jahreszeiten dieselbe war. Folglich, so der unumgänglich erscheinende Schluß, muß die Erde den Äther mit sich führen. Das Prinzip des Kopernikus, daß die Erde keinen ausgezeichneten Platz im Universum einnimmt, wird hier, so scheint es, auf eine kuriose Art und Weise umgestoßen.

Nach Auskunft von Einstein war dieses Experiment keinesfalls die Quelle seiner Einsicht zur Bewegung des Lichtes. Diese fußte statt dessen auf seiner Überzeugung, daß kein Beobachter in einem geschlossenen Raum, der sich ohne Drehung geradlinig-gleichförmig bewegt, durch irgendein Experiment irgend etwas über die Geschwindigkeit herausfinden kann, mit der er das tut. Insbesondere kann er nicht ermitteln, ob er in einem absoluten Sinn, der noch zu definieren wäre, ruht oder sich bewegt. Diese Forderung ist zu der äquivalent, daß für alle Beobachter, die sich wie angenommen bewegen, dieselben Naturgesetze gelten. Für die Gesetze des elastischen Stoßes hatte diese Forderung bereits Huygens, für die des freien Falls Galilei aufgestellt. Newton sollte dann fordern, daß die Gesetze seiner Mechanik für alle Beobachter, die sich wie beschrieben relativ zu seinem «absoluten Raum» bewegen, dieselben sind.

Das von Huygens, Galilei und Newton für Spezialfälle eingeführte Relativitätsprinzip hat Einstein auf alle Naturgesetze ausgedehnt. Insbesondere sind jetzt die Maxwellschen Gleichungen als fundamentale Naturgesetze für alle elektromagnetischen Erscheinungen, damit auch für das Licht, zu nennen. In ihnen tritt die Lichtgeschwindigkeit c als eine Größe auf, die unabhängig von allem anderen die Geschwindigkeit des Lichtes *ist* – unabhängig also insbesondere von der Geschwindigkeit der Lichtquelle, so daß ein Gedankenbild der Quelle als Kanone, die Teilchen namens Photonen wie Kanonenkugeln abschösse, von vornherein ausgeschlossen ist. Als Gedankenbild für die Ausbreitung des Lichtes bietet sich hingegen im Einklang mit den Gleichungen Maxwells das einer Welle an, die sich in einem Medium namens Äther wie eine Schallwelle in der Luft oder wie eine Bugwelle im Wasser ausbreitet. Wenn es aber ein solches Medium gibt, gelten die Maxwellschen Gleichungen eben *nicht* für alle Beobachter, sondern nur für jene, die gegenüber dem Medium ruhen, und nur für diese stimmt die Geschwindigkeit c des Lichtes im Medium Äther mit der jener Geschwindigkeit überein, die sie messen. Folglich kann nach Auskunft dieses Gedankenbildes ein Beobachter in einem geschlossenen Raum durch Messung der Geschwindigkeit des Lichts aus mitgeführten Quellen seine Geschwindigkeit gegenüber dem Äther ermitteln. Zwei derartige Beobachter könnten dann allein durch Austausch von Informationen über die Resultate ihrer internen Experimente wissen, wie schnell sie sich relativ zueinander bewegen.

Einsteins zwei Prinzipien und ihre Konsequenzen

Einstein erhebt erstens zum Prinzip, daß das unmöglich ist. Kein Beobachter soll in einem abgeschlossenen Labor, durch welche Experimente auch immer, herausfinden können, mit welcher Geschwindigkeit, wenn nur konstant, er sich mit seinem Labor bewegt. Dieses Prinzip hat die Mechanik Newtons von Galilei übernommen. Wirkte ein Äther unabwendbar in das Labor hinein, könnte es nicht gelten. Zweitens nimmt Einstein Maxwells Gleichungen der Elektrodynamik ernst und erhebt zum Prinzip, daß die Geschwindigkeit des Lichts, die ein Beobachter mißt, von der Geschwindigkeit der Licht*quelle* unabhängig ist. Für sich allein erlaubt dieses Prinzip, daß die von einem Beobachter gemessene Geschwindigkeit des Lichtes von seiner eigenen Geschwindigkeit abhängt. So müßte es sogar sein, wenn das Licht eine Welle wäre, die sich in einem Medium wie Wasser oder Luft ausbreitete. Genau aber das macht das erste Prinzip unmöglich, so daß beide Prinzipien zusammengenommen, und wie bereits gesagt (S. 24), nahe an einem Widerspruch vorbeischrammen und wohl ebendeshalb so folgenreich sind.

Denn folgenreich sind sie: Aus ihnen folgt die gesamte Spezielle Relativitätstheorie. Wir wollen uns mit dem Nachweis begnügen, daß unter Voraussetzung von Einsteins zwei Prinzipien die von einem Beobachter gemessene Geschwindigkeit des Lichtes auch von seiner eigenen Geschwindigkeit unabhängig ist (was aus den Maxwellschen Gleichungen nicht folgt, da sie keinen Beobachter ken-

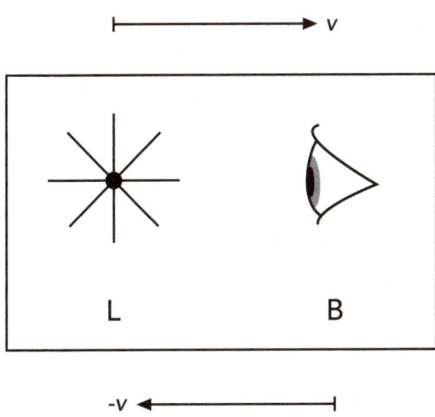

Abb. 26 Ausführlicher, als im Haupttext dargestellt, wollen wir annehmen, wir verfügten über zwei Kopien des Systems aus Lichtquelle *L* und Beobachterin *B*. In beiden bewegen sich *L* und *B* relativ zueinander so, daß sie sich mit der Geschwindigkeit *v* näher kommen. Wir nehmen auch an, daß die beiden Systeme sich relativ zueinander so bewegen, daß in dem ersten *B*, in dem zweiten *L* ruht. Dann mißt in dem ersten System laut Maxwells Gleichungen und nach Einsteins Postulat, daß die gemessene Geschwindigkeit des Lichtes von der Geschwindigkeit der Lichtquelle unabhängig ist, die Beobachterin B die Geschwindigkeit *c* des Lichtes, die auch eine relativ zu *L* ruhende Beobachterin messen würde. Damit nun aber die beiden Systeme nicht durch Experimente in ihrem Innern unterschieden werden können, muß *B* bei ihrer Messung der Lichtgeschwindigkeit im zweiten System dasselbe Ergebnis *c* erhalten. Als Konsequenz der Relativbewegung der beiden Systeme bewegt sich *B* im zweiten auf *L* zu, so daß, wie gezeigt werden sollte, die Lichtgeschwindigkeit auch von der Geschwindigkeit der Beobachterin unabhängig ist. Das ist selbstverständlich so, wenn es kein Medium gibt, in dem sich das Licht ausbreitet und relativ zu dem eine absolute Geschwindigkeit definiert werden könnte. Aber wie kann dann, anschaulich gesprochen, die Geschwindigkeit des Lichtes von der Geschwindigkeit der Lichtquelle unabhängig sein?

nen). Die Lichtquelle *L* und die Beobachterin *B* der Abb. 26 mögen sich so bewegen, daß sie sich mit der Geschwindigkeit *v* näher kommen. So, wie es die Beobachterin *B* sieht, kommt *L* auf sie zu; ein Beobachter an *L* wird sagen, daß *B* auf ihn zukomme. Da die von *B* gemessene Geschwindigkeit des Lichtes laut Annahme Nr. 2 von der Geschwindigkeit *v* der Lichtquelle unabhängig ist, muß diese Geschwindigkeit mit der universellen Lichtgeschwindigkeit *c*, wenn es eine solche denn gibt, identisch sein. Der Beobachter an *L* sieht den Vorgang so, daß seiner ruhenden Lichtquelle eine die Lichtgeschwindigkeit messende Beobachterin *B* mit der Geschwindigkeit *v* entgegenkommt. Damit beide Standpunkte – auch wenn verteilt auf zwei in relativer Bewegung zueinander befindliche Systeme – ununterscheidbar seien, muß die von einer Beobachterin gemessene Geschwindigkeit von ihrer eigenen relativ zur Lichtquelle unabhängig sein: Die Lichtgeschwindigkeit *c* ist eine universelle Konstante.

Weil die Lichtgeschwindigkeit für alle Beobachter dieselbe ist, kann sich offenbar kein Beobachter so schnell bewegen wie das Licht, sonst würde das Licht ja relativ zu ihm ruhen. Unmöglich ist es deshalb auch, einem Beobachter eine Geschwindigkeit zu verleihen, die größer wäre als die Lichtgeschwindigkeit. Sonst müßte er sich nämlich zwischen «langsamer» und «schneller als das Licht» auch «genauso schnell» bewegen können, was, wie gesagt, ausgeschlossen ist[19].

Was heißt gleichzeitig?

Vorwärts aber nun zur empirischen Definition der «Gleichzeitigkeit» von Ereignissen. Alle Uhren, von denen wir sprechen, sollen, an einer Stelle zusammengebracht, mit gleicher Geschwindigkeit gehen. Was aber soll es bedeuten, daß zwei von ihnen an verschiedenen Orten gleichzeitig dieselbe Zeit anzeigen? Oder, anders gesagt, welches Kriterium kann zur Definition der Gleichzeitigkeit zweier Ereignisse dienen? Beide Fragen sind äquivalent, weil jede Anzeige einer Uhr als Ereignis aufgefaßt werden kann.

Von selbst versteht sich die Gleichzeitigkeit von Ereignissen an demselben Ort. Daher unser erster Vorschlag zur Definition von «gleichzeitig» durch dieselbe Zeitanzeige von Uhren an verschiedenen Orten *A* und *B*: Zwei Uhren werden am Ort *A* gleich gestellt. Danach verbleibe die eine an *A*, während die andere nach *B* transportiert wird. Dann, so dieser Vorschlag, zeigen die Uhren «gleichzeitig» dieselbe Zeit an.

Obwohl diese Definition der Gleichzeitigkeit zweier Ereignisse – das sind hier Zeitanzeigen – eindeutig zu sein scheint, ist sie das keineswegs. Denn sie setzt voraus, daß zwei an *A* gleich gestellte Uhren, die mit verschiedenen Geschwindigkeiten und möglicherweise auf verschiedenen Wegen von *A* nach *B* transportiert wurden, dort nebeneinandergestellt dieselbe Zeit anzeigen. Das aber ist ein Vorurteil, das einer wichtigen Konsequenz der Postulate Einsteins widerspricht – der nämlich, daß der Gang einer Uhr von der Geschwindigkeit abhängt, mit der sie sich bewegt. Insbesondere müßte, damit unser tentatives Kriterium für Gleichzeitigkeit eindeutig sei, eine Uhr, die auf einem geschlossenen Weg von *A* ausgehend nach *A* zurückgebracht wird, dort dieselbe Zeit anzeigen wie eine an *A* verbliebene Uhr. Und das steht im Widerspruch zu dem sogenannten Zwillingsparadox, einem realen Effekt, an dem nichts paradox ist. Übrigens *geht* nach Auskunft der Relativitätstheorien die nach *A* zurückgekehrte Uhr *genauso schnell* wie die dort verbliebene – sie ist zurückgeblieben, das ist alles. Analoges gilt für den Zwilling des Paradoxes, der den Ausflug gemacht hat, nach seiner Rückkehr: Er ist jünger geblieben, altert künftighin aber gleich schnell wie der andere.

Wir werden daher mit Albert Einstein Gleichzeitigkeit durch eine ihrer Eigenschaften definieren, die keinen Transport von Uhren erfordert. Stünde uns ein Signal zur Verfügung, das sich mit der Geschwindigkeit unendlich ausbreitete, also zur Überwindung einer Strecke keine Zeit bräuchte, könnten wir dieses auf eine triviale Art und Weise zur Gleichstellung oder, wie zumeist gesagt wird, Synchronisation von Uhren verwenden: Das Signal wird von A nach B geschickt und die Uhr dort bei dessen Eintreffen so gestellt wie die am Ort A bei dessen Absenden. Tatsächlich kann es ein solches Signal nicht geben. Statt seiner werden wir mit Albert Einstein Lichtsignale verwenden. Von ihnen wissen wir, daß sie sich relativ zu jedem Beobachter und unabhängig von der Geschwindigkeit der Lichtquelle mit derselben Geschwindigkeit c bewegen.

Gegeben seien nun ein Bahndamm, ein Zug, der auf dessen Gleisen fährt, und zwei Beobachter – einer im Zug und einer auf dem Bahndamm. Albert Einstein in seinem wunderschönen Büchlein *Über die spezielle und allgemeine Relativitätstheorie* [56], das 1917 erschienen ist und nach meiner Ansicht die noch immer klarste populärwissenschaftliche Darstellung seiner Theorien enthält, erläutert durch dieses Szenario unter anderem seinen Begriff der Gleichzeitigkeit:

An zwei weit voneinander entfernten Stellen A und B unseres Bahndamms hat der Blitz ins Geleise eingeschlagen. Was meinen wir, wenn wir sagen, die Einschläge seien gleichzeitig erfolgt? Nach einiger Zeit des Nachdenkens machen wir den folgenden Vorschlag für das Konstatieren der Gleichzeitigkeit: Die Verbindungsstrecke AB werde dem Geleise nach ausgemessen und in die Mitte M der Strecke ein Beobachter gestellt, der mit einer Einrichtung versehen ist (etwa zwei um 90 Grad gegeneinander geneigte Spiegel), die ihm eine gleichzeitige optische Fixierung der Orte A und B erlaubt. Nimmt dieser die beiden Blitzschläge gleichzeitig wahr, so sind sie gleichzeitig.

Da dies eine Definition ist, können wir nicht darüber rechten, ob sie «richtig» ist oder «falsch». Wenn wir aber die Konstanz der Lichtgeschwindigkeit einbeziehen, sehen wir, daß die Definition

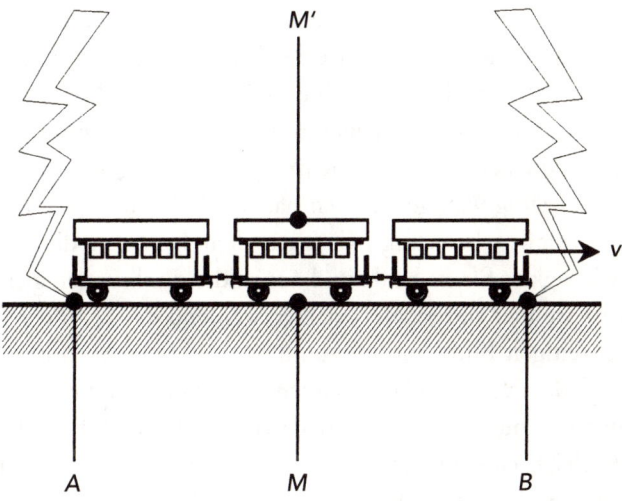

Abb. 27 Bahndamm und Zug, in die, vom Beobachter *M* auf dem Bahndamm aus gesehen, gleichzeitig zwei Blitze in derselben Entfernung von ihm einschlagen. Wir haben zur Vereinfachung angenommen, daß sich der Anfang und das Ende des Zuges bei den Einschlägen an deren Orten *B* und *A* befinden. Daraus können keine Unsicherheiten erwachsen, weil es sich um jeweils zwei Ereignisse handelt, die gleichzeitig an dem einen Ort *A* (die anderen beiden an dem Ort *B*) stattfinden. Mit Albert Einstein [56] schließen wir, daß für den Beobachter *M'* in der Mitte des fahrenden Zuges die Einschläge *nicht* gleichzeitig stattgefunden haben.

genau das trifft, was wir meinen, wenn wir «gleichzeitig» sagen: Die beiden Einschläge haben gleichzeitig stattgefunden, weil das Licht für die halbe Entfernung der Punkte A und B dieselbe Zeit braucht – ob es sich nun von links nach rechts (von A nach M) oder von rechts nach links (von B nach M) bewegt.

«Es fahre nun», so Einstein weiter, «auf dem Geleise ein sehr langer Zug mit konstanter Geschwindigkeit in der [in Abb. 27] angegebenen Richtung. […] Jedes Ereignis, welches längs des Geleises stattfindet, findet dann auch an einem bestimmten Punkte des Zuges statt. Auch die Definition der Gleichzeitigkeit läßt sich in bezug auf den Zug in genau derselben Weise geben, wie in bezug auf den Bahndamm»: Ein Beobachter M' genau in der Mitte zwischen den Einschlagstellen, nun aber im fahrenden Zug, wird wie M sagen, daß die beiden Blitze gleichzeitig eingeschlagen sind, wenn er sie gleichzeitig wahrgenommen hat. Beide Beobachter sind dazu gleichermaßen berechtigt, da nach dem Gesagten die Lichtgeschwindigkeit für sie beide und aus beiden Richtungen gleich ist. Bei M' ist aber zu beachten, daß er, während das Licht der für M gleichzeitigen Blitze zu ihm von hinten und von vorn unterwegs ist, sich dem von vorn kommenden Licht nähert und von dem von hinten kommenden entfernt, so daß die beiden Lichtblitze bei ihm *nicht* gleichzeitig ankommen. Folglich sind laut der für alle Beobachter verbindlichen Definition der Gleichzeitigkeit voneinander entfernter Ereignisse die Blitze *nicht* gleichzeitig eingeschlagen.

Zeitliche Reihenfolgen

Zwei Ereignisse, die für den einen Beobachter gleichzeitig sind, werden das für einen relativ zu ihm bewegten im allgemeinen also nicht sein. Ein Blick auf die Abb. 27 zeigt, daß Bewegung darüber hinaus die Reihenfolge von Ereignissen zu vertauschen vermag. Wenn nämlich vom Bahndamm aus gesehen der Blitz am Ort A nur sehr kurz vor dem Blitz am Ort B einschlägt, dürfen wir annehmen, daß der Zug so schnell dem von B ausgehenden Licht entgegenfährt, daß dieses den mitfahrenden Beobachter M' in der Mitte zwischen den Einschlagstellen der Blitze vor dem von A stammenden Licht erreicht. Vom Zug aus gesehen, hat damit der Einschlag an B früher stattgefunden als der an A; die Reihenfolge der Ereignisse wurde durch die Relativbewegung der Beobachter auf dem Bahndamm und im Zug vertauscht.

Der Leser könnte nun denken, daß die zeitliche Reihenfolge beliebiger Ereignisse durch eine Änderung der Geschwindigkeit vertauscht werden kann. Das ist aber nicht so und würde von dem geheiligten Prinzip von Ursache und Wirkung nichts übriglassen. Hänsel erschieße am Bahndamm Gretel. Es wäre absurd, wenn vom Zug aus gesehen bei geeigneter Geschwindigkeit Gretel tot umfallen würde, *bevor* Hänsel geschossen hat. Hier wird, zusammen mit der Wirkung von Hänsels Schuß, die Information übertragen, *daß* er geschossen hat. Beides zu unterscheiden mag als überflüssige Spitzfindigkeit erscheinen, wird sich aber im Rahmen der Quantenmechanik als unumgänglich erweisen.

Kein vergleichbar ernster Grund spricht aber gegen die Vertauschbarkeit der Reihenfolge von Ereignissen, die so weit voneinander entfernt beziehungsweise so kurz nacheinander auftreten, daß sie nicht einmal durch ein Lichtsignal miteinander verknüpft werden können. Das haben wir oben mit dem «nur sehr kurz» gemeint, um welches der Einschlag an A früher als der an B aufgetreten ist. Diese Charakterisierung ist, wie es sein muß, für alle Beobachter unabhängig von ihrer Geschwindigkeit dieselbe, weil die Lichtgeschwindigkeit das ist.

Für die Konsistenz der Speziellen Relativitätstheorie ist erforderlich, daß die Lichtgeschwindigkeit c die größte Geschwindigkeit ist, mit der *Information* übertragen werden kann. Vereinbar ist sie hingegen mit Effekten, vermöge derer sich «etwas» schneller als das Licht bewegt, wenn es nur unmöglich ist, dadurch Information zu übertragen. Traditionell ist der Hinweis, daß das unmöglich sei, die einfachste Verteidigung der Relativität gegen Einwände, die auf «kinematischen» Effekten dieser Art in Gedankenexperimenten sowie möglichen Realexperimenten beruhen. Derartige Einwände sind zahlreich[20]; ich begnüge mich damit, den Leuchtturmeffekt zu nennen, von dem zahlreiche Varianten vorgebracht wurden. Eine neuere Version ([211], S. 109) stellt fest, daß ein Laserstrahl von der Erde zum Mond dort einen Lichtfleck verursacht, der sich bei mäßig schneller Drehung der Quelle auf der Erde mit Überlichtgeschwindigkeit bewegt. Weit darüber hinaus gehen die bereits erwähnten «nichtlokalen» Effekte der Quantenmechanik, die in der instantanen Ausbreitung von Wirkungen auf dem Niveau der Wellenfunktionen bestehen, durch die aber keine Informationen übermittelt werden können.

Diese Wirkungen breiten sich zwar instantan aus, können aber, eben weil sie keine Information übertragen, nicht zur Synchronisation von Uhren verwendet werden. Das *Ergebnis* eines Experimentes jetzt und hier kann vermöge einer solchen Wirkung das Ergebnis *desselben oder eines äquivalenten* Experiments in beliebig großer Entfernung – sozusagen hinter dem Mond –, das unmittelbar zuvor noch unsicher war, festlegen. Von dem Ergebnis des Experimentes hier und jetzt kann außerdem in demselben Augenblick das bevorstehende Ergebnis hinter dem Mond abgelesen werden. Eine Übertragung von Information oder gar eine gezielte Einflußnahme mit Überlichtgeschwindigkeit ermöglicht eine solche Wirkung aber nicht. Dies deshalb, weil der Experimentator nach Auskunft der Quantenmechanik zwar festlegen kann, *welches* Experiment er unternimmt, im allgemeinen und im betrachteten Fall dessen *Ergebnis* aber nicht: Dies ist ein reines Zufallsprodukt. Da hinter dem

Mond nur das Ergebnis *desselben oder eines äquivalenten* Experimentes durch das Ergebnis hier und jetzt festgelegt wird, müssen die Akteure hier und hinter dem Mond *zuvor* übereingekommen sein, *welches Experiment* sie durchführen. Nun unterliegt nach dem Gesagten zwar die Auswahl des Experiments, nicht aber sein Ergebnis dem freien Willen (wenn es den denn gibt), so daß sich hierdurch keine Information übertragen läßt. Die Information und nur sie betreffend, befindet sich jeder der beiden Experimentatoren in der Situation eines, der nur einen Handschuh eingesteckt hat. Wenn er feststellt, daß dieser ein linker ist, weiß er instantan, daß der andere nur ein rechter sein kann. Information wird dabei nicht übertragen.

Wenn wir in diesem Kapitel im Zusammenhang mit der Speziellen Relativitätstheorie von «Ursache und Wirkung» sprechen, schließen wir die rein quantenmechanischen Formen der Wirkung immer aus. Daß es diese Formen gibt oder daß noch seltsamere Deutungen herangezogen werden müssen, folgt aus dem Vergleich der Resultate des bereits erwähnten (S. 18 f.) Gedankenexperimentes [10] von John Bell mit ihnen widersprechenden unbezweifelbaren Voraussagen der Quantenmechanik. Die Konsequenzen dieses «Bellschen Theorems» hat Bell in einem Interview der Zeitschrift *Omni* ([14], dort englisch) so beschrieben: «Das Theorem sagt, daß möglicherweise vielleicht etwas schneller als das Licht geschehen muß, wenn es mich auch schmerzt, auch nur so viel zu sagen. Mit Sicherheit impliziert das Theorem, daß Einsteins Konzeption von Raum und Zeit, die durch die Lichtgeschwindigkeit in sauber getrennte Gebiete aufgeteilt sind, unhaltbar ist. Aber zu sagen, daß etwas schneller ginge als das Licht, wäre mehr, als ich weiß. Wenn irgend etwas schneller ginge als das Licht, könnte ich mir folgendes vorstellen: Sie werfen eine Münze, und ich bin fähig, sie zu einer zusätzlichen Drehung zu veranlassen (ohne sie, sozusagen, zu berühren). Aber Sie würden niemals wissen, daß ich die Kraft dazu hatte, weil Sie sowieso nicht wüßten, ob das Ergebnis Zahl oder Wappen sein werde. Und auch *ich* würde nicht wissen, daß ich die Kraft hatte.» Der Interviewer ergänzt: «Denn Sie würden nur das endgültige Resultat sehen, und weil das auf jeden Fall Zahl oder Wappen wäre, könnten Sie nicht sehen, welches das Resultat wäre, hätten Sie Ihre Kraft nicht wirken lassen.» Darauf Bell: «Genau!»

Ursache und Wirkung

Aber zurück zu den Beziehungen zwischen Ursache und Wirkung im Sinn der Speziellen Relativitätstheorie. Zwei Ereignisse, die nur durch ein Signal verbunden werden können, das schneller als das Licht ist, können *nicht* im (konventionellen) Verhältnis von Ursache und Wirkung zueinander stehen; alle anderen Paare von Ereignissen aber können das. Wenden wir uns zuerst jenen Paaren von Ereignissen zu, die durch ein Signal mit einer Geschwindigkeit unterhalb oder gleich der Lichtgeschwindigkeit verbunden werden können – zum Beispiel durch einen Pistolenschuß. Es wäre wahrlich paradox, wenn für den Beobachter am Bahndamm Hänsel seine Schwester erschossen hätte, für den Beobachter im Zug aber zuerst Gretel umgefallen wäre und Hänsel danach geschossen hätte. Damit das nicht so sei, reicht es aus, daß bei beliebigem Wechsel der Geschwindigkeit des Beobachters die Reihenfolge jener Ereignisse dieselbe bleibt, die durch ein Signal mit höchstens der Lichtgeschwindigkeit verbunden sind. Kein Paradox erwächst aber aus der Möglichkeit, durch Wechsel der Geschwindigkeit die Reihenfolge von Ereignissen zu vertauschen, die sowieso nicht im Verhältnis von (konventioneller) Ursache und Wirkung zueinander stehen können, weil jedes Signal, das sie verbinden könnte, schneller reisen müßte als das Licht (was unmöglich ist, weil es solche Signale nicht gibt). Wenn im Wildwestfilm um *Zwölf Uhr mittags* auf dem Marktplatz der Hold und der Unhold gleichzeitig – wirklich gleichzeitig – ziehen, hängt es von der Geschwindigkeit ab, mit welcher der Sheriff vorbeireitet, wer von den beiden von ihm aus gesehen zuerst gezogen hat. Hier kann das Ziehen des einen nicht Ursache des Ziehens des andern sein, aber beide Aktionen können *dieselbe Ursache* besitzen – zum Beispiel das Schlagen der Uhr in ihrer Mitte oder die gegenseitige Kenntnis, die aus gemeinsamer Vergangenheit erwächst. Bei der Diskussion der instantanen quantenmechanischen Wirkungen werden wir auf diese zwei möglichen Ursachen von Korrelationen zurückkommen.

Seien zusammenfassend zwei Ereignisse an verschiedenen Orten gegeben, zwischen denen für irgendeinen Beobachter so viel Zeit verstreicht, daß sie durch ein Signal (selbstverständlich mit höchstens der Lichtgeschwindigkeit) verknüpft werden können. Dann muß zur Vermeidung von Paradoxa die Reihenfolge dieser Ereignisse für alle Beobachter unabhängig von ihrer Geschwindigkeit dieselbe sein und ist das auch, weil es keine Beobachter gibt, die sich mit Überlichtgeschwindigkeit bewegen. Für alle Ereignisse dieser Art gibt es stets auch Beobachter, für welche die beiden Ereignisse an *demselben Ort in der richtigen zeitlichen Reihenfolge* stattgefunden haben. Damit das für ihn so sei, muß sich der Beobachter ja nur mit der Geschwindigkeit des Signals bewegen. Dies ist bei dem obigen Beispiel die Geschwindigkeit der Kugel, mit der Hänsel seine Schwester Gretel erschossen hat. Die Reihenfolge von Ereignissen hingegen, die durch *kein* Signal verknüpft werden können, hängt von der Geschwindigkeit des Beobachters ab. Aber da zwischen solchen Ereignissen sowieso keine (konventionelle) kausale Beziehung besteht (wohl aber können sie eine gemeinsame Ursache besitzen), folgt aus der Vertauschbarkeit ihrer Reihenfolge kein Paradox.

Warum gilt die Mathematik? Warum gelten Prinzipien?

Oft wird bestaunt, daß für Abläufe in der Natur mathematische Gesetze gelten. Erstaunlicher noch ist, daß sich diese Gesetze auf Prinzipien zurückführen lassen, die keinesfalls mathematischer, sondern logischer und/oder anschaulicher Art sind. Beispiele haben wir kennengelernt, und gerade Einsteins Relativitätstheorien bilden eine Fundgrube für Prinzipien, aus denen präzise mathematische Formulierungen fließen, die mit großer Genauigkeit experimentell bestätigt worden sind. Erstaunlich ist folglich vor allem die Kraft der Prinzipien, die Gedankenexperimente erschließen.

Die Lichtuhr

Albert Einsteins Gedankenexperimente zur Begründung und Erläuterung seiner Relativitätstheorien sind so zahlreich, daß ich mich auf wenige beschränken muß, um dieses Buch nicht zu einem Lehrbuch der Speziellen und Allgemeinen Relativitätstheorie ausarten zu lassen. Die Resultate dieser Gedankenexperimente kennt

Abb. 28 a) Weil die Lichtgeschwindigkeit für alle Beobachter unabhängig von ihrer eigenen Geschwindigkeit dieselbe ist und weil das Licht in Gretels Uhr, relativ zu der sich Hänsel bewegt, zwischen einem *tick* an ihrem oberen Spiegel und dem nachfolgenden *tack* an ihrem unteren einen weiteren Weg zurücklegt als das Licht in seiner eigenen Uhr zwischen deren *tick* und nachfolgendem *tack*, geht Gretels Uhr für Hänsel langsamer als seine eigene. Für Gretel, die relativ zu ihrer Uhr ruht, geht diese so schnell wie für Hänsel seine. Um das zu überprüfen, notieren beide die Anzeigen ihrer Armbanduhren, die nebeneinandergelegt gleich schnell gehen, bei einem *tick* ihrer jeweiligen Lichtuhr und deren darauf folgen-

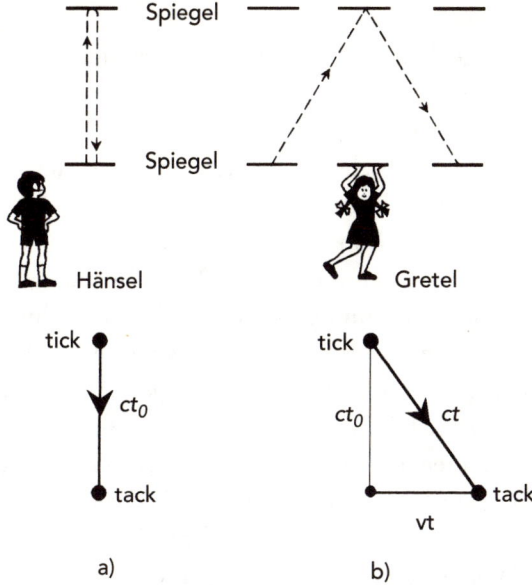

dem *tack*. Nachdem jeder für sich die Differenz der Anzeigen seiner Uhr gebildet hat, vergleichen sie die Differenzen und stellen fest, daß diese gleich sind – wie es sein muß.

b) Sei t_0 die für Hänsel und Gretel gleiche Zeitdifferenz zwischen einem *Tick-tack* ihrer jeweils eigenen Uhr – gemessen zum Beispiel mit der eigenen Armbanduhr (oder mit der eigenen Lichtuhr, wodurch t_0 die Maßzahl 1 bekommt). Wir fragen, welche Zeitdifferenz t Hänsel von seiner eigenen Uhr zwischen einem *Tick-tack* von Gretels Lichtuhr abliest. Hänsel und Gretel bewegen sich relativ zueinander mit der Geschwindigkeit v, so daß Gretel zwischen einem *Tick-tack* ihrer Lichtuhr von Hänsel aus gesehen um $v \cdot t$ vorrückt. In dieser Zeit legt das Licht in Gretels Uhr für ihn die Distanz $c \cdot t$ zurück. Der senkrechte Abstand der Spiegel einer Lichtuhr ist offenbar der Weg $c \cdot t_0$ in der Zeit t_0. Von dem rechtwinkligen Dreieck mit Seiten $c \cdot t_0$, $c \cdot t$ und $v \cdot t$ lesen wir $(c \cdot t)^2 = (c \cdot t_0)^2 + (v \cdot t)^2$ ab. Durch eine kleine Umrechnung folgt daraus die Formel $t = t_0/(1-(v/c)^2)^{1/2}$ für die Zeitdilatation der Speziellen Relativitätstheorie.

der Leser sowieso – beschrieben durch Schlagworte wie «Gleichzeitigkeit», «Längenkontraktion» und «Zeitdilatation». Ein schönes Gedankenexperiment, das die Realität der Zeitdilatation eindrücklich macht, ist das der Lichtuhr (Abb. 28). Eine Lichtuhr besteht aus zwei Spiegeln, zwischen denen ein Lichtsignal hin- und herläuft. *Tick* – das Signal wird von dem einen Spiegel reflektiert; *tack* – von dem anderen. Während Hänsel seine Lichtuhr betrachtet, läuft Gretel mit ihrer an ihm vorbei. Nebeneinandergestellt sind beide Uhren identisch und gehen also auch gleich schnell. In der Abbildung bewegen sie sich relativ zueinander. Weil aber sowohl für Hänsel als auch für Gretel die jeweils eigene Uhr ruht, sieht jeder/jede seine/ihre Uhr so wie Hänsel in a) die seine. Da Lichtuhren, wie alle Uhren, die Zeit anzeigen, die nach Galilei auch durch Pulsschläge gemessen werden kann, wird die Lebenszeit von Hänsel und Gretel (etwa) gleich viele *Tick-tacks* ihrer jeweiligen Uhr betragen. Will Hänsel aber wissen, wie viele *Tick-tacks* von Gretels relativ zu ihm bewegter Uhr er erleben wird, muß er berücksichtigen, daß von ihm aus gesehen das Lichtsignal in Gretels Uhr mit Gretel mitläuft b). Es legt also von ihm aus gesehen zwischen jedem *Tick-tack* von Gretels Uhr einen Weg zurück, der länger ist als der einfache Hin- und Rückweg des Signals in seiner Uhr. Wegen der Gleichheit der Lichtgeschwindigkeit für alle Beobachter unabhängig von ihrer eigenen Geschwindigkeit *tick-tackt* Hänsels Uhr möglicherweise zweimal zwischen einem *Tick-tack* der Uhr von Gretel. Folglich geht für ihn Gretels Uhr langsamer als seine, und Gretel altert mit ihrer Uhr langsamer als er mit seiner. Von Gretel aus gesehen, ist es umgekehrt: Hänsels Uhr, Pulsschlag und so weiter gehen langsamer als ihre, so daß *er* langsamer altern sollte als sie. Das ist kein Widerspruch, weil die und nur die Argumentation eines Beobachters, dessen Geschwindigkeit immer dieselbe war, Gültigkeit beanspruchen kann. Damit aber Hänsel und Gretel wieder zusammenkommen und ihr Alter vergleichen können, muß zumindest einer von beiden – sagen wir Gretel – seine Geschwindigkeit ändern, so daß ihre Argumente ungültig sind, die Hänsels aber gelten.

Zwillingsparadoxon und Doppler-Effekt

Daß das Zwillingsparadoxon der Speziellen Relativitätstheorie nur durch Berufung auf die Allgemeine aufgelöst werden könne, ist eine weitverbreitete Behauptung[21]: Schwerkraft- oder Beschleunigungseffekte sollen begründen, daß der reisende Zwilling langsamer altert als der auf der Erde verbliebene. Das stimmt aber nicht – der Allgemeinen Relativitätstheorie bedarf das vermeintliche Paradoxon zu seiner Auflösung nicht. Etwaige von Schwerkraft oder Beschleunigung herrührende Effekte können im Gegenteil nur zu den hier entscheidenden Mechanismen der Speziellen Relativitätstheorie hinzukommen. So ist es bei dem Globalen Positionierungssystem.

Laut Spezieller Relativitätstheorie geht eine mit der Geschwindigkeit v bewegte Uhr um den Faktor *$(1-(v/c)^2)^{1/2}$* langsamer als eine ruhende. Uhren im Sinne dieses Gesetzes sind alle Objekte, die sich im Laufe der Zeit verändern; auch Lebewesen wie die Zwillinge Hänsel und Gretel. Hänsel bleibe nun auf der Erde zurück, und Gretel werde unmittelbar nach ihrer Geburt mit der Geschwindigkeit von 80 Prozent der Lichtgeschwindigkeit zu einem 8 Lichtjahre entfernten Ziel entsandt. Dort angekommen, kehre sie um und reise mit derselben Geschwindigkeit zur Erde zurück. Für die Entfernung 8 Lichtjahre braucht das Licht 8 Jahre, so daß Gretels Hinreise mit 80 Prozent der Lichtgeschwindigkeit 8/(8/10) = 10 Jahre dauert. Dies ist die Zeit, die Hänsels Uhr – nach der Definition der Gleichzeitigkeit durch die Spezielle Relativitätstheorie

– anzeigt, wenn Gretel an ihrem Umkehrpunkt ankommt. Ihre Uhr zeigt dann und dort die um den relativistischen Wurzelfaktor verminderte Zeit an, das sind 6 Jahre. Nebenrechnung:

$$(8/(8/10))(1-(8/10)^2)^{1/2} = 10((100-64)/100))^{1/2} = 36^{1/2} = 6.$$

Bei der Rückreise mit derselben Geschwindigkeit schreitet Gretels Uhr um abermals 6 Jahre fort, so daß sie im Alter von 12 Jahren wieder bei Hänsel ankommt – der inzwischen 20 Jahre alt geworden ist. Angenommen wurde, daß die für Gretels Rundreise erforderlichen Beschleunigungen im Vergleich zur Gesamtzeit der Reise nur eine vernachlässigbar kurze Zeit dauern. Diese Betrachtung Hänsels ist korrekt. Denn selbstverständlich erkennt die Spezielle Relativitätstheorie alle Messungen und Rechnungen nach ihren Formeln als richtig an, die von einem Beobachter stammen, der sich wie Hänsel mit nach Betrag und Richtung konstanter Geschwindigkeit bewegt – so daß seine Bewegung auch als Ruhe interpretiert werden kann. Effekte der Erdbewegung berücksichtigen wir nicht. Systeme, die sich mit konstanter Geschwindigkeit bewegen, nennt man Inertialsysteme. Die Aussage der Relativitätstheorie über das geschwindigkeitsabhängige Altern ist durch Experimente exakt bestätigt worden. Kein Beschleuniger für Elementarteilchen würde funktionieren, wäre sie auch nur etwas falsch, und das Globale Positionierungssystem würde ohne ihre Berücksichtigung hoffnungslos versagen. Hinzu kommen Experimente mit instabilen Elementarteilchen, die das Auftreten des «relativistischen Faktors» mit hoher Präzision bestätigt haben.

Zum Paradoxon wird die unterschiedliche Alterung von manchen dadurch erhoben, daß sie Gretel in den Stand versetzt, über Hänsels Alterung so zu urteilen wie er über ihre. Das aber hat vor dem Gericht der Relativität keinen Bestand. Gretel urteilt nämlich von einem System aus, das kein Inertialsystem ist: Sie kehrt ja um, ändert also ihre Geschwindigkeit. Das nimmt ihrem Schluß, Hänsel müsse bei ihrer Rückkehr jünger sein als sie, da er sich relativ zu ihr bewegt habe, die Gültigkeit: Das Gericht der Relativität erkennt nur Plädoyers an, die von einem Inertialsystem aus geführt werden. Und umkehren mußte Gretel, weil erst das Zusammentreffen mit Hänsel an demselben Ort den beschriebenen, von der Definition der Gleichzeitigkeit an verschiedenen Orten unabhängigen Alters- und Uhrenvergleich ermöglichen konnte. Weil Gretel umkehren mußte, ist die Frage nach dem Einfluß der Beschleunigung – und damit dem der Allgemeinen Relativitätstheorie – auf die Alterung berechtigt: Entsteht der Zwillingseffekt vielleicht dadurch, daß Beschleunigungen Uhren beeinflussen? Brauchen wir also die Allgemeine Relativitätstheorie, um den Effekt physikalisch zu verstehen? Das nachfolgende Gedankenexperiment soll zeigen, daß wir durch Berücksichtigung des relativistischen Doppler-Effektes die unterschiedliche Alterung von Hänsel und Gretel ganz im Rahmen der Speziellen Relativitätstheorie verstehen können.

Um Einsicht in den Zeitmechanismus des Zwillingseffekts zu gewinnen, nehmen wir an, daß Hänsel und Gretel Lichtsignale austauschen. Und zwar schickt Hänsel an jedem Jahrestag von Gretels Abreise ein Signal an sie ab und genauso Gretel eins an Hänsel – ein jeder selbstverständlich nach der Jahresanzeige *seiner* Uhr. Bei ihrer Ankunft auf der Erde hat Gretel alle Lichtsignale empfangen, die von Hänsel ausgesandt wurden, und Hänsel genauso alle von Gretel stammenden. Wie oben folgt die Bilanz bereits aus dem Verzögerungsfaktor der Speziellen Relativitätstheorie. Da für Hänsel die Reise Gretels 20 Jahre gedauert hat, hat er insgesamt 20 Signale ausgesandt. Genau diese Anzahl hat Gretel von ihm empfangen. Ohne Blick auf ihn und seine Uhr kann sie bereits daraus schließen, daß er während ihrer Abwesenheit um 20 Jahre älter geworden ist. Analoges gilt für die 12 Signale, die Gretel an Hänsel geschickt und die er empfangen hat.

Soweit also nicht Neues. Interessanter wird die Sache, wenn wir die Verteilung der Ankunftszeiten der Signale über die 20 beziehungsweise 12 Jahre Reisedauer betrachten. Hierzu brauchen wir den Relativistischen Doppler-Effekt. Bewegen sich eine Lichtquelle und ein Empfänger aufeinander zu, ist die Frequenz der Signale um einen Faktor, der von der Relativgeschwindigkeit abhängt, größer als die Frequenz, mit der die Quelle die Signale abgesandt hat. Bei der Geschwindigkeit von 80 Prozent der Licht-

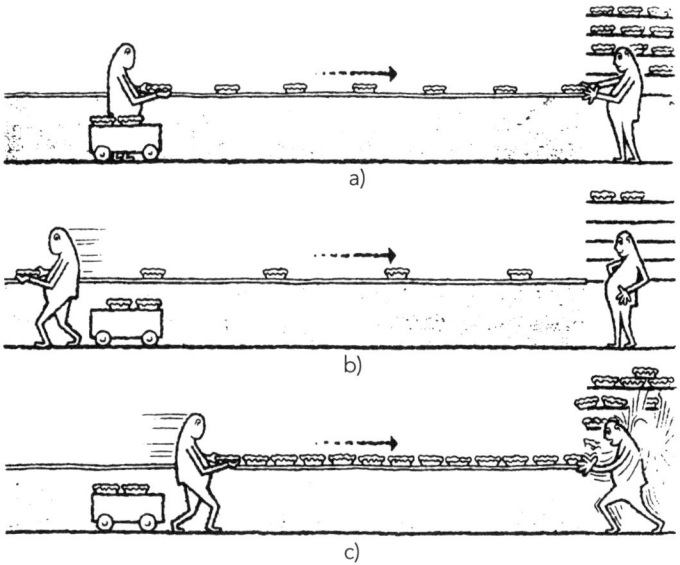

Abb. 29 Die Kuchen stehen für die Signale, die der Sender einmal pro Jahr – nach Auskunft seiner Uhr! – abschickt und die mit der Geschwindigkeit des Fließbands, die für die Lichtgeschwindigkeit steht, zum Empfänger reisen. Wie viele dort pro Jahr – nach der Uhr des Empfängers! – ankommen, hängt von der Geschwindigkeit ab, mit der sich der Sender relativ zu ihm bewegt: Doppler-gedehnt empfängt er sie, wenn der Sender (b) sich von ihm entfernt, und Doppler-gequetscht, wenn sich dieser auf ihn zu bewegt (c).

geschwindigkeit ist dieser Faktor drei. Entfernen sich Quelle und Empfänger voneinander mit derselben Geschwindigkeit, sinkt die Frequenz um denselben Faktor ab; in unserem Fall also auf ein Drittel. Weshalb der Doppler-Effekt auftritt, erläutert die Abb. 29. Die Werte der Faktoren beziehen die relativistische Zeitdehnung ein. Betont sei, daß unsere Betrachtungen die Gültigkeit der Speziellen Relativitätstheorie *voraussetzen*, ohne die ja kein geschwindigkeitsabhängiges Altern auftritt. Stets ist es der relativistische Wurzelfaktor, der Gretel bei ihrer Rückkehr jünger sein läßt als Hänsel. Worum es uns geht, ist allein der Ursprung der Asymmetrie zwischen Hänsels und Gretels Alterungsprozessen – wie sich verstehen läßt, daß deren zwei Relativgeschwindigkeiten, nicht aber die Beschleunigungen, denen Gretel ausgesetzt wird, sie langsamer altern lassen als Hänsel.

Wenn ein jeglicher nach seiner Uhr einmal im Jahr ein Lichtsignal an den anderen abschickt, empfängt der andere diese Signale entweder um den Faktor drei Doppler-gequetscht oder um denselben Faktor Doppler-gedehnt. Überlegen wir zuerst, wie Gretel die Signale Hänsels empfängt. Wir stellen uns dazu auf Hänsels Standpunkt, der immer gültig ist. Er weiß, daß Gretel umkehrt, wenn ihre Uhr 6 Jahre zeigt. In dieser Zeit hat sie sich von ihm als Quelle der Signale mit der Geschwindigkeit $v = (8/10)c$ entfernt. Sie hat also seine Signale bis dahin Doppler-gedehnt mit der Frequenz von 1/3 Signale pro Jahr empfangen. Insgesamt ergibt das bis zur Umkehr zwei Signale. Sofort *nach* ihrer Umkehr reist sie für weitere 6 Jahre ihrer Zeit der Quelle Hänsel entgegen. Die Signale, die sie *ab dem Zeitpunkt der Umkehr* empfängt, hat, anders gesagt, eine Quelle ausgesandt, auf die sie sich mit der Geschwindigkeit $(8/10)c$ zubewegt. So kommen deren Signale 6 Jahre lang mit der Frequenz $1/(1/3) = 3$ pro Jahr bei ihr an. Das ergibt 18 Signale, die sich mit den bereits empfangenen 2 gerade zu den 20 Signalen aufaddieren, die Hänsel während ihrer Reise abgeschickt hat.

Gretel schickt während ihrer Reise insgesamt 12 Signale an Hänsel. Bis zu ihrer Umkehr nach 10 Jahren laut Hänsels Uhr sind die Standpunkte beider gleichberechtigt. Folglich empfängt Hänsel zunächst einmal 10 Jahre lang Signale mit der Frequenz 1/3 pro Jahr – will heißen: alle drei Jahre eines – von der sich entfernenden Gretel. Gretels Umkehrpunkt ist 8 Lichtjahre von der Erde entfernt. Deshalb dauert es abermals 8 Jahre in Hänsels Zeit, bis das letzte der 6 Signale, die Gretel während ihrer Hinreise abgesandt hat, bei ihm angekommen ist. Das macht 18 Jahre, in denen er Gretels Signale Doppler-gedehnt mit der Frequenz 1/3 pro Jahr erhält; zusammen also 6 Signale. Gretels restliche 6 Signale aus ihrer Rückreise kommen, mit der Frequenz 3 pro Jahr, die verbliebenen 2 Jahre lang bis zu ihrer Rückkehr bei ihm an. Sie sind Doppler-gequetscht. Er hat also tatsächlich die insgesamt 12 Signale von Gretel empfangen, die diese in ihrer eigenen Zeit gleichmäßig Jahr für Jahr an ihn gesandt hat.

Der Doppler-Effekt hebt die scheinbare Symmetrie zwischen den Standpunkten beider Zwillinge auf. Zwar schicken Hänsel und Gretel zwischen Gretels Abreise und Rückkehr, gemessen an ihren eigenen Uhren, ihre Signale mit derselben Frequenz 1 pro Jahr gleichmäßig ab, aber diese kommen nicht mit dieser Frequenz, sondern entweder Doppler-gedehnt oder Doppler-gequetscht beim Empfänger an. Gretel, die *ab Umkehr* den Signalen Hänsels entgegenreist, empfängt diese *sofort* als Doppler-gequetschte, insgesamt also mehr Doppler-gequetschte (18 bei unserem Zahlenbeispiel) als Doppler-gedehnte Signale (2). Hänsel hingegen empfängt wegen der endlichen Geschwindigkeit des Lichts *noch nach Gretels Umkehr* Signale, die sie *zuvor* ausgesandt hat, also Doppler-gedehnt (6); die restlichen dann Doppler-gequetscht (ebenfalls 6). So entsteht Zeitschritt für Zeitschritt die Asymmetrie zwischen Hänsels und Gretels Alterung, während der relativistische Wurzelfaktor nur von dem Betrag der Geschwindigkeit abhängt, also für beide und immer gleich ist. Insgesamt hat am Ende Gretel mehr Signale von Hänsel empfangen (20) als Hänsel von Gretel (12).

Auf den ersten Blick ist unerwartet, daß Hänsel während seiner längeren Zeit weniger Signale von Gretel empfängt als Gretel von ihm während ihrer kürzeren. Aber so muß es sein, weil es zur Bemessung der Alterung des jeweils anderen nur auf die Zahl der insgesamt abgesandten, als Konsequenz auch empfangenen, Signale ankommt. Wir sehen also, daß eine sorgfältige Betrachtung unter Einbeziehung des relativistischen Doppler-Effektes die Asymmetrie der Alterung von Hänsel und Gretel allein durch Gretels Geschwindigkeiten, also ganz ohne Beschleunigungen und damit ohne die Allgemeine Relativitätstheorie, im Detail zu verstehen gestattet.

Das Aussehen schnell bewegter Objekte

Manchmal wird die Frage gestellt, wie ein Beobachter ein schnell bewegtes Objekt «sieht». Natürlich muß die Antwort die Längenkontraktion mit einbeziehen. Der bedeutende amerikanische Physiker russischer Herkunft George Gamov (1904–1968) hat in seinem populärwissenschaftlichen Buch *Mr. Tompkins seltsame Reise durch Kosmos und Mikrokosmos* [73] die Lichtgeschwindigkeit in Gedanken auf zehn Meilen pro Stunde herabgesetzt und unter dieser Voraussetzung das Aussehen eines Radfahrers so beschrieben (Abb. 30):

Das Fahrrad und der junge Mann darauf schienen in ihrer Bewegungsrichtung unglaublich flachgedrückt zu sein, so, als würde man sie durch eine Zylinderlinse betrachten. [...] Der Radfahrer, offenbar in Eile, trat kräftiger in die Pedale. Mr.

Tompkins konnte nicht bemerken, daß er dadurch wesentlich schneller, wohl aber, daß er infolge seiner Bemühungen merklich flacher wurde. Wie er so die Straße herunterkam, sah er aus wie ein aus einem Stück Pappe geschnittenes Bild. Mr. Tompkins war sehr stolz auf sich, denn er begriff, was mit dem Radfahrer geschah: Es handelte sich einfach um die Kontraktion bewegter Körper.

Abb. 30 Bei auf 10 Meilen pro Stunde herabgesetzter Lichtgeschwindigkeit wirkt sich die Längenkontraktion auf einen Radfahrer merklich aus. Die aus *Mr. Tompkins seltsame Reise durch Kosmos und Mikrokosmos* [73] stammende Abbildung zeigt aber genaugenommen nicht, wie ein ruhender Beobachter den Radler «sieht», sondern das Resultat gleichzeitiger Messungen an den verschiedenen Orten der einzelnen Teile des Rades sowie des Radlers durch den ruhenden Beobachter. Um von diesen Resultaten auf das Aussehen zu schließen, müßte auch die Laufzeit des Lichtes einbezogen werden.

Obwohl Gamov wesentliche Effekte der herabgesetzten Lichtgeschwindigkeit sehr schön beschreibt, «sieht» der ruhende Mr. Tompkins den Radler nicht so, wie ihn die Abbildung laut Gamovs Text zeigen soll. Denn die durch die Längenkontraktion herabgesetzte Länge l' eines Maßstabs, der für einen relativ zu ihm ruhenden Beobachter die Länge l besitzt, ist jene, die *gleichzeitige Messungen* der Orte an den Enden des Maßstabs ergeben, also

$l' = X_A - X_B$, worin X_A und X_B die Koordinaten von Anfangs- und Endpunkt A und B des bewegten Maßstabs bei gleichzeitigen Messungen im System des ruhenden Mr. Tompkins sind. Ein Schluß von diesen Meßresultaten auf das für die Interpretation der Relativitätstheorie eigentlich uninteressante «Aussehen» des Objektes für einen ruhenden Beobachter muß außerdem die Laufzeit des Lichtes von den Meßpunkten zum Auge berücksichtigen. Als Resultat «sieht» ein ruhender Beobachter ein bewegtes Objekt nicht verkürzt, sondern gedreht (z. B. [158] und [171]).

Realität der Längenkontraktion

Nicht die schlechtesten Einwände gegen die Relativitätstheorie beruhen auf der Bemerkung, daß ihre Beweise für relativ zueinander bewegte Beobachter Definitionen wie die der Gleichzeitigkeit verwenden, die auch anders hätten getroffen werden können. Einwände dieser Art müssen aber schweigen, wenn mit Hilfe der angeprangerten Willkür Effekte abgeleitet wurden, die der direkten experimentellen Überprüfung zugänglich sind. Nehmen wir noch einmal das Zwillingsparadoxon: Wie die verschiedenen Alterungen der Zwillinge auch immer begründet wurden, kann am Ende nur die experimentell überprüfbare Aussage stehen, daß der eine Zwilling im Alter gegenüber dem anderen zurückgeblieben ist.

Einen von der Definition der Gleichzeitigkeit an verschiedenen Orten unabhängigen Beweis des Zwillingseffektes haben wir oben dargestellt. Er zeigt auch, daß und weshalb der Einwand der Symmetrie der Zeitdilatation für die Zwillinge bei einer Relativbewegung mit konstanter Geschwindigkeit gegen den Effekt ungültig ist. Die «Wirklichkeit» der Längenkontraktion – oder, wie Einstein sie nennt, Lorentz-Verkürzung – besteht nach Auskunft von Lehr-

büchern vordringlich darin, daß die von einem ruhenden Koordi-
natensystem aus gesehenen *gleichzeitigen* Lagen X_A und X_B der
Endpunkte eines mit konstanter Geschwindigkeit parallel zur
X-Achse des Systems bewegten Stabes mit Endpunkten A und B einen Abstand besitzen, der kleiner ist als die Länge des Stabes AB.
Dies ist ein durchaus realer Effekt, der in der nichtrelativistischen
Physik nicht auftreten würde, dessen Interpretation aber, wie die
der Zeitdilatation, der angeprangerten Willkür der Definition der
Gleichzeitigkeit ausgesetzt ist. Ebenfalls wie gegen die Zeitdilatation wird gegen die Längenkontraktion der Einwand der Symmetrie erhoben, daß jedem von zwei in konstanter Relativbewegung
befindlichen Beobachtern der Stab des jeweils anderen verkürzt erscheint. Dieser Einwand ist bereits deshalb nicht berechtigt, weil,
wie beschrieben, zwei für den einen Beobachter gleichzeitige Ereignisse für den anderen zu verschiedenen Zeiten auftreten. Albert
Einstein in seinem Gedankenexperiment [43] zur Längenkontraktion, das wir in seinen Worten wiedergeben wollen, beginnt mit einer Klärung der Frage, in welchem Sinn die Längenkontraktion
«wirklich» ist, und stellt eine Konsequenz vor, die «prinzipiell
durch physikalische Mittel nachgewiesen werden» kann und ohne
den Begriff der Gleichzeitigkeit auskommt (Abb. 31):

Die Frage, ob die *Lorentz*-Verkürzung *wirklich* besteht oder
nicht, ist irreführend. Sie besteht nämlich nicht «wirklich», insofern sie für einen mitbewegten Beobachter nicht existiert;
sie besteht aber «wirklich», d. h. in solcher Weise, daß sie prinzipiell durch physikalische Mittel nachgewiesen werden
könnte, für einen nicht mitbewegten Beobachter. [...] Es seien
zwei (ruhend verglichen) gleich lange Stäbe $A'B'$ und $A''B''$,
welche längs der X-Achse eines beschleunigungsfreien Koordinatensystems in der X-Achse paralleler, gleichsinniger
Orientierung gleiten können. $A'B'$ und $A''B''$ sollen aneinander

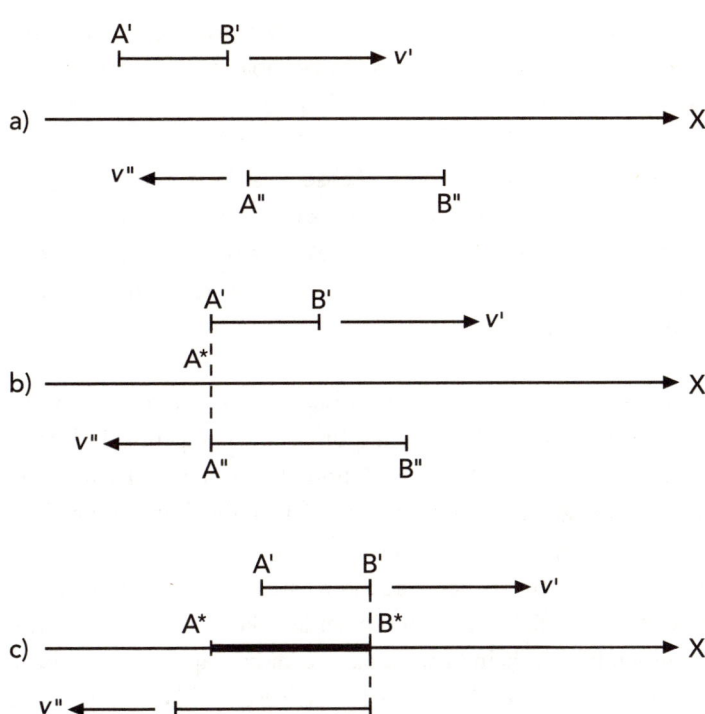

Abb. 31 Auf der *X*-Achse eines ruhend gedachten Koordinatensystems sind die Stäbe *A'B'* und *A"B"* nebeneinandergelegt gleich lang. Wenn sie sich parallel zu dieser Achse mit Geschwindigkeiten *v'* und *v"* bewegen, sind die von ihr aus gesehen *gleichzeitigen* Lagen der jeweiligen An- fangs- und Endpunkte *A'* und *B'* bzw. *A"* und *B"* einander um so näher, je größer die Geschwindigkeit *v'* bzw. *v"* ist. Die in dem Einstein-Zitat des Textes beschriebene Konstruktion des Abschnitts *A*B** der *X*-Achse ist von der Definition der Gleichzeitigkeit der Relativitätstheorie, die willkür- lich erscheinen mag, unabhängig. Einstein stellt fest, daß dieser Ab- schnitt nach Auskunft der Speziellen Relativitätstheorie kürzer ist als der Stab *A'B'* (oder, gleichberechtigt, *A"B"*), wenn dieser auf der *X*-Achse ab- gelegt wird.

vorbeigleiten, wobei $A'B'$ im Sinne der positiven, $A''B''$ im Sinne der negativen X-Achse mit beliebig großer konstanter Geschwindigkeit bewegt sei. Dabei begegnen sich die Endpunkte A' und A'' in einem Punkte A^*, die Endpunkte B' und B'' in einem Punkte B^* der X-Achse. Die Entfernung A^*B^* ist dann nach der Relativitätstheorie kleiner als die Länge eines jeden der Stäbe $A'B'$ und $A''B''$, was mit einem der Stäbe konstatiert werden kann, indem derselbe im Zustand der Ruhe an der Strecke A^*B^* angelegt wird.

Nach Auskunft der nichtrelativistischen Physik beziehungsweise bei kleinen Geschwindigkeiten gibt es einen Augenblick der Begegnung, in dem die Stäbe $A'B'$ und $A''B''$ miteinander und also auch mit der Strecke A^*B^* zusammenfallen. Die Entfernung A^*B^* ist dann *dieselbe* wie «die Länge eines jeden der Stäbe $A'B'$ und $A''B''$, was mit einem der Stäbe konstatiert werden kann, indem derselbe im Zustand der Ruhe an der Strecke A^*B^* angelegt wird». Natürlich besteht kein Grund, das Gedankenexperiment als Realexperiment durchzuführen: Die Spezielle Relativitätstheorie wurde und wird so mannigfach überprüft, daß kein Zweifel bestehen kann, daß auch das dem Gedankenexperiment entsprechende, eher exotische Realexperiment die Vorhersage der Relativitätstheorie bestätigen würde.

Leerer Raum und absolute Ruhe

Steht von einem Bezugssystem fest, daß es sich geradlinig-gleichförmig und ohne sich zu drehen bewegt, kann die ganze Klasse derartiger Bezugssysteme durch Geschwindigkeitsvergleiche ermittelt werden. In ihnen allen gelten dieselben Naturgesetze. Aber relativ wozu bewegen sie sich mit konstanter Geschwindigkeit? Huygens' pragmatischer Vorschlag war: relativ zur Erde. Laut Newton relativ zu seinem absoluten Raum, in den er auch Sonne, Mond und Sterne einbettet. Aber gerade seine Gesetze sagen, daß eine Geschwindigkeit, wenn nur nach Betrag und Richtung konstant, gegenüber dem absoluten Raum nicht ermittelt werden kann, denn diese Gesetze sind, wie er weiß, bei allen derartigen Geschwindigkeiten dieselben.

Seinen Glauben an «wahre Bewegungen» gegenüber dem absoluten Raum bezieht Newton denn auch nicht aus den linearen Bewegungen mit konstanter Geschwindigkeit, sondern aus den Wirkungen von «Kreisbewegungen». Von ihnen, also den Fliehkräften, glaubt er schlußendlich auch auf eine konstante Geschwindigkeit des absoluten Raumes selbst, durch die dieser erst zu einem Raum würde, schließen zu können. Bei den linearen Bewegungen mit konstanter Geschwindigkeit unterscheidet er zwischen den offensichtlichen Relativbewegungen von Körpern und den wahren Bewegungen, die alle Körper zusammen besitzen und die er als Bewegungen gegenüber dem absoluten Raum interpretiert. Da die Wirkungen der Relativbewegungen von Körpern mit konstanter Geschwindigkeit offensichtlich sind, fragt er sich, ob auch die Fliehkräfte auf Relativbewegungen zurückzuführen seien. Dies will er durch sein berühmtes Eimerexperiment der Abb. 32 ergründen, das er so beschreibt ([142], zitiert nach [162]):

Die Wirkungen, durch welche absolute und relative Bewegungen voneinander verschieden sind, sind die Fliehkräfte von der Achse der Kreisbewegung. Bei einer nur relativen Kreisbewegung existieren diese Kräfte nicht, bei der wahren aber sind sie kleiner oder größer je nach Verhältnis der Größe der Bewegung. Man hänge z. B. ein Gefäß an einer sehr langen Schnur auf, drehe dasselbe beständig im Kreise herum, bis die Schnur

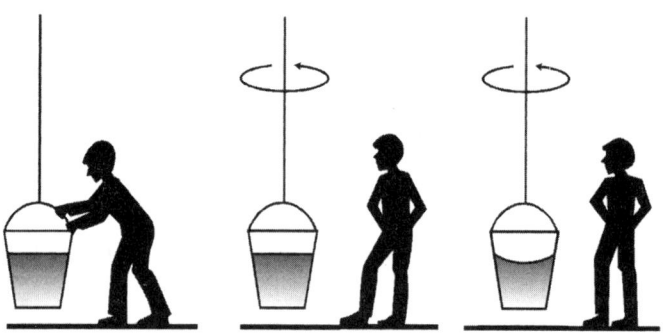

Abb. 32   Das Eimerexperiment Newtons beschreibt der Text in seinen eigenen Worten.

durch die Drehung sehr steif wird; hierauf fülle man es mit Wasser und halte es zugleich mit dem letzteren in Ruhe. Wird es nun durch eine plötzlich wirkende Kraft in entgegengesetzte Kreisbewegung versetzt und hält diese, während die Schnur sich ablöst, längere Zeit an, so wird die Oberfläche des Wassers anfangs eben sein, wie vor der Bewegung des Gefäßes, hierauf, wenn die Kraft allmählich auf das Wasser einwirkt, bewirkt das Gefäß, daß das Wasser merklich sich umzudrehen anfängt. Es entfernt sich nach und nach von der Mitte und steigt an den Wänden des Gefäßes in die Höhe, indem es eine hohle Form annimmt. (Diesen Versuch habe ich selber gemacht.) Durch eine immer stärkere Bewegung steigt es mehr und mehr an, bis es in gleichen Zeiträumen mit dem Gefäß sich umdreht und relativ in demselben ruht. Dieses Ansteigen deutet auf ein Bestreben, sich von der Achse der Bewegung zu entfernen, und durch einen solchen Versuch wird die wahre und absolute kreisförmige Bewegung des Wassers, welche der relativen hier ganz entgegengesetzt ist, erkannt und gemessen. Im Anfang, als die relative Bewegung des Wassers im

Gefäß am größten war, verursachte dieselbe kein Bestreben, sich von der Achse zu entfernen. Das Wasser suchte nicht sich dem Umfange zu nähern, sondern blieb eben, und die wahre kreisförmige Bewegung hatte daher noch nicht begonnen. Nachher aber, als die relative Bewegung des Wassers abnahm, deutete sein Aufsteigen an den Wänden des Gefäßes das Bestreben an, von der Achse zurückzuweichen, und dies Bestreben zeigte die stets wachsende wahre Kreisbewegung des Wassers an, bis diese endlich am größten wurde, wenn das Wasser selbst relativ im Gefäße ruhte. Jenes Streben hängt nicht von der Übertragung des Wassers in bezug auf die umgebenden Körper ab, und deshalb kann die wahre Kreisbewegung nicht durch eine solche Übertragung erklärt werden.

Newton schließt, daß Kreisbewegungen Bewegungen relativ zum absoluten Raum sind und daß dieser es ist, der wirkt – obwohl auf ihn nicht eingewirkt werden kann, was, wie Albert Einstein bemerken sollte (zitiert nach [213], S. 38), «dem wissenschaftlichen Verstande widerstrebt».

Für Ernst Mach, der keine Bewegungen außer Relativbewegungen kennt, lehrt Newtons Eimerversuch ([123], S. 226) «nur, daß die Relativdrehung des Wassers gegen die *Gefäßwände* keine merklichen Zentrifugalkräfte weckt, daß dieselben aber durch die Relativdrehung gegen die Masse der Erde und die übrigen Himmelskörper geweckt werden. Niemand kann sagen, wie der Versuch quantitativ und qualitativ verlaufen würde, wenn die Gefäßwände immer dicker und massiger, zuletzt mehrere Meilen dick würden.»

Das Rätsel der bei Kreisbewegungen auftretenden Fliehkräfte verschärft im Sinne Machs ein Gedankenexperiment (Abb. 33), dem wir uns jetzt zuwenden und das von einem Satelliten aus mit der Erde statt der Eimerwände als sich drehendem Bezugskörper tat-

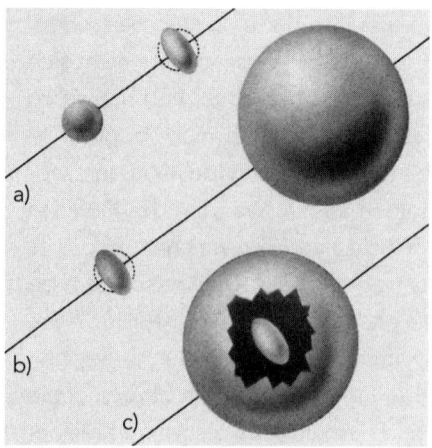

Abb. 33 Von zwei gleichen Kugeln im ansonsten leeren Raum dreht sich die eine um die gemeinsame Achse, die andere nicht. Wie kann aber die eine – rechts oben in a) – wissen, daß sie es ist, die sich dreht und sich auf Grund der Fliehkräfte wölben muß, und nicht die andere? Die Mechanik Newtons unterstellt, daß sie das kann. Nicht aber das von Einstein so genannte Machsche Prinzip. Es sagt, daß die Massen des Weltalls zusammen festlegen, was es bedeutet, sich nicht zu drehen. Wenn sich also im ansonsten leeren Raum eine Kugel mit einer großen und eine mit einer verschwindend kleinen Masse relativ zueinander drehen, wird sich die mit der kleinen Masse wölben; die mit der großen nicht (b). In c) wurde die kleine, massearme Kugel in einen Hohlraum in der Mitte der großen versetzt: Die große umgibt die kleine, wie die Massen des Weltalls eine Zentrifuge umgeben. Übrigens genügt die Allgemeine Relativitätstheorie nicht in allen Fragen dem Machschen Prinzip. So kennt sie sehr verschiedene «leere» Räume und Welten.

sächlich durchgeführt werden soll. Genaueres hiervon folgt weiter unten.

Gegeben seien zwei gleiche Kugeln aus einem elastischen Material im ansonsten leeren Weltall. Wir wollen uns vorstellen, daß sie

sich relativ zueinander um die Verbindungsgerade ihrer Mittel-
punkte drehen (Abb. 33a). Kann es dann sein, daß sich die eine ver-
formt, die andere nicht? Laut Newton ist das so. Ob es tatsächlich
so ist, bleibe vorerst offen. Von allen möglichen Drehungen einer
Kugel zeichnet die Mechanik Newtons genau eine dadurch aus,
daß bei ihr keine Fliehkräfte auftreten. Die nämlich, bei der sie sich
relativ zu seinem absoluten Raum nicht dreht. Wenn keine Fliehkräfte, dann keine Abplattung und keine Wölbung. Newton würde
die Abb. 33a so interpretieren, daß sich zwar die Kugel rechts oben,
nicht aber die links unten relativ zum absoluten Raum dreht.

Was bei dem Gedankenexperiment der Abb. 33 tatsächlich passieren würde, konnte Newton nicht wissen. Er nahm an, daß das,
was seine Mechanik sagt, eintreten würde. Aber die Planeten,
Monde und Geschosse, für die seine Mechanik experimentell gilt,
befinden sich nicht im ansonsten leeren Raum; außer ihnen enthält er die Fixsterne, und es könnte sein, daß gerade diese festlegen,
was es bedeutet, sich nicht zu drehen. Wenn so, wäre Newtons Mechanik nur eine effektive Beschreibung der Welt; entfernte man die
Fixsterne, gälte sie nicht mehr. Dafür, daß das so ist, spricht eine
Tatsache, die sonst nur als merkwürdiger Zufall interpretiert werden kann: Dasjenige System, in dem keine Fliehkräfte auftreten, ist
mit demjenigen identisch, in dem sich das Firmament nicht dreht.

Da sich die Erde nur einmal am Tag um ihre Achse dreht, sind
diese Kräfte so schwach, daß wir sie normalerweise nicht bemerken. Wenn sich der Leser aber auf einem Drehstuhl zweimal in der
Sekunde um sich selber dreht, zieht das Firmament pro Sekunde
zweimal an ihm vorüber: Er dreht sich – erstens – gegenüber dem
Firmament. Zweitens streben seine Arme in die Höhe, da Fliehkräfte an ihnen zerren. Genau dann, wenn er sich gegenüber dem
Firmament dreht, ist er Fliehkräften ausgesetzt. Zufall?

Soweit bisher diskutiert, dient die eine Kugel der anderen nur als
Markierung – als Bezugssystem, das es ermöglicht, von relativer

Drehung zu sprechen. Wir wollen im Gedankenexperiment daran festhalten, daß es im Weltall nur die beiden Kugeln gibt, und annehmen, daß dann tatsächlich die eine nicht weiß, daß sie es ist, die sich dreht und sich wölben muß. Das Weltall mit seinem Hintergrund physikalischer Massen bauen wir folgendermaßen auf: Wir verleihen in Gedanken der einen Kugel – in der Abb. 33a oben rechts – mehr und mehr Masse; die andere, untere lassen wir, wie sie ist – klein und nahezu masselos. Wenn tatsächlich die Massen des Weltalls insgesamt festlegen, was es bedeutet, sich nicht zu drehen, legt das in dieser Situation die massereiche obere Kugel fest: Sich nicht zu drehen bedeutet, sich so zu drehen wie sie. Die kleine Kugel wird sich also wölben – um so mehr, je größer die Masse der anderen ist und je schneller sie sich relativ zu ihr dreht (Abb. 33b). Die Kugel mit der kleinen Masse wirkt (nahezu) nicht; auf sie kann nur eingewirkt werden. Das ist in Abb. 33c genauso. Wie der Fixsternhimmel eine Zentrifuge, umgibt in dieser Abbildung die massereiche Kugel die massearme.

Ein mit dem der Abb. 33b verwandtes Experiment kann und soll mit einem Kreisel in einem Satelliten in der Umlaufbahn um die Erde tatsächlich durchgeführt werden. Die sich drehende Erde gehört ja zu der Massenverteilung im Universum, die insgesamt festlegt, was es bedeutet, sich nicht zu drehen. Der Kreisel auf seinem Weg um die Erde muß also einen Kompromiß schließen zwischen den Einflüssen des Firmaments und der sich relativ dazu drehenden Erde auf seine eigene Bewegung.

Frei fallende Bezugssysteme

Bis hin zu einem Gedanken Albert Einsteins, den er selbst als den glücklichsten Gedanken seines Lebens bezeichnet hat, ist auf die

Frage nach einem Bezugskörper, durch den die kräftefreien Bewegungen zu definieren seien, keine Antwort gefunden worden, die profunder wäre als Huygens' pragmatische Annahme, die Erde sei ein solcher Bezugskörper. Natürlich war seit den Zeiten des Kopernikus (1473–1545) unabweisbar, daß sich die Sonne mit größerer Genauigkeit als die Erde geradlinig-gleichförmig bewegt, und seit Newton war bekannt, daß der Schwerpunkt des Planetensystems, im Inneren der Sonne gelegen, ein abermals besserer Kandidat für einen sich so bewegenden Bezugskörper ist, aber diese Ernennungen waren im Grunde genauso pragmatisch wie die des Huygens. Tatsächlich schien nur eine Definition der geradlinig-gleichförmigen Bewegung über die Naturgesetze möglich zu sein, die an eine Tautologie zumindest grenzte: Körper, auf die keine Kraft einwirkt, bewegen sich geradlinig-gleichförmig. Aber woran sollte man erkennen, daß auf einen Körper keine Kraft einwirkt? Dadurch, daß er sich geradlinig-gleichförmig bewegt.

Natürlich ist diese Beschreibung des Verständnisses der geradlinig-gleichförmigen Bewegung bis hin zu Einsteins Allgemeiner Relativitätstheorie sehr verkürzt. Kräfte wie die elektrischen und magnetischen, deren Einwirken erkennbar und gegen die Abschirmung möglich ist, bereiten keine grundsätzlichen Schwierigkeiten. Anders aber stand und steht es um die Schwerkraft. Da kein System von der Schwerkraft abgeschirmt werden kann, muß auch allen Massen des Universums beim Übergang von einem System, das sich geradlinig-gleichförmig bewegt, zu einem anderen, welches das mit anderer Geschwindigkeit ebenfalls tut, die neue Geschwindigkeit verliehen werden; sonst gelten in den beiden Systemen verschiedene Gesetze. Da bleibt, wie Newton es sah, nur der leere, absolut ruhende Raum als Bezugskörper übrig. Glaubt man an ihn, besitzt man ein globales Bezugssystem – eines, das überall und zu allen Zeiten dasselbe ist.

Anders steht es um die Bezugssysteme, die Albert Einstein bei seinem glücklichsten Gedanken im Sinn hat: Es sind dies die «frei fallenden» Bezugssysteme. Ihnen gelten Einsteins berühmteste Gedankenexperimente. Gegeben sei etwa eine abgeschlossene Kabine, die eines Fahrstuhls. In sie sind Experimentatoren eingeschlossen, die über Geräte aller Art verfügen, aber nicht aus der Kabine hinaussehen können. Es sei zunächst angenommen, daß auf die Kabine von außen keine Kräfte einwirken, so daß sie sich geradlinig-gleichförmig bewegt. Dann können nach Auskunft des Relativitätsprinzips der Speziellen Relativitätstheorie die Insassen der Kabine durch kein Experiment herausbekommen, mit welcher Geschwindigkeit sie das tut. Zweitens falle die Kabine frei in einem Schwerefeld – etwa so, wie wir Fernsehzuschauer es vom Innern eines Erdsatelliten kennen. Dann sagt die Mechanik Newtons unter gewissen Voraussetzungen, die sogleich dargestellt werden sollen, daß die Insassen durch kein *mechanisches* Experiment herausfinden können, ob sie sich so oder aber kräftefrei geradlinig-gleichförmig bewegen: Die Auswirkungen der Schwerkraft heben die von der Beschleunigung herrührenden genau auf. Das Äquivalenzprinzip der Allgemeinen Relativitätstheorie nimmt dies für Experimente aller Art an, seien sie mechanischer oder anderer Natur, für radioaktive Zerfälle genauso wie für die gegenseitige Anziehung von Körpern innerhalb der Kabine durch die von ihnen ausgehende Schwerkraft. Es gibt, so sagt das Äquivalenzprinzip, keinen lokal meßbaren Unterschied zwischen den Wirkungen eines Gravitationsfeldes und den Wirkungen, die sich durch Beschleunigungen des Bezugssystems ergeben.

Das Prinzip kann nur gelten, wenn schwere und träge Masse bei allen Objekten *in genau gleichem Verhältnis* stehen, so daß durch Wahl der Maßeinheiten erreicht werden kann, daß sie übereinstimmen. Das ist die physikalisch wichtigste Voraussetzung (wir können auch sagen Folgerung) des Äquivalenzprinzips der Allgemeinen Relativitätstheorie. Auch und bereits die Äquivalenz von im Schwerefeld frei fallenden und kräftefreien Systemen in der Mechanik Newtons setzt diese Gleichheit voraus. Bei der Anwendung des Prinzips in der Mechanik und der Allgemeinen Relativitätstheorie muß mit hinreichender Genauigkeit gewährleistet sein, daß das Schwerefeld, in dem sich die Kabine bewegt, überall innerhalb ihrer Abmessungen dasselbe ist und daß es sich während der Experimente nicht ändert. Um dies zu sehen, reicht es aus, den

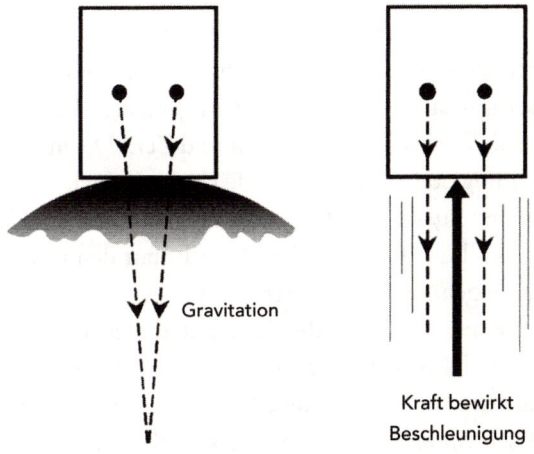

Abb. 34 Die Wirkungen eines Gravitationsfeldes stimmen im allgemeinen nur in hinreichend kleinen Kabinen mit denen einer Beschleunigung überein.

freien Fall zweier Steine aus großer Höhe und in großem Abstand voneinander zu betrachten (Abb. 34). Weil sie, wie schon Aristoteles wußte, zum Mittelpunkt der Erde hin fallen, bewegen sie sich während des Falls aufeinander zu. Dies merklich, wenn der Abstand der Steine so groß und die Fallstrecken so lang sind, daß die Kugelgestalt der Erde in die Betrachtungen einbezogen werden muß. Schließen wir nun in Gedanken die Steine in eine Kabine ein, die mit ihnen fällt, so folgt aus der in ihrem Innern beobachtbaren beschleunigten Abnahme des Abstands der Steine, daß sie und ihr Inhalt sich *nicht* kräftefrei bewegen.

Laut Allgemeiner Relativitätstheorie sollen für alle frei fallenden, hinreichend kleinen Systeme und hinreichend kurze Beobachtungszeiten die Naturgesetze in jener Form gelten, die sie in der Speziellen Relativitätstheorie besitzen. Statt eines globalen ausgezeichneten Bezugssystems kennt die Allgemeine Relativitätstheorie also unendlich viele frei fallende. Da jedem Ort und jeder Zeit ein frei fallendes Bezugssystem zugeordnet werden kann, bilden diese Bezugssysteme innerhalb der Allgemeinen Relativitätstheorie eine lokale Eigenschaft von Raum und Zeit. Deren globale Eigenschaften folgen dann durch Vergleich der frei fallenden Bezugssysteme an verschiedenen Orten und zu verschiedenen Zeiten. Dies aber ist, weil der Theoretischen Physik statt den Gedankenexperimenten angehörig, nicht unser Thema.

Kehren wir also zu den Gedankenexperimenten der Allgemeinen Relativitätstheorie zurück. Weil sich in frei fallenden Systemen die Auswirkungen der Schwerkraft und der von ihr hervorgerufenen Beschleunigungen gegenseitig aufheben[22], müssen beide, wie es bereits das Äquivalenzprinzip sagt, äquivalent sein, also dieselben Wirkungen hervorrufen. Die Macht dieses Gedankens zeigt Einstein durch das Beispiel von Fahrstuhlkabinen, die einerseits im Schwerefeld aufgehängt sind, andererseits aber der zu der Schwerkraft äquivalenten Beschleunigung im schwerefreien Raum ausgesetzt werden. Die Frage, die er durch die Gleichsetzung der Wirkungen von Schwerkraft und Beschleunigung im Gedankenexperiment der Abb. 35 beantworten will, ist die nach dem Verhalten von Licht im Schwerefeld: Wird dieses durch schwere Körper, zum Beispiel die Sonne, abgelenkt? Das Äquivalenzprinzip sagt, daß es so ist. Denn wenn die Schwerkraft nicht nur in a) und b),

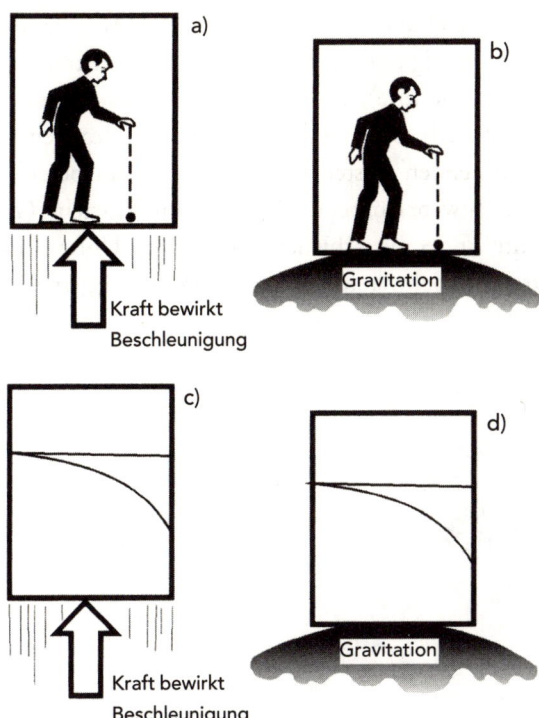

Abb. 35 Ein Beobachter, der einen Stein in einem geschlossenen Kasten – einem Einsteinschen Fahrstuhl – losläßt, kann von dem Verhalten des Steins nicht ablesen, ob der Kasten durch eine äußere Kraft beschleunigt wird a) oder im Schwerefeld ruht b). Das Äquivalenzprinzip der Allgemeinen Relativitätstheorie besagt, daß unter gewissen Voraussetzungen, die der Text beschreibt, durch kein Experiment zwischen den beiden Situationen unterschieden werden kann, Beschleunigungen also zu Schwerefeldern physikalisch äquivalent sind. Demnach werden Lichtstrahlen durch Schwerefelder abgelenkt: Relativ zu einem beschleunigten Kasten bewegen sie sich offensichtlich nicht auf einer geraden Linie (c). Die Unbeobachtbarkeit des Unterschieds von Schwerefeldern und Beschleunigungen ergibt dann in d) dieselbe Ablenkung wie in c).

sondern auch in c) und d) der Abb. 35 so wirkt wie die zu ihr äqui-
valente Beschleunigung, muß die Bahn des Lichtstrahls in d) dieselbe sein wie die in c). Daß die in c) aber gekrümmt ist, folgt
durch einfache Übersetzung der geraden Bahn des Lichtstrahls relativ zum ruhenden Kasten in jene relativ zum beschleunigten.
Also lenken schwere Körper das Licht ab. Auf Einsteins Gedankenexperimente zu dem verschiedenen Gang von Uhren an verschiedenen Orten im Schwerefeld sind wir bereits eingegangen.

Kapitel 3:
Prinzipien und empirische Realität

Die unerklärliche Wirksamkeit der Mathematik in den Naturwissenschaften

Eugene P. Wigner (1902–1995), der in Ungarn geborene amerikanische Theoretische Physiker und Nobelpreisträger von 1963, veröffentlichte 1960 einen vielbeachteten (z. B. [99], [134] und [178]) Essay mit dem Titel «The unreasonable effectiveness of mathematics in the natural sciences» [202]. In ihm behandelt Wigner verschiedene Aspekte der Tatsache, daß die Mathematik überaus erfolgreich eingesetzt werden kann, um Fragen der Naturwissenschaften zu formulieren und zu beantworten. Einen dieser Aspekte hat Galilei vor 350 Jahren so dargestellt: Die Gesetze der Natur sind in mathematischer Sprache geschrieben.

Bevor wir uns auf eine Diskussion darüber einlassen, warum die Natur mathematisch ist, wollen wir durch Beispiele darstellen, was es bedeutet, daß sie das ist. Erstens die Römische Schnellwaage der Abb. 36. Sie mitsamt ihrer Mathematik haben wir bereits kennen-

Abb. 36 Die Römische Schnellwaage vergleicht erfolgreich Gewichte mit Abständen.

gelernt (S. 96 ff.): Wird das Gewicht auf der Waagschale verdoppelt, hält ihm das Schwebegewicht bei verdoppeltem Abstand vom Aufhängepunkt die Waage. Zweitens ein Beispiel, das nicht nur als Illustration, sondern auch wegen seiner physikalischen Bedeutung Interesse verdient: die Gleichheit von träger und schwerer Masse. Auch sie und ihre Bedeutung wurden bereits erwähnt (S. 164).

Wir fragen erstens, auf welche Geschwindigkeit[23] v ein Kraftstoß, unvollkommen dargestellt durch die zuerst gespannte, dann entspannte Feder der Abb. 37a+b, einen Körper beschleunigt. Zweitens fragen wir nach dem Gewicht des Körpers (Abb. 37c). Es hat sich herausgestellt und ist unbezweifelbar, daß Körper, welcher Art auch immer, denen durch die Vorrichtung a) die doppelte Geschwindigkeit eines anderen Körpers verliehen wird, nur die Hälfte dieses Körpers wiegen. So auch mit jedem anderen Faktor. Ist also ein Körper um einen Faktor schwerer als ein anderer, setzt er seiner Beschleunigung einen um denselben Faktor vergrößerten Widerstand entgegen, gemessen durch die nur halb so große erreichte Geschwindigkeit. Das meinen wir, wenn wir sagen, träge und schwere Masse stimmen überein: Wird die eine um einen Faktor verändert, dann ändert sich auch die andere um den Faktor.

Die träge Masse eines Körpers ist eine Maßzahl für den Widerstand, den dieser Beschleunigungen entgegensetzt, die schwere Masse für die Kraft, mit der die Erde ihn anzieht, also für sein Gewicht. Weist man einem beliebig ausgewählten Körper – beispielsweise dem in Paris aufbewahrten Urkilogramm – dieselbe Maßzahl 1 für beides zu, erweist sich nach dem Gesagten, daß auch jedem anderen Körper *dieselbe Maßzahl für beide Typen von Masse* zukommt. Nehmen wir eine Kugel für das Kugelstoßen von Männern. Sie bringt das Gewicht von 7,257 Exemplaren des Urkilogramms auf die Waage. Daß sie Beschleunigungen erheblichen Widerstand entgegensetzt, ist offensichtlich. Quantitativ ist die Geschwindigkeit v, die sie bei dem Experiment der Abb. 37a+b er-

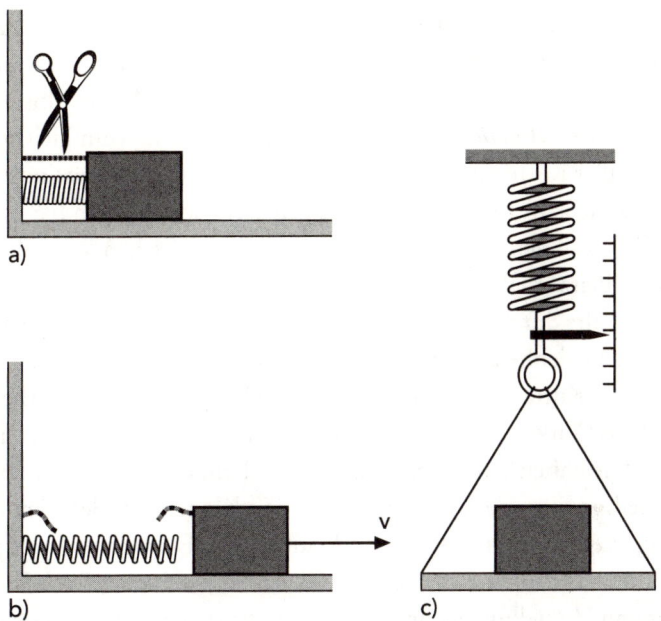

Abb. 37 Der gespannte Faden verhindert in a), daß die gespannte Feder den Klotz davonschnellen läßt. Wird der Faden zerschnitten, beschleunigt in b) die Feder, indem sie sich entspannt, den Klotz, der auf der Unterlage reibungslos gleiten kann, auf die Geschwindigkeit v. Wägung c) ergibt bei verschiedenen Klötzen, daß die von einem Klotz erreichte Geschwindigkeit zu seinem Gewicht umgekehrt proportional ist.

werben würde, um den Faktor 7,257 kleiner als jene, die einem Exemplar des Urkilogramms zukäme.

Es ist die Gleichheit von träger und schwerer Masse, auf der, wie erwähnt, der gleich schnelle Fall aller Körper im luftleeren Raum beruht. Galilei konnte ihn im Gedankenexperiment intuitiv begründen, ohne um die Begriffe träge und schwere Masse überhaupt zu wissen. Wir sind aus dem Alltagsleben so sehr damit vertraut, daß dasjenige, was schwer wiegt, auch schwer zu bremsen und zu beschleunigen ist, daß wir uns erst einen Ruck geben müssen, um darüber gehörig zu staunen. «Die Erfahrung», hat Albert Einstein 1911 in den *Annalen der Physik* [58] geschrieben, «vom gleichen Fallen aller Körper im Gravitationsfelde ist eine der allgemeinsten, welche die Naturbeobachtung uns geliefert hat; trotzdem hat dieses Gesetz in den Fundamenten unseres physikalischen Weltbildes keinen Platz erhalten.»

Das sollte durch seine Arbeiten gründlich anders werden. Sie haben die Gleichheit von träger und schwerer Masse von einem vereinzelten Kuriosum zu einer eminent physikalischen Hypothese über das Wirken der Natur erhoben. Wie bereits beschrieben, ist diese Gleichheit eine Konsequenz – wir können auch sagen: eine Vorbedingung – des Prinzips, daß die Wirkungen von Beschleunigung und Schwerkraft ununterscheidbar sind. Es ist dieses Prinzip, welches das schlichte Faktum der Gleichheit in einen ganzen Kosmos von Vorstellungen eingebettet hat, die sich gegenseitig ergänzen und überprüfen. Wir verstehen die Gleichheit, indem wir das System verstehen, dem es angehört. Das Prinzip erklärt, indem es sie in Beziehungen zueinander setzt, eine Fülle von Phänomenen wie die Ablenkung des Lichtes durch die Sonne, die Periheldrehung des Planeten Merkur sowie die unterschiedlichen Geschwindigkeiten von Uhren im Schwerefeld. Und zwar quantitativ, auf viele Stellen «hinter dem Komma».

Ja, die Gesetze der Natur sind in mathematischer Sprache geschrieben. Aber warum sind sie das? Weil Gott, wie auch gesagt wird, ein Mathematiker ist? Oder gibt es tiefere Gründe für die Beschreibbarkeit der Natur durch die Mathematik als die, daß die Natur selbst mathematisch ist? Ich denke, daß das so ist. Zunächst einmal *können* die Naturgesetze in mathematischer Sprache niedergeschrieben und so ausgewertet werden, daß quantitative Erfolge oder Mißerfolge sichtbar werden. Ohne ihre mathematische

Formulierung wäre das unmöglich. Die bereits erwähnten Erfolge der Allgemeinen Relativitätstheorie gehören hierher. Wir haben gesehen, daß bereits die Spezielle Relativitätstheorie auf zwei Prinzipien zurückgeführt werden kann, so daß auch deren Erfolge zu den Konsequenzen einer mathematischen Formulierung von Prinzipien zählen. Die Quantenmechanik mit ihren spektakulären Erfolgen auf Prinzipien zurückzuführen, die statt der Mathematik der Vorstellungswelt angehören, ist zwar bisher nicht gelungen, aber Ansätze gibt es.

Nun mag es sein, daß das Genie eines Naturforschers aufgrund tief gefühlter Prinzipien, die er nicht artikulieren konnte oder mochte, ihn hat die richtige Formel einfach so hinschreiben lassen und daß die experimentell überprüften Konsequenzen seiner Formel ihm recht gegeben haben. Hierfür gibt es Beispiele, und sie machen den Erfolg der Physik mit aus. Die Physikergemeinde ist es gewöhnt, Gesetzesvorschläge unabhängig von deren subjektiver Begründung zur Kenntnis zu nehmen und zu erproben. Aber schlußendlich erwarten Physiker von ihren Theorien, daß sie nicht nur erfolgreich und durch Formeln ausdrückbar sind, sondern auch, daß der Ursprung der Formeln verstanden werden kann – daß die Naturgesetze statt nur auf Formeln auf Prinzipien, welche die Formeln aussprechen, zurückgeführt werden können und das auch werden.

Prinzipien also als Grundlagen der Gesetze der Physik statt einfach nur Formeln. Nur selten ereignet sich das Wunder, daß physikalische Gesetze nicht nur im nachhinein durch Prinzipien begründet werden können, sondern daß bereits ihre Auffindung auf Prinzipien beruht. Einsteins Relativitätstheorien bilden hierfür das wohl herausragendste Beispiel. Aber auch das Prinzip der Symmetrie sowie die darüber hinausgehenden Prinzipien der Lokalen Symmetrien (z. B. [20]) und Minimalprinzipien sind bei der Auffindung physikalischer Theorien behilflich.

Prinzipien

Der These, daß das Universum mathematisch und Gott ein Mathematiker sei, will ich mit dem Artikel «Is the Universe mathematical?» [178] des englischen Physikers Euan Squires die These entgegensetzen, daß im Universum Prinzipien regieren, die ohne Mathematik ausgesprochen und verstanden werden können. Als Paradebeispiel habe ich die beiden Prinzipien Einsteins, die auf die Spezielle Relativitätstheorie führen, erwähnt. Das Prinzip, daß die Geschwindigkeit des Lichtes, die ein Beobachter mißt, von der Geschwindigkeit der Lichtquelle unabhängig sei, erfordert keine Mathematik, wenn wir einmal von der Mathematik absehen, die zur Definition der Geschwindigkeit erforderlich ist. Und wenn wir es wollen, können wir auch dieses bißchen Mathematik durch eine operationelle Definition der Geschwindigkeit eliminieren. Genauso steht es um das Prinzip, daß durch kein Experiment, das ganz innerhalb eines Inertialsystems ausgeführt wird, die Geschwindigkeit ermittelt werden kann, mit der sich dieses Inertialsystem bewegt. Offen bleibt, was ein Inertialsystem sein soll, aber das ist sicher keine mathematische, sondern zunächst eine begriffliche und dann eine physikalische Frage.

Auch die Allgemeine Relativitätstheorie folgt, wie beschrieben, aus Prinzipien von derselben Art wie die Spezielle, und Squires weist darauf hin, daß die Allgemeine Relativitätstheorie es für unabdingbar erklärt, daß wir «unabhängig von der Wahl der Variablen, die wir zur Quantifizierung von Raum und Zeit verwenden, das Universum in derselben Art und Weise beschreiben können». Hier also nicht nur keine Mathematik, sondern sogar ihr ausdrücklicher Ausschluß.

Eichtheorien wie das Standardmodell der Elementarteilchentheorie oder auch die Quantenelektrodynamik folgen aus der einfachen, zum Prinzip erhobenen Idee, daß Beobachter an verschiedenen Orten und zu verschiedenen Zeiten ihre Konventionen unabhängig voneinander frei wählen können. Der Rahmen, in dem diese Forderung formuliert wird, ist die relativistische Quantenfeldtheorie, und die ist gewiß ein formidables mathematisches Biest. Aber die Überzeugung, daß die Gesetze der Natur aus einfachen, nichtmathematischen Vorstellungen und Prinzipien folgen, besagt keinesfalls, daß diese Prinzipien alle bekannt und die Ableitungen ausnahmslos gelungen seien.

Zum Ursprung von Gesetzeshypothesen der Physik in den Köpfen ihrer Autoren hat die Überzeugung, daß die Gesetze der Natur aus intuitiven Prinzipien folgen, nichts zu sagen. Welche Wege einen Forscher zu seiner Entdeckung leiten, ist und bleibt seine Privatsache. Zum Beispiel soll der große britische Theoretische Physiker und Nobelpreisträger von 1933 Paul A. M. Dirac (1902 bis 1984) die nach ihm benannte Gleichung dadurch gefunden haben, daß er die *Wurzel aus dem Klein-Gordon-Operator* gezogen hat – eine eindeutig mathematische Operation. Ist aber der Rahmen der Quantenmechanik vorgegeben, tritt die Dirac-Gleichung auf als eine Realisation von Gesetzen, deren Form durch nichtmathematische Prinzipien wie das der Symmetrie festgelegt wird.

Die Mathematik könnte hier zweierlei Funktionen erfüllen, erfüllt tatsächlich aber nur eine. Nämlich die eines Dieners, der Gleichungen aussondert, die in ihrer mathematischen Formulierung den Prinzipien nicht genügen. Insofern ist die Mathematik nur eine Fortsetzung der Logik mit anderen Mitteln und deshalb im hier angenommenen Sinn nicht mathematisch. Zweitens könnte ein mathematisches Prinzip in Kraft sein, das nur gewisse der auf intuitiv-physikalischer Grundlage möglichen Gleichungen als Naturgesetze zuläßt. Insbesondere könnte es aus Gründen der mathematischen Einfachheit manche Größen (für Eingeweihte: skalare) zulassen, andere (spinorielle) aber verbieten. Doch auch hier waltet keine Mathematik – was die Prinzipien erlauben, scheint stets auch realisiert zu sein, ob es nun mathematisch einfach ist oder nicht.

Ein verwandtes Beispiel. Dem amerikanischem Theoretischen Physiker und Nobelpreisträger von 1969 Murray Gell-Mann (geb. 1929) ist es 1961 gelungen, alle damals bekannten Hadronen – das sind Teilchen, die an der Starken Wechselwirkung teilnehmen – in ein Schema namens *Achtfacher Weg* einzuordnen, das nach allem Anschein nur mathematisch interpretiert werden konnte. Heute kennen wir den einfachen Grund dafür, daß diese Einordnung möglich ist. Denn nach Auskunft des Standardmodells der Elementarteilchentheorie sind Hadronen aus elementareren Teilchen, den Quarks, so zusammengesetzt, daß physikalische Symmetrieprinzipien erfüllt sind. Daß die Hadronen gemäß dem *Achtfachen Weg* eingeordnet werden können, müssen wir also nicht als unverstandene mathematische Tatsache hinnehmen, sondern können sie auf deren Bauplan zurückführen.

Man kann geradezu sagen, daß fundamentale Fortschritte der Physik mit der Ablösung mathematischer Tatsachen durch physikalische Prinzipien einhergehen. Wobei nicht vergessen werden darf, daß erst die mathematische Formulierung der Prinzipien ihre so wichtige quantitative Überprüfung ermöglicht. Beginnen wir mit der grauen Vorzeit der Physik, nämlich mit den Versuchen des griechischen Philosophen Platon, der um 400 vor Christus wirkte, den Aufbau des Kosmos durch die fünf regelmäßigen, heute nach ihm benannten Körper zu beschreiben. Das *war* eine mathematische Beschreibung, für die tiefere Gründe anzugeben Platon zwar versucht hat – gelungen ist es aber weder ihm noch sonstjemandem. Diesen Verständnisansatz hat der große deutsche Astronom Johannes Kepler (1571–1630) wiederbelebt mit seiner versuchten Deutung der Planetenbahnen im Sonnensystem. Im Fall der Platonischen Körper bestand der fundamentale Fortschritt einfach darin, daß sie nicht mehr als möglicher mathematischer Grund für die Gültigkeit von Naturgesetzen angesehen wurden. Bis hin zu den Gesetzen Newtons konnten Keplers Beschreibungen der Planetenbewegungen in seinen berühmten Keplerschen Gesetzen als mathematische Prinzipien, die auf keinen tieferen Grund zurückführbar sind, angesehen werden. Newton hat das Beiwort *mathematisch* zwar in den Titel *Die mathematischen Prinzipien der Physik* seines Hauptwerkes [142] aufgenommen[24], führt aber seine *Grundsätze* ohne Benutzung der Mathematik so ein, daß sie dem Leser intuitiv einleuchten sollen. Mathematisch ist dann die *Formulierung* der Prinzipien *nach* ihrer Einführung, und es ist offensichtlich, daß allein eine solche Formulierung die von Newton und seinen Nachfolgern erzielten Ergebnisse hervorbringen konnte. Die Prinzipien selbst aber sollen ohne Mathematik einleuchten. Daß Newton der Ansicht war, er könne seine Prinzipien aus empirischen Tatsachen ableiten, was bei allen Prinzipien, die den Namen verdienen, unmöglich ist, tut nichts zur Sache.

Ein Ingrediens der Gesetze Newtons sticht als rein mathematisch hervor und ist es bis zu Albert Einsteins Allgemeiner Relativitätstheorie geblieben: die Annahme, daß die von einem Körper auf einen anderen ausgeübte Kraft zum Kehrwert der zweiten Potenz ihres Abstands proportional ist. Diese Annahme hat Einsteins Allgemeine Relativitätstheorie auf Prinzipien zurückgeführt, und genauso jene von Newton nur zögerlich gemachte Annahme, daß die schwere und die träge Masse dieselbe bei allen Körpern ist. Zum Abschluß meiner historischen Betrachtungen, die durchaus fortgeführt werden könnten, will ich die mathematische Beschreibung von Tonhöhen durch Pythagoras und seine Schule erwähnen, die durch die Physik schwingender Saiten seit langem abgelöst worden ist.

Prinzipien der Quantenmechanik

Am Anfang der Quantenmechanik standen zwei rein mathematische Beobachtungen, die nicht nur auf kein Prinzip zurückgeführt werden konnten, sondern sogar den etablierten Prinzipien der damaligen Physik widersprachen: die Formel von Max Planck für die Wärmestrahlung und jene von Niels Bohr für das Spektrum des Wasserstoffatoms. Sie wurden später in den mathematischen Formalismus der Quantenmechanik eingebaut, um dessen Prinzipien es jetzt gehen soll. Widersprachen die beiden Prinzipien Einsteins zur Ableitung seiner Speziellen Relativitätstheorie *zusammen* naiver Erwartung, ist in der Quantenmechanik ein Prinzip verwirklicht, das *bereits für sich allein* höchstes Erstaunen hervorruft – das der *Verschränkung* von Zuständen mehrerer Teilchen. Weicht man die Aussagen der Quantenmechanik nicht durch Interpretationen auf, besagen sie, daß nahezu alles in der Welt mit nahezu allem zusammenhängt.

Dies unglaubliche Prinzip der Verschränkung ist, wenn man ernst nimmt, was die Quantenmechanik sagt, unabweisbare Realität. Eine Konsequenz des Prinzips kann für sich allein bestehen und wurde unabhängig von allem anderen experimentell bestätigt: Aktionen und ihre Ergebnisse «hier» können über beliebig große Abstände hinweg Quantenzustände «dort» instantan schaffen. Das besonders Raffinierte an der Sache ist, daß durch diese, wie Albert Einstein sagte ([24], S. 210), spukhaften Wirkungen über eine Entfernung hinweg keine Nachricht übertragen werden kann.

In der Quantenmechanik können wir also das Wirken zweier Prinzipien erkennen, die einzeln überraschen und zusammengenommen hart an einem Widerspruch vorbeischrammen. Das eine ist das der Verschränkung und das zweite das der Speziellen Relativitätstheorie, welches besagt, daß keine Nachricht mit einer Geschwindigkeit übermittelt werden kann, die größer wäre als die

Lichtgeschwindigkeit. Wie alle Prinzipien, die einander nahezu widersprechen, sind auch diese zusammen sehr mächtig, erlauben es aber nicht, die Quantenmechanik als ihre einzig mögliche Verwirklichung abzuleiten: Es geht auch anders, aber so geht es auch. Eine populärwissenschaftliche Darstellung, die auch Autoren nennt, ist Mark Buchanans *Why God plays dice* [34].

Keine Erkenntnis a priori

Das Prinzip der Verschränkung ist sicher nicht intuitiv in dem Sinn, daß jeder, der von ihm hört, es sogleich als Prinzip physikalischer Gesetze akzeptieren würde – wohl eher im Gegenteil. Unserem Vorstellungsschatz können wir es nicht entnehmen, es ist sicher auch keine *Erkenntnis a priori* im Sinne Kants, die eine Voraussetzung aller empirischen Erkenntnis wäre, sondern es handelt sich bei ihr einfach um eine Erkenntnis, die wir der Natur abgetrotzt haben und die unabweisbar zu sein scheint.

Intuitiv sollen hier Prinzipien heißen, die ohne mathematische Vorbildung verstanden werden können – ganz im Sinne von Punkt 4.024 von Wittgensteins *Tractatus logico-philosophicus* [205]: «Einen Satz verstehen, heißt, wissen, was der Fall ist, wenn er wahr ist. (Man kann ihn also verstehen, ohne zu wissen, ob er wahr ist.)» Zu dem «Wissen, was der Fall ist» kann auch gehören, wie der Satz mathematisch zu formulieren sei.

Mehr und mehr mußten wir seit Kant erkennen, daß es keine Erkenntnis a priori gibt. Von dem schottischen Philosophen David Hume (1711–1776) hat Kant übernommen, daß *durch die Erfahrung* keine sichere Erkenntnis gewonnen werden kann. Aber für Kant *gab* es sichere Erkenntnis, und er hat sich gefragt, wie sie möglich sei. Seine Antworten auf die selbstgestellte Frage darf ich unterdrücken, weil heute wohl niemand mehr behaupten mag, daß Erkenntnisse über die Natur ohne Erfahrung möglich seien. Dazu widersprechen die allem Anschein nach tatsächlich geltenden Prinzipien unserer natürlichen Erwartung allzusehr. Die euklidische Geometrie, die Kant für sicher richtig angesehen hat, gilt im allgemeinen nicht, und auch seine – unser aller! – Vorstellungen von der Zeit sind falsch.

Mehr hiervon habe ich in *Wie die Naturgesetze Wirklichkeit schaffen* [85] ausgebreitet. Hier nur drei Zitate, die belegen sollen, daß ich mit meiner Einschätzung der *Annahme* Kants, daß es möglich sei, unabhängig von tatsächlicher Erfahrung etwas über die «Gegenstände möglicher Erfahrung» zu wissen, nicht allein stehe. Kant hat für sicher richtig erachtet, daß es «synthetische Urteile a priori» gibt, und dann gefragt, wie das sein kann. Im Aufsatz «Einführung in Kants Theorie des Raumes» [210] des Philosophen Manfred Zahn tritt der entscheidende Punkt auf S. 82 auf, wenn er von der *Grundannahme* Kants spricht, daß synthetische Urteile a priori möglich seien: «Mit der Leugnung ihrer Existenz wird aber offensichtlich die ganze Kantische Aufgabenstellung, in rechtfertigender Absicht zu zeigen, wie synthetische Urteile a priori möglich sind, gegenstandslos.» In einem Brief ([24], S. 25) an den großen deutschen Theoretischen Physiker, Mitbegründer der Quantenmechanik und Physiknobelpreisträger von 1954 Max Born (1882–1970) sagt Albert Einstein nahezu dasselbe: «Wenn man ihm [Kant] nur die Existenz synthetischer Urteile a priori zugibt, ist man schon gefangen.» Mit Kant besonders streng ins Gericht geht der deutsche Mathematiker und Physiker Hermann Weyl (1885–1955), wenn er in *Ein Lebensrückblick* [196] schreibt: «Kants Bindung an die euklidische Geometrie erschien mir nun als naiv. Unter diesem überwältigendem Anstoß stürzte mir das Gebäude der Kantischen Philosophie, der ich mit gläubigem Herzen ergeben gewesen war, zusammen.»

Wenn es also keine synthetischen Urteile a priori gibt, woher kommt dann unser Wissen um die Naturgesetze? Sicheres Wissen ist es nicht, weil es der Erfahrung bedarf. Indem wir das behaupten, widersprechen wir der im 19. Jahrhundert und im frühen 20. Jahrhundert von Naturwissenschaftlern vertretenen Ansicht, neben der *deduktiven* gebe es eine gleichberechtigte *induktive* Logik, die durch Verallgemeinerungen sicher wahre Gesetzesaussagen über die Natur erbringen könne. Wir heute leugnen zwar nicht, daß am Prozeß der Auffindung einer Theorie induktive Schlüsse beteiligt sind, wohl aber, daß diese zu einem Beweis oder gar einer Ableitung verdichtet werden könnten. Die induktiven Schlüsse gehören der Psychologie, nicht der Logik der Forschung an. Der logische, als einziger exakt kommunizierbare Teil der Forschung beginnt *nach* der Formulierung der Gesetzeshypothesen, deren Auffindung oft genug die unordentliche Privatsache eines Forschers war, mit deren *Überprüfung* durch das Experiment sowie durch den Vergleich mit anderen Gesetzeshypothesen. Karl Popper folgen wir darin, daß *Beweise* von Gesetzeshypothesen, die diesen Namen verdienen, nicht möglich sind, so daß wir unser unsicheres Wissen um die Naturgesetze nicht besser begründen können als dadurch, daß zwar Versuche zur Widerlegung angestellt wurden, diese aber fehlgeschlagen sind.

Reduktionismus

Wir kommen um die Folgerung nicht herum, daß in der Natur *Prinzipien* gelten. Denkbar ist sogar, daß *alle* Naturgesetze aus Prinzipien folgen. Die «fundamentalen» Naturgesetze wie die Relativitätstheorien, die Quantenmechanik, die Theorie der Elementarteilchen und die angestrebte Große Vereinigte Theorie direkt;

andere, wie die Gesetze der Kosmologie, der Chemie, der Verer-
bung und vielleicht auch des Lebens, als Konsequenzen der fundamentalen. Dies Credo der Zurückführbarkeit der Naturgesetze auf
wenige fundamentale trägt den unschönen Namen Reduktionismus, und ich bekenne mich zu ihm. Zuzugeben ist natürlich, daß
es niemals gelingen wird, auch nur die Gesetze der Kernphysik
oder der Chemie, geschweige denn die der Biologie, tatsächlich
und wirklich aus den für Quarks und Gluonen geltenden abzuleiten. Bereits der Versuch, das zu tun, wäre töricht bis zur Absurdität.
«Der Reduktionismus ist», wie der amerikanische Theoretische
Physiker und Nobelpreisträger von 1979 Steven Weinberg (geb.
1933) formulierte [193], «keine Richtlinie der Forschung, sondern
eine Einstellung zur Natur selbst.»

Verzichtet man aber auf Details, können durch Computersimulationen – auch sie sind Gedankenexperimente! – grundsätzliche
Antworten auf große Fragen gewonnen werden. Wenn wir fragen,
ob das Verhalten eines Systems auf gewissen Naturgesetzen beruhe,
können wir einer Antwort dadurch näherkommen, daß wir ein
Computermodell des Systems entwerfen und erproben. Eine typische Klasse derartiger Fragen ist, ob das beobachtete komplexe Verhalten eines Systems, für das auf seiner eigenen Ebene Gesetze gelten, auf fundamentale, allein für die Bauteile des Systems geltende
Gesetze sowie den Zufall zurückgeführt werden kann oder ob ein
unverstandener Rest bleiben muß, wenn es zusätzlich zum Zufall
und den fundamentalen keine eigenständigen, nur auf der höheren
Ebene formulierbaren «globalen» Gesetze gibt.

Eine schöne Beschreibung der Antwort, die mir zumindest in
vielen Fällen die richtige zu sein scheint, ist Douglas R. Hofstadters
Metapher von einem Ameisenhaufen, verglichen mit den Ameisen
selbst [107]. Hofstadter stellt sich einen Ameisenhaufen vor, der als
ganzer ein komplexes «emergentes» Verhalten zeigt, das nur auf
den einfachen Wechselwirkungen einzelner Ameisen miteinander

beruht. Ob komplexes emergentes Verhalten allein hieraus erwachsen kann, könnte durch ein Computerprogramm untersucht werden, das virtuelle Krabbeltiere nach Regeln wechselwirken läßt, die den Regeln der Wechselwirkungen realer Ameisen untereinander entsprechen. Wenn die virtuellen Krabbeltiere als Gemeinschaft ein komplexes Verhalten entwickeln würden, das vielleicht sogar dem eines realen Ameisenhaufens gliche, wäre gezeigt, daß allein die einfachen Gesetze des zwischenameislichen Lebens ausreichen, um das komplexe Verhalten eines Haufens entstehen zu lassen. Die Reduktion komplexer auf einfache Gesetze wäre dadurch zwar nicht geleistet, ihre Möglichkeit aber wäre bewiesen.

Ich kenne zwar kein Programm, das dies für einen Ameisenhaufen leistete, weiß aber um Programme – die der «neuronalen Netzwerke» –, die komplexe Leistungen der Neuronen eines Gehirns allein aufgrund einfacher Regeln für ihre gegenseitige Wechselwirkung erbringen. Diese Programme können überdies einem Lernprozeß unterzogen werden, durch den sie sich selbst strukturieren, so daß sie sich zum Beispiel in die Lage versetzen, Spuren, die Elementarteilchen in einem Detektor hinterlassen haben, Teilchen zuzuordnen. Dies ist ein Beweis durch tatsächlich durchgeführte Computersimulationen, daß Emergenz komplexer Regeln aus einfachen zumindest im Prinzip möglich ist.

Eine schöne, allerdings ein wenig technische Darstellung des bisher Erreichten ist John Hollands *Emergence* [108]. Ein viel publiziertes, dem Leser möglicherweise bekanntes Beispiel dafür, daß einfache Regeln komplexes Verhalten zeitigen können, bilden die «Zellularen Automaten», von denen John Conways *Life* der wohl bekannteste ist. Auch hierfür sei Hollands *Emergence* genannt. Vogelschwärme, die Schlafbäume suchen, werden für jeden, der sie dabei beobachtet hat, eine höchst eindrückliche Metapher für die Möglichkeit der Emergenz komplexen Verhaltens aus einfachen Regeln bilden. Direkt miteinander wechselwirken nach allem An-

schein nur die nächsten Nachbarn im Schwarm. Faszinierend ist
zu sehen, wie komplex bei einfachen Regeln das Verhalten des
Schwarms insgesamt ist[25].

Hier wie anderswo erweist sich der Computer als ein überaus
nützliches Hilfsmittel zur Durchführung von Gedankenexperimenten. Nehmen wir die Frage, ob es möglich sei, den Unterschied
von Zukunft und Vergangenheit durch Gesetze zu beschreiben, die
keinen solchen Unterschied kennen – die also mit jedem Ablauf
auch den zeitlich umgekehrten erlauben (z. B. [77]). Das Schlag-
wort hierfür ist Entropie. Als Maß für die Unordnung eines physikalischen Systems wächst diese offensichtlich, wenn sich die Moleküle eines Parfüms aus einem offenen Flakon heraus im Zimmer
verteilen. Das Umgekehrte – im Zimmer verteilte Moleküle versammeln sich ohne äußeres Zutun in einem offenen Flakon – verbietet der Entropiesatz. Und zwar zu Recht, denn ein derartiges
Verhalten ist niemals beobachtet worden. Die Frage, die durch
Computersimulation beantwortet werden soll, ist nun die, ob die
Gesetze für das Verhalten einzelner Moleküle, auf denen das des
Parfüms insgesamt beruht, zur Erklärung des gerichteten Verhaltens der Gesamtheit selbst so beschaffen sein müssen, daß sie gewisse Abläufe zwar erlauben, ihre zeitliche Umkehrung aber nicht.
Dazu dient die Computersimulation der Abb. 38-1. Als Moleküle
fungieren harte Kugeln; das ihr Verhalten regelnde Gesetz ist das
des elastischen Stoßes aneinander und an den Wänden des Kastens. Dieses *ist* zeitumkehrsymmetrisch, erlaubt also mit jedem
Stoßprozeß den zeitlich umgekehrten.

Beginnen wir mit unserem Modell für das Parfüm im offenen
Flakon, der Abb. 38-1a), wobei zusätzlich zu dem Dargestellten gewisse Anfangsgeschwindigkeiten der Kugeln angenommen wurden: Alle harten Kugeln befinden sich in der linken Kastenhälfte,
die für den Flakon stehen soll. Die Simulation zeigt, daß sich das
Parfüm im Laufe der Zeit in unserem Modell des Zimmers – dem

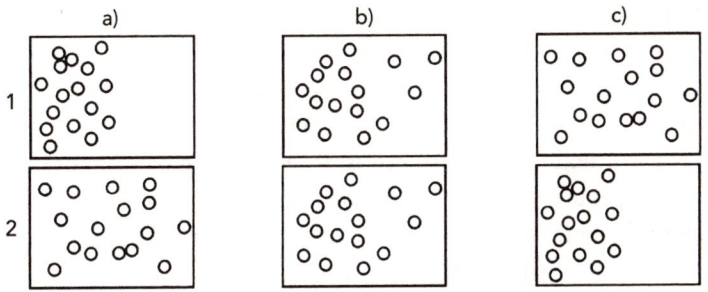

Abb. 38 16 Kugeln in einem Kasten. Die Zeit verläuft von links nach rechts; der Ablauf 2 ist mit dem Ablauf 1 bis auf die zeitliche Reihenfolge identisch. Beide Abläufe stehen mit den Naturgesetzen im Einklang, die für das Verhalten elastisch aneinander und an den Wänden stoßender Kugeln gelten. Trotzdem treten Abläufe vom Typ 1 viel häufiger auf als Abläufe vom Typ 2. Bei den mehr oder weniger 10^{23} Molekülen eines makroskopischen Körpers treten Abläufe vom Typ 2 in Weltaltern nicht auf; physikalisch – wenn auch nicht mathematisch – gesehen also niemals. Der Ablauf 1 konnte denn auch durch eine Computersimulation entstehen; für den Ablauf 2 ist das bei normaler Rechengenauigkeit praktisch ausgeschlossen.

ganzen Kasten – ausbreitet. Praktisch ausgeschlossen ist es aber, Anfangsbedingungen so einzustellen, daß sich das Umgekehrte, in der Abbildungsfolge Abb. 38-2 (*keine* Computersimulation!) Dargestellte, ereignet – nämlich daß die Moleküle, die anfangs über den ganzen Kasten verteilt sind, wieder in einer Kastenhälfte zusammenkommen.

Das ist nicht etwa deshalb praktisch ausgeschlossen, weil es keine Anfangsbedingungen gäbe, die im Laufe der Zeit zu einer Akkumulation der verstreuten Moleküle führen würden. Selbstverständlich *gibt* es solche Anfangsbedingungen; es ist nur praktisch unmöglich, sie einzustellen. Wenn wir etwa in dem in Abb. 38-1c erreichten Zustand alle Orte der harten Kugeln dieselben sein lassen, deren Geschwindigkeiten aber umkehren, wird sich im Laufe der Zeit genau das ereignen, was die Abbildungsfolge Abb. 38-2 darstellt – die Moleküle des Parfüms versammeln sich in der linken Kastenhälfte. Die Schwierigkeit ist jedoch, daß in der unmittelbaren Umgebung einer jeden Anfangsbedingung, die das bewirkt, überwältigend viele andere liegen, die dasselbe in Weltaltern nicht bewirken würden. Dann jedenfalls, wenn wir die 16 Moleküldarsteller des Modells durch die 10^{23} Moleküle des Parfüms selbst ersetzen.

Nehmen wir also an, die Berechnung der zeitlichen Entwicklung des Modellgases sei unendlich genau, aber zur Festlegung der Anfangsbedingungen stünden uns nur endlich viele – zum Beispiel zwölf – Ziffern für jede Variable zur Verfügung. Unser Gas aus harten Kugeln ist in der Ebene angesiedelt, so daß sein Zustand in jedem Augenblick durch zwei Orts- und zwei Geschwindigkeits-Koordinaten pro Kugel ausgedrückt werden kann. Weil jede von ihnen innerhalb der angenommenen Möglichkeiten des Speichers unseres Computers nur Werte besitzen kann, die zwölf Ziffern entsprechen, bilden die dem Computer eingebbaren Anfangsbedingungen ein endliches und diskretes Muster, das eine endliche Anzahl verschiedener Eingaben ermöglicht. Viele dieser Anfangsbedingungen, die zudem nahe beieinanderliegen, besagen, daß alle Moleküle in derselben Kastenhälfte versammelt sind, aber nur wenige von ihnen beschreiben über den ganzen Kasten verteilte Moleküle *und* besitzen die Konsequenz, daß diese sich in absehbarer Zeit in derselben Kastenhälfte versammeln werden. Dieses Computermodell ermöglicht es also dem Benutzer, Abläufe ins Werk zu setzen, die zu vermehrter Unordnung führen. Unmöglich (oder nahezu unmöglich) ist es ihm aber, Anfangsbedingungen einzustellen, welche das Gegenteil bewirken, die Ordnung also vermehren würden. Dies, obwohl die Gesetze für das Verhalten von harten Kugeln, die er zur Berechnung von deren Verhalten verwendet, mit jedem Prozeß auch den zeitlich umgekehrten erlauben. Der Schluß, daß und wie die zeitliche Asymmetrie der Naturgesetze für makroskopische Systeme mit einer zeitlichen Symmetrie der Naturgesetze für deren Teile zu vereinbaren sei, drängt sich in vollkommener Analogie unabweisbar auf. Übrigens sind die Naturgesetze für die Elementarteilchen tatsächlich *nicht* zeitumkehrsymmetrisch. Aber das ist nicht unser Thema.

Halma mit Achilles

Achilles, der zehnmal so schnell wie die Schildkröte läuft, gibt dieser bei einem Wettlauf einen Meter Vorsprung. Kann er sie überholen? Zenon von Elea argumentiert in einem seiner berühmten Paradoxa – eigentlich einem Gedankenexperiment –, daß Achilles das nicht könne[26]. In *Wie die Zeit in die Welt kam* [77] habe ich das Paradoxon des Zenon so beschrieben:

Während Achilles den einen Meter Vorsprung durchläuft, legt die Schildkröte 1/10 Meter, also einen Dezimeter, zurück. Wenn Achilles diesen Dezimeter durcheilt hat, besitzt die Schildkröte noch immer 1/100 Meter – einen Zentimeter – Vorsprung; und so weiter, unendlich viele Zeitschritte lang. Also überholt Achilles die Schildkröte genau 1,11111… Meter hinter der Startlinie – wo ist das Paradoxon? Zenon hat als paradox dargestellt, daß Achilles dazu unendlich viele Zeitschritte benötigt, die er nur in unendlicher Zeit durchlaufen könne. Das stimmt deshalb nicht, weil jeder neue, nur zu Rechenzwecken angenommene Schritt im Raum so viel kürzer als der vorangehende ist und so viel weniger Zeit braucht, daß die

Summen aller Zeiten und aller Strecken endliche Werte besitzen und deshalb gebildet werden können. Die angenommenen unendlich vielen Schritte tut Achilles selbstverständlich
nicht – spätestens nach dem dritten Schritt hat er die
1,11111... Meter durchmessen und die Schildkröte überholt.
Wer Zenons Paradoxon von Achilles und der Schildkröte als
paradox ansieht, zeigt dadurch nur, daß ihm der Begriff des
Grenzwerts nicht geläufig ist.

In jenem Buch, das der Zeit gewidmet ist, habe ich die *Anwendbar-
keit* logisch-mathematischer Begriffe auf Abläufe in der Natur
nicht in Frage gestellt. Gerade sie gehört aber jetzt zu unserem
Thema. Was Achilles kann oder nicht kann, ist keine Frage der Logik, sondern hängt davon ab, welche Naturgesetze für ihn gelten
([47], S. 234). Selbstverständlich ist der Begriff der Geschwindigkeit als Grenzwert so von den Abläufen in der Natur abstrahiert
worden (z. B. [65], Band 1, 8-2 sowie [77], S. 59–61), daß seine
Anwendung auf Abläufe problemlos möglich sein sollte. Die Anwendung des Begriffes «Grenzwert» auf den Wettlauf von Achilles
und der Schildkröte fassen wir auf als eine abermals erfolgreiche
Überprüfung unserer Vorstellungen von ihm durch die Erfahrung.
Uns leuchtet ein, daß Achilles die Schildkröte überholen wird, und
wir können dieses Einleuchten gelten lassen, ohne in Konflikt mit
der Erfahrung zu geraten. Uns leuchtet auch ein, daß jede Gerade
genau eine Parallele besitzt, und dieses Einleuchten können wir
nicht gelten lassen, wenn wir Konflikte mit der Erfahrung vermeiden wollen. Woher unsere Begriffe auch kommen mögen, ohne
Anbindung an die Erfahrung können wir sie nicht verläßlich auf
die Wirklichkeit anwenden.

Rein logisch ist eine Welt denkbar, in der Achilles die Schildkröte
in endlicher Zeit *nicht* überholen wird. Die Maßzahlen für Zeiten
und/oder Orte wären in solch einer Welt zwar anders als unsere,

aber gerade das ist nicht aus logischen Gründen, sondern nur durch die Erfahrung ausgeschlossen. Um eine solche logisch mögliche Welt zu konstruieren, ersetzen wir die Punkte $x_n = (1/10)^0 + (1/10)^1 + \ldots + (1/10)^{(n-1)}$ mit $n = 1, 2, 3, \ldots$, an denen Achilles, der von $x_0 = 0$ losgelaufen ist, den Vorsprung der Schildkröte jeweils auf ein Zehntel seiner vorherigen Größe reduziert hat, durch die (für uns!) äquidistanten Punkte $y_n = n$ einer Halma-Welt, in der Achilles und die Schildkröte beide jeweils um einen Punkt vorwärts hüpfen.

Es gibt zahllose Möglichkeiten, in der Halma-Welt Maßzahlen für Zeiten und Orte so zu definieren, daß Achilles auch in ihr zehnmal so schnell wie die Schildkröte läuft und sie bis zum Ende aller Zeiten nicht einholen wird. Ich will das nicht ausspinnen und die Übung hier abbrechen. In unserer physikalischen Welt überholt Achilles die Schildkröte, so daß es in ihr Abläufe gibt, die in eine unendliche Folge von Schritten zerlegt werden können, die in endlicher Zeit durchlaufen werden, weil bei jedem Schritt die für jeden weiteren Schritt benötigte Zeit so stark abnimmt, daß die Summe der Zeiten konvergiert. Aber wie ist es in der Welt der Logik? Schlußendlich ist ein Beweis eine Prozedur in der physikalischen Welt, die wir als Beweis anerkennen. Gleicht das «Beweisen» also notwendig dem Vorrücken beim Halma, so daß es keine Beweise geben kann, die aus unendlich vielen Schritten bestünden, weil ein solcher Beweis niemals beendet würde, oder kann es auch Beweise geben, die trotz unendlich vieler Schritte in endlicher Zeit beendet sind? Die wären wie der Wettlauf des Achilles mit der Schildkröte in der Welt der Physik? Ich verweise auf das immer anregende Buch *Die Physik der Welterkenntnis* [47] von David Deutsch und die Literaturangaben dort. Wenn unendlich viele logische Schritte in endlicher Zeit durchlaufen werden könnten, würde das nicht ernste Zweifel auf eine Anzahl logischer Theoreme werfen, die darauf beruhen, daß das unmöglich ist? Und fassen wir nicht unendlich viele logische Schritte bereits dadurch zu einem zusammen, daß wir Achilles die Möglichkeit eröffnen, die Schildkröte zu überholen? Und unendlich viele Aussagen zum Zusammenzählen durch das Theorem, daß «die Addition kommutativ» ist? Machen wir nicht, indem wir mehr und mehr Ableitungen danach beurteilen, ob sie im Prinzip einer Beweismaschine übertragen werden können, die Logik von der Physik, nämlich von den Möglichkeiten einer Beweismaschine abhängig? Was, wenn diese – nach dem englischen Mathematiker Alan Mathison Turing (1912–1954) benannte – Turing-Maschine unendlich viele Beweisschritte in endlicher Zeit durchlaufen könnte? Was keinesfalls bereits durch die Logik ausgeschlossen ist, wohl aber physikalisch ausgeschlossen zu sein scheint.

Zwei Dämonen – I: Der Laplacesche Dämon

> Ein Verstand, der in einem gegebenen Augenblick aller Kräfte, durch die die Natur belebt ist, und der einzelnen Orte der Wesenheiten, aus denen sie besteht, inne wäre und dessen Einsicht umfassend genug wäre, um diese Tatsachen einer Analyse zu unterwerfen, ein solcher Verstand könnte mit einer einzigen Gleichung die Bewegung der größten Körper im Weltall und der leichtesten Atome umfassen. Nichts wäre für ihn ungewiß; die Zukunft und die Vergangenheit ständen mit gleicher Deutlichkeit vor seinem Auge.

Mit diesen Worten[27] hat der französische Mathematiker und Astronom Pierre Simon Laplace (1749–1827) «Verstand, Einsicht und Auge» eines Dämons charakterisiert, den ich den Laplaceschen Dämon nennen will. Einen Laplaceschen Dämon kann es selbstverständlich nur dann geben, wenn es Naturgesetze gibt, welche die vergangenen und die zukünftigen Zustände der Welt aus ihrem gegenwärtigen zu berechnen gestatten. Für Laplace gab es solche Naturgesetze, und sie waren den Gesetzen der Mechanik Newtons zumindest nachgebildet, wenn nicht gar mit ihnen identisch. Als läßliche, vielleicht pädagogisch motivierte Sünde wollen wir es ihm nachsehen, daß er die Geschwindigkeiten der «Wesenheiten», die zur Vorhersage des künftigen Zustands der Welt genauso erforderlich sind wie deren Orte, nicht erwähnt. Ein Laplacescher Dämon der Quantenmechanik würde natürlich statt der Orte und Geschwindigkeiten der Wesenheiten deren gemeinsamen Quantenzustand kennen und die Folge zukünftiger Zustände mit Hilfe der Schrödinger-Gleichung berechnen.

Gesetze erster und zweiter Art

Der britische Astronom und Autor zahlreicher populärwissenschaftlicher Schriften A. S. Eddington (1882–1944) unterscheidet auf S. 79 seines 1931 in deutscher Sprache erschienenen Buches *Das Weltbild der Physik* [51] zwischen Gesetzen erster und zweiter Art. Die Gesetze erster Art sind jene deterministischen Gesetze, die der Laplacesche Dämon unterstellt. Zu den Gesetzen zweiter Art gehören die Gesetze der Wärmelehre. «Die Gesetze erster Art», so Eddington, «verbieten gewisse Dinge, deren Geschehen *unmöglich* ist. Die Gesetze zweiter Art verbieten Dinge, deren Geschehen *zu unwahrscheinlich* ist, als daß sie jemals wirklich eintreten könnten.» Seitdem Ludwig Boltzmann in Österreich und James Clark Maxwell in England die Vorstellung der Atome und mit ihr die Kinetische Gastheorie eingeführt haben, versucht die Physik, die Gesetze zweiter Art auf Gesetze erster Art zurückzuführen. Dadurch können die Gesetze zweiter Art selbstverständlich nicht zu Gesetzen erster Art werden. In der Sicht von Maxwell und Boltzmann ist das Gesetz der Wärmelehre, daß Wärme «immer» vom wärmeren zum kälteren Körper fließt, ein statistisches Gesetz, das Ausnahmen zuläßt. Hierauf wollte Maxwell durch seinen Dämon, der bald auftreten wird, hinweisen.

Auf eine Alltagsfrage wie die, ob «diese» Tasse heißen Tees, die vor mir steht, im Laufe der Zeit kälter werden wird, kann ein Gesetz erster Art nur dann abschließend Auskunft erteilen, wenn man ihm die Möglichkeit dazu gibt, das heißt, wenn man, so Eddington, «das Wort ‹diese› mathematisch genau bestimmt dadurch, daß man Lage, Bewegung usw. von einigen Quadrillionen Teilchen und Energieelementen angibt». Das aber ist nicht unsere Sache, sondern die eines Laplaceschen Dämons. Unter den uns bekannten Voraussetzungen unserer Frage können wir vermöge der Gesetze erster Art nur die Antwort erhalten, daß der Tee zwar kälter werden kann, aber auch beginnen kann zu sieden – die Angaben «sind viel zu ungenau, als daß irgendein Resultat als unmöglich ausgeschlossen werden könnte». Das Gesetz zweiter Art jedoch antwortet einfach: Die Tasse wird kälter werden, denn alles andere ist zu unwahrscheinlich.

Die Gesetze zweiter Art sind statistische Gesetze, beruhen also auf den Gesetzen der großen Zahlen und lassen ebendeshalb Ausnahmen zu. Bei dem Versuch, die für ein System geltenden Gesetze zweiter Art aus den deterministischen erster Art abzuleiten, die für die Wesenheiten gelten, aus denen das System zusammengesetzt ist, stellt man wieder und wieder fest, daß keine Gesetze erster Art dazu tatsächlich benötigt werden. Zum Beispiel verhalten sich Gase aus harten Kugeln makroskopisch gesehen so, als werde ihr Verhalten, das tatsächlich den deterministischen Gesetzen des elastischen Stoßes genügt, ausgewürfelt. Das kennen wir durch die Abb. 38. Die Abbildungsfolge 1 ist das Resultat einer Berechnung des Verhaltens elastischer Kugeln bei Stößen aneinander und an den Wänden des Kastens. Sie bietet ein durchaus realistisches Bild. Trotzdem, oder gerade deshalb, beruht sie mehr auf Zufällen als auf Implikationen der Naturgesetze des elastischen Stoßes. Die Rechnung zur Erzeugung der Abbildung war nämlich eine Computerrechnung mit einer Genauigkeit von nur zwölf relevanten Stellen. (Rechnungen, die, wie oben unterstellt, das Verhalten des deterministischen Systems selbst bei vorgegebener Dauer des Ablaufs beliebig genau approximieren, sind möglich, erfordern aber beträchtlichen Aufwand.) Nun ist das physikalische System der Abbildung chaotisch, so daß sich für den Dämon dessen tatsächliche Entwicklung in den Details von der dargestellten unterschieden hätte. In einem aber nicht – darin, daß sich die Kugeln auch bei der tatsächlichen Entwicklung über den ganzen Kasten verteilt hätten.

Auf einen Aspekt der Gesetze zweiter Art, verglichen mit denen erster, will ich noch hinweisen: Die Gesetze zweiter Art müssen wir nicht einfach hinnehmen, sondern wir können *ihren Ursprung verstehen*. Sie beruhen ja auf nichts als den Gesetzen der großen Zahlen, und diese leuchten ein. Das lehrt ein Blick auf die Abb. 38 genauso wie die Beobachtung eines Würfelspiels. Den Ursprung von Gesetzen erster Art könnten wir also hoffen zu verstehen, wenn wir sie auf Gesetze zweiter Art zurückführen könnten – statt, wie bisher nahezu immer angestrebt, umgekehrt. Der definierende Unterschied der beiden Gesetzestypen – unmöglich versus zu unwahrscheinlich, um einzutreten – ist sowieso nicht beobachtbar[28].

Zwei Dämonen – II: Maxwells Dämon

Das wohl grundlegendste Gesetz der Statistischen Mechanik ist der Zweite Hauptsatz oder auch Entropiesatz, der in verschiedenen Formen ausgesprochen werden kann; zum Beispiel in dieser: Die

Ordnung in der Welt kann insgesamt gesehen nicht zunehmen. Nimmt sie in Teilgebieten zu, muß sie anderswo zur Kompensation so stark abnehmen, daß insgesamt gesehen die Ordnung nicht gewachsen ist. Eine Konsequenz dieses Satzes ist, daß die Moleküle eines Gases mit einheitlicher Temperatur, die in einem Kasten eingeschlossen sind, nur dann in «schnelle Moleküle rechts, langsame links» sortiert werden können, wenn zur Kompensation der hierdurch vermehrten Ordnung im Kasten die Ordnung anderswo abnimmt.

Könnten die Moleküle wie beschrieben, aber ohne Beteiligung der Außenwelt sortiert werden, wäre es außerdem möglich, ein Perpetuum mobile zweiter Art zu bauen. Denn dann würde im Innern des Kastens eine Temperaturdifferenz auftreten, die eine konventionelle Wärmekraftmaschine zur Arbeitsleistung nutzen könnte, so daß das System am Ende Arbeit geleistet hätte, ohne dabei eine andere Änderung erfahren oder bewirkt zu haben als die, daß seine Temperatur abgenommen hätte.

Zwei gute Gründe also, die beschriebene Sortierung von Molekülen ohne Beteiligung der Außenwelt in schnelle und langsame aus einem Zustand Thermodynamischen Gleichgewichts heraus von vornherein für unmöglich zu erachten. Unmöglich muß es sein, daß ein Dämon die Moleküle eines Systems sortiert und dabei die Außenwelt weder Arbeit an dem System leistet noch ihre eigene Unordnung vermehrt.

Nun hat Maxwell 1871 einen Dämon ersonnen, dem die Fähigkeit, all dies zu bewirken, schwer abzusprechen war. Nehmen wir den Dämon des Laplace, und nehmen wir an, daß er aufgrund seiner außerordentlichen Fähigkeiten alle Orte und Geschwindigkeiten[29] der Moleküle eines Gases in Thermischem Gleichgewicht, insbesondere also mit einheitlicher Temperatur, in einem Kasten wie dem der Abb. 38-1c beobachten kann. Zu dem System fügen wir wie in Abb. 39 in Gedanken eine Trennwand mit einem Fenster hinzu, das der Dämon öffnen und schließen kann, wann er will. Um das zu tun, braucht er keine (oder nur verschwindend wenig) Energie, und er kann aufgrund seiner Kenntnisse das Fenster

Kammer A   Kammer B

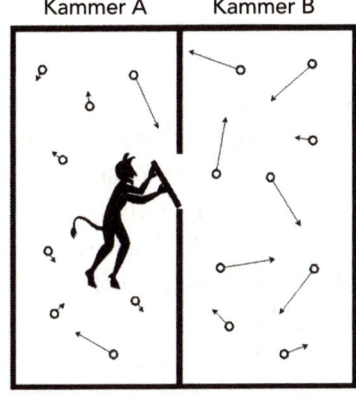

Abb. 39 Maxwells Dämon erlaubt, ohne Arbeitsleistung und ohne Teil des Systems zu sein, den und nur den schnellen Molekülen den Ortswechsel von der Kammer A in die Kammer B, den langsamen aber den und nur den Ortswechsel in umgekehrter Richtung (aus B nach A). Weil kein Teil des Systems, kann er als echtes Kind des Laplaceschen Dämons die Moleküle zwar beobachten, sie beeinflussen ihn umgekehrt aber nicht. Wenn es ein wirkliches Wesen mit diesen Eigenschaften gäbe, könnte es Taten vollbringen, die nach Auskunft des Zweiten Hauptsatzes der Thermodynamik nicht vollbracht werden können. Die Details stehen im Text.

erstmals öffnen, wenn in der linken Kammer ein besonders schnelles Molekül darauf zufliegt. Immer, wenn er beobachtet, daß ein besonders schnelles Molekül von links, oder ein besonders langsames von rechts, auf das Fenster zufliegt, öffnet er für ersteres das Fenster, für das andere aber nicht. Als Resultat wird die rechte Kastenhälfte wärmer werden als die linke – was, wie wir wissen, ohne Beteiligung der Außenwelt unmöglich ist. Welche ihm unterstellten Fähigkeiten kann der Dämon also tatsächlich nicht besitzen?

Wenn wir sagen, daß ein durch die Gesetze der Wärmelehre verbotenes Vorkommnis «unmöglich» sei, meinen wir mit Eddington genaugenommen, daß es «zu unwahrscheinlich ist, als daß es eintreten könnte». Empirisch ist diese Unterscheidung bei den «Quadrillionen Teilchen und Energieelementen» eines makroskopischen Körpers irrelevant. Maxwell aber wollte, wie er in einem Brief vom 11. Dezember 1867 schreibt ([114], S. 214), durch die Intelligenz seines «sehr aufmerksamen und fein-fingerigen (im Original: *neat-fingered*) Wesens [...] dem Zweiten Hauptsatz der Thermodynamik etwas am Zeuge flicken (im Original: *pick a hole – say in the 2nd law of ΦΔcs*.), daß, wenn zwei Dinge sich berühren, das wärmere von dem kälteren ohne Einwirkung von außen keine Wärme beziehen kann». In einem Brief ohne Datum, der um etwa dieselbe Zeit geschrieben sein muß, nennt er ([114], S. 215) als oberstes Ziel seiner Erfindung, «zu zeigen, daß das Zweite Gesetz der Thermodynamik eine nur statistische Gewißheit besitzt».

Die Arbeitsweise seines Dämons – der Name stammt übrigens nicht von ihm, sondern von Lord Kelvin alias William Thomson (1824–1907) – beschreibt er 1867 in einem Brief an seinen Freund und späteren Nachfolger als Professor in Cambridge Lord Rayleigh (zitiert nach [170], S. 388) folgendermaßen[30]:

Wenn der dynamischen Theorie der Gase irgendwelche Wahrheit innewohnt, dann bewegen sich die verschiedenen Moleküle in einem Gas von gleichförmiger Temperatur mit sehr unterschiedlichen Geschwindigkeiten. Man schließe solch ein Gas in einen Behälter mit zwei Kammern ein und versehe die Wand zwischen A und B mit einem Loch von genau der Größe, um ein Molekül hindurchzulassen. Man fertige einen Deckel oder Verschluß für dieses Loch an und bestelle einen sehr intelligenten und überaus flinken Türhüter, der mit mikroskopisch genauem Auge begabt, doch immer noch im wesentlichen ein endliches Wesen ist. Wann immer er ein Molekül mit hoher Geschwindigkeit auf das Tor von A nach B zukommen sieht, ist er gehalten, es durchzulassen, doch sollte sich das Molekül langsam bewegen, möge er das Tor geschlossen halten. Umgekehrt hat er den Auftrag, langsame Moleküle von B nach A passieren zu lassen, aber keine schnellen. [...] Natürlich muß er flink sein, denn die Moleküle verändern ständig ihre Bahnen und Geschwindigkeiten.

Auf diese Weise kann ohne den geringsten Arbeitsaufwand die Temperatur von B gehoben und von A gesenkt werden, allerdings nur dank des Eingreifens eines intelligenten Wesens mit reiner Steuerfunktion (wie die eines Weichenstellers bei der Eisenbahn, der mit perfekt funktionierenden Weichen den D-Zug auf das eine Gleis und den Güterzug auf das andere lenken muß). *Ich sehe nicht ein, warum nicht auch die Intelligenz entbehrlich und das Ding automatisch funktionieren soll* (meine Hervorhebung).

Moral: Der zweite Hauptsatz der Thermodynamik hat den gleichen Wahrheitsgehalt wie die Feststellung, daß man, schüttet man ein Glas Wasser ins Meer, nicht dasselbe Glas Wasser wieder herausholen kann.

Auffällig ist die Sonderrolle, die Maxwell der «Intelligenz» des Dämons zuweist. Nur nebenbei verweist er auf die Möglichkeit des «mechanischen Funktionierens». Das ist aus der Zeit heraus zu verstehen, in der intelligenten Lebewesen Fähigkeiten zugewiesen wurden, die ihnen die physikalischen Prozesse der unbelebten Natur allein nicht verleihen konnten. Dem Geist wurde zugetraut, daß er entgegen dem Zweiten Hauptsatz die Ordnung im Universum vermehren könne. So fragt noch Eddington in seinem Buch *Die Naturwissenschaft auf neuen Bahnen* von 1935 ([52], S. 64): «In welchem Umfange sind bewußte Wesen dem Zweiten Hauptsatz der Thermodynamik unterworfen?» und antwortet: «Der menschliche Geist muß wohl vermöge seiner bewußten Absicht in gewissem Umfange die Rolle des auswählenden Maxwellschen Teufels [bei uns: Dämons] spielen. Aber wir dürfen nicht vergessen, daß der Geist seine Absichten in der physikalischen Welt nur durch seine Verknüpfung mit einem Leib in die Tat umsetzen kann. Und während der Geist vielleicht (oder vielleicht auch nicht) die Ordnung vermehrt, vermehrt der Körper immer die Unordnung.» Die Vorstellung war, daß der Geist zumindest im Prinzip Kenntnis von den objektiven Gegebenheiten der Quadrillionen Teilchen und Energieelemente eines physikalischen Systems erlangen und vermöge dieser Kenntnis die Ordnung des Systems vermehren könne, ohne selbst in Unordnung geraten und diese Unordnung an die Umwelt weitergeben zu müssen.

Austreibungen

Die Versuche, den Maxwellschen Dämon auszutreiben, bilden eine faszinierende Geschichte, über die faszinierend berichtet[31] worden ist. Ich will auf drei Aspekte des Wirkens des Dämons eingehen. Erstens auf Fluktuationen, zweitens auf den Erwerb und drittens auf das Löschen von Information über die Orte und Geschwindigkeiten der Moleküle. Daß Fluktuationen von der Art der Brownschen Bewegung die Bemühungen des Dämons zunichte machen können, die Ordnung zu erhöhen, soll am Beispiel eines, wie Maxwell geschrieben hat, «weniger intelligenten», aber «automatisch funktionierenden» Dämons erläutert werden.

Statt der Temperaturunterschiede seines intelligenten Verwandten erzeugt dieser Dämon Dichteunterschiede in den Kammern *A* und *B*, indem er einfach *mehr* Moleküle von *A* nach *B* als umgekehrt passieren läßt. Auch dies stünde, wenn es ohne Arbeitsleistung und Abwärme möglich wäre, im Widerspruch zum Zweiten

Hauptsatz. Der weniger intelligente Dämon ist tatsächlich so dumm, daß er durch eine einfache mechanische Vorrichtung ersetzt werden kann. Diese Vorrichtung ist die Tür einer Falle, die, wie in Abb. 40 angedeutet, nur in eine Richtung geöffnet werden kann und durch eine Feder wieder geschlossen wird. Klar: Trifft aus der linken Kammer ein schnelles Molekül auf die Tür, schlägt es die Tür auf, entkommt nach rechts, und die Tür wird wieder durch die Feder geschlossen. Offensichtlich können Moleküle der rech-

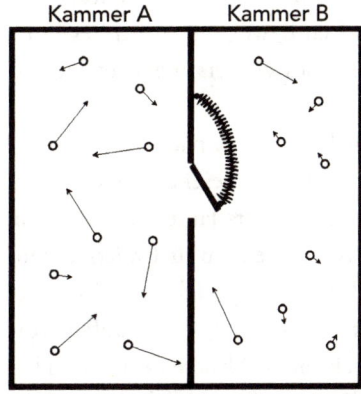

Abb. 40 Diese mechanische Vorrichtung – die Tür einer Falle – würde eine ungleiche Anzahl von Molekülen in der linken Kammer verglichen mit der rechten herbeiführen, wenn sie keinen Schwankungen ausgesetzt wäre. Details erläutert der Text.

ten Kammer die Tür nicht öffnen, so daß sie nur dann von *B* nach *A* gelangen können, wenn die Tür nach der Passage eines Moleküls von *A* nach *B* kurzzeitig offensteht.

Was ist falsch an dieser Vorrichtung? Um das zu sehen, betrachten wir das Verhalten der Tür genauer. Das schnelle Molekül hat die Tür aufgeschlagen und dadurch die Feder gespannt. Also wird die Tür zurückschnellen und mit ihrem Rand auf die Wand treffen. Sind Wand und Tür starre Körper, so daß keine Reibung auftritt, wird die Tür von der Wand elastisch zurückprallen und wie ein Pendel weiterschwingen – mit dem Resultat, daß die Tür länger als erwartet offensteht und Moleküle in *beide* Richtungen durchläßt. Gibt es aber Reibung, heizt diese die Wand und die Tür auf, so daß bei Betrachtungen des Thermischen Gleichgewichts auch deren Temperatursteigerungen berücksichtigt werden müssen.

Wir wollen es so tun: Wand und Tür seien weiterhin als starr angenommen und mögen elastisch aneinanderstoßen, aber die bewegliche Tür nehme an den Wärmebewegungen der Moleküle des Gases teil. Die Tür übernimmt in der Abb. 40 die Rolle der in Wasser aufgeschwemmten feinen Partikel, die bei der 1827 von dem schottischen Botaniker Robert Brown (1773–1858) entdeckten und nach ihm benannten Brownschen Bewegung eine unregelmäßige, von Stößen mit den Molekülen des Wassers angetriebene Zitterbewegung ausführen.

Daß im Mittel gleich viele Moleküle von *A* nach *B* wie von *B* nach *A* hinüberwechseln, kann dadurch eingesehen werden, daß im Thermischen Gleichgewicht ein vorwärts laufender Film von den Molekülbewegungen eines Gases von einem rückwärts laufenden nicht zu unterscheiden ist. Im Gleichgewicht gibt es außer Fluktuationen keine Änderung, und Fluktuationen verlaufen «vorwärts in der Zeit» genauso wie «rückwärts». Unsere Diskussion hat nun aber gezeigt, daß nicht nur die Bona-fide-Moleküle der Abb. 40 an der Wärmebewegung teilnehmen, sondern auch die Tür. Für die Wärmebewegung ist sie nichts weiter als ein großes, schweres und eckiges Molekül. Also sind wir fertig mit unserem Beweis, daß das mechanische Modell des dümmeren Dämons nicht das erreichen kann, was er soll: mehr Moleküle von *A* nach *B* als von *B* nach *A* durchlassen. Zum Beispiel zeigt die zeitliche Umkehr der Abb. 40 einen Prozeß, bei dem eines der *vielen* langsamen Moleküle aus der Kammer *B* in die durch eine seltene Schwankung hinreichend weit offenstehende Lücke zwischen Tür und Wand eintritt und von dort aus durch die zurückschwingende Tür mit großer Geschwindigkeit nach *A* bugsiert wird.

Insgesamt kann die mechanische Realisation des dümmeren Dämons also keine Abweichung vom Thermischen Gleichgewicht herbeiführen. Damit auch er selber nicht? Wir müssen zugeben, daß jede Realisation Zusatzannahmen macht, so daß deren Widerlegung die Möglichkeit des Dämons selbst nicht widerlegt. Wenn der klügere oder der dümmere Dämon aber mit dem Gas in Kontakt steht – und wie sonst könnte er seine Beobachtungen machen und seine Einflüsse ausüben? –, nimmt er an der Wärmebewegung der Moleküle des Gases teil. Schon dies macht es ihm unmöglich, seine Aufgabe zu erfüllen. In den Worten von Richard P. Feynman [65]: «Wenn wir annehmen, daß die spezifische Wärme des Geistes [bei uns: Dämons] nicht unendlich ist, muß er sich aufheizen. Er hat nur eine endliche Zahl innerer Getriebe und Räder, so daß er die zusätzliche Wärme, die er bei der Beobachtung der Moleküle aufnimmt, nicht loswerden kann. Bald wird er von der Brownschen Bewegung so stark geschüttelt, daß er nicht mehr sagen kann, ob er kommt oder geht, und noch viel weniger, ob die Moleküle kommen oder gehen, und so ist er arbeitsunfähig.»

Um zu entscheiden, ob er die Tür geschlossen halten oder öffnen soll, muß ein Dämon offenbar Orte und Geschwindigkeiten von Molekülen messen. Zu diesem Zweck kann er sie beleuchten, und leicht vorstellbar ist, daß er dazu mehr Energie in das System hineinstecken muß, als er durch die Sortierung der Moleküle gewinnen kann. Natürlich wird durch diese Bemerkung nicht der Dämon selbst, sondern nur ein Modell für seine Arbeitsweise ausgetrieben. Beginnend mit einer Arbeit des ungarischen Physikers Leo Szilard (1898–1964) aus dem Jahr 1929, hat die Einführung und Austreibung immer neuer physikalischer Modelle für die Arbeitsweise des Dämons einer grundsätzlicheren Betrachtung Platz gemacht. So verschieden auch die physikalischen Realisierungen des Dämons sein mögen, sie alle beginnen ihre Arbeit mit einer *Messung* momentaner Eigenschaften von Molekülen. Das Ergebnis

einer Messung ist stets *Information,* und auf diese konzentrieren
sich ab 1961 denn auch die Arbeiten von Rolf Landauer und
Charles Bennett zum Maxwellschen Dämon; sie sind, wie auch
Szilards Arbeit, in [122] und [214] abgedruckt.

Physik des Rechnens

Die 1961 einsetzende Untersuchung der Information als physikalische Größe in der Physik des Rechnens hat zahlreiche Einsichten
in die Grenzen des Wirkens des Maxwellschen Dämons mit sich
gebracht; ich will eine davon skizzieren. Der Dämon, der seine Tä-
tigkeit mit der *Messung* momentaner Eigenschaften von Molekülen begonnen hat, muß zweitens die gewonnene Information *speichern,* bis er sie drittens *benutzt,* um Moleküle umzuleiten.
Schließlich und viertens muß er, um wieder von vorne anfangen zu
können, seinen Speicher in den Anfangszustand *zurückversetzen.*
Bei jedem der vier Schritte kann irreversibler Verlust von Information auftreten, der den Zweiten Hauptsatz vor dem Zugriff des Dämons rettet. Obwohl Szilard die Bedeutung der Information für
das Wirken des Dämons richtig erkannt hat, ist seiner Arbeit
schwer zu entnehmen, bei genau welchem Schritt sie verlorenge-
hen muß. Die Klarstellung ist vor allem den bereits erwähnten Arbeiten von Landauer und Bennett zu verdanken – daß nämlich die
Schritte eins bis drei im Prinzip ohne Informationsverlust durchgeführt werden können, nicht aber der letzte und vierte. Die Möglichkeit, die Schritte eins bis drei ohne Verlust an Information zu
führen, will ich nicht zu erläutern versuchen, sondern verweise auf
einen Artikel [17] von Bennett in *Spektrum der Wissenschaft.*

Daß es unmöglich ist, den Schritt Nummer vier ohne Informationsverlust zu führen, ist eine der grundlegenden Erkenntnisse der

Physik des Rechnens. Der physikalische Prozeß ist im Prinzip eine Umkehrung der adiabatischen Kühlung durch ein Spinsystem. Bei diesem dem Leser vielleicht bekannten Prozeß werden in einem Magnetfeld ausgerichtete Spins freigegeben, so daß sie zusammen statt nur eines Zustands zahlreiche Zustände annehmen können. Die Spins beginnen zu wackeln, ihre Entropie nimmt zu und die der anderen Freiheitsgrade ab. Vereinfachend können wir sagen, daß ihre Freiheitsgrade zu den bereits vorhandenen hinzukommen, die Energie pro Freiheitsgrad und mit ihr die Temperatur also abnimmt. Das Löschen von Information beschreibt Bennett so [17]:

Nehmen wir an, ein Speicherregister mit n Bits wird gelöscht; anders ausgedrückt, der Wert jeder Speicherzelle wird auf Null gesetzt, unabhängig von ihrem vorhergehenden Wert. Vor dieser Operation war der Speicher in irgend einem von 2^n möglichen Zuständen; danach kann er aber nur in einem einzigen Zustand sein. Die Operation hat also viele logische Zustände zu einem einzigen komprimiert, ganz so wie ein Kolben Gas zusammendrückt. Nach Landauers Voraussetzung muß man, um den logischen Zustand des Computers zu komprimieren, auch seinen physikalischen Zustand komprimieren: Man muß die Entropie der Hardware verringern. Dem Zweiten Hauptsatz zufolge läßt sich diese Entropieabnahme der Computer-Hardware aber nicht erreichen, ohne daß zum Ausgleich die Entropie der Umgebung stiege. Deshalb kann man einen Speicher niemals löschen, ohne Wärme zu erzeugen und die Entropie der Umgebung zu erhöhen: Das Löschen eines Speichers ist ein thermodynamisch irreversibler Prozeß.

Ich habe diese Passage Bennetts aus zwei Gründen angeführt. Erstens wegen ihrer grundsätzlichen Bedeutung. Zweitens, weil sie zwar das Vorhaben des Dämons für unerreichbar erklärt, dies jedoch durch einen Hinweis auf den Zweiten Hauptsatz tut – ihn, den der Dämon unter Maxwells Anleitung in seine Schranken weisen wollte. Wie schon so oft, haben wir auch hier ein Prinzip vor uns, aus dem im Gedankenexperiment weitreichende Folgerungen fließen.

Masse und Energie

Gedankenexperimente wie das von Stevin zum Gleichgewicht auf schiefen Ebenen ([78], [79]) berufen sich auf nichts als auf die menschliche Einsicht in anschauliche Gegebenheiten. Was aber, wenn ein Gedankenexperiment auch Tatsachen berücksichtigen soll, die sich durch Einsichten dieser Art nicht herleiten lassen, ihnen gar widersprechen? Eine solche Tatsache ist, daß kein Körper auf eine Geschwindigkeit beschleunigt werden kann, die größer wäre als die Lichtgeschwindigkeit c. Aber wie kann das sein, wenn doch durch Stöße die Impulse von Körpern, und damit wohl auch deren Geschwindigkeiten, beliebig vergrößert werden können?

Es kann so sein, weil, wie im Zusammenhang mit der Abb. 37 dargestellt, bereits im Lichte der Newtonschen Mechanik, die bei kleinen Geschwindigkeiten gilt, die Erhöhung der Geschwindigkeit, die ein bestimmter Stoß[32] bewirkt, um so geringer ausfällt, je größer die Masse des gestoßenen Körpers ist: Wenn einem Ball oder einer Lokomotive derselbe Stoß versetzt wird, beginnt der Ball sich merklich oder gar schnell zu bewegen, die Lokomotive aber nicht.

Je größer folglich eine Masse ist, desto größer auch der Widerstand gegenüber Versuchen, ihre Geschwindigkeit zu verändern. Das, so unsere Einsicht, ist offensichtlich; weitere Gedankenargu-

mente können hierauf aufbauen. Andererseits bewirkt bei derselben Masse eines Körpers derselbe Stoß stets dieselbe Geschwindig-
keitserhöhung. Es wird also dann und nur dann unmöglich sein,
einem Körper durch Stöße eine beliebig große Geschwindigkeit zu
verleihen, wenn seine Masse nicht unter allen Umständen dieselbe
ist, sondern mit der Geschwindigkeit wächst. Bekanntlich trifft
genau dies laut Spezieller Relativitätstheorie zu: Je größer die Geschwindigkeit eines Körpers ist, desto größer ist seine Masse.

Der Rand der Welt

Wie auch immer wir die Frage nach dem «Rand der Welt» drehen
und wenden, außerhalb seiner gibt es keine Körper. Das hat, weil
bereits aus logischen Gründen wahr, auch Aristoteles anerkannt.
Hinzugefügt hat er, daß es außerhalb des Randes des Universums
nicht nur nichts gebe, sondern auch nichts geben könne. Diese
Feststellung bedarf der Erklärung. Was begrenzt die Welt und
macht es unmöglich, die Hand über ihren Rand hinauszustrecken?

Der Stab des Archytas

Die Frage geht auf Archytas von Tarent, einen Zeitgenossen Pla-
tons, zurück, der versuchte, sie durch ein Gedankenexperiment zu
beantworten[33]: «Kann ich meine Hand oder meinen Stab ausstrecken, wenn ich am äußersten Rand des Himmels der Fixsterne
angekommen bin? Es wäre absurd anzunehmen, ich könnte es
nicht. Kann ich es aber, muß es weiter außen entweder Körper oder
Raum geben. Zu deren Äußerem können wir genauso kommen

und so weiter. Wenn es auf diese Weise wieder und wieder ein Äußeres gibt, dann gibt es keine Grenze.» Der römische Epikureer und Atomist Lukrez hat dasselbe dreihundert Jahre später so gesagt[34]: «Nimm für einen Augenblick an, der ganze Raum sei begrenzt, und jemand werfe über seine äußerste Grenze hinaus einen Speer. Entscheidest du dich für die Annahme, daß das Geschoß, das mit aller Macht geworfen wird, entlang der Zielrichtung fliegen wird? Oder glaubst du, daß etwas den Speer auf dem Weg blockieren und anhalten wird? [...] Wohin auch immer du die äußerste Grenze von Dingen verlegen magst, ich werde dich fragen: ‹Gut dann, was geschieht mit dem Speer?› [...] Lerne daraus, daß das Universum in keiner Richtung begrenzt ist.»

Zwei Gedankenexperimente also mit derselben, auf unser aller unverbildeter Einsicht beruhenden Schlußfolgerung: «Das Universum ist in keiner Richtung begrenzt.» Ich denke, daß beide, Archytas und Lukrez, es damit auch für erwiesen erachtet haben, daß das Universum in jeder Richtung unendlich sei. Aber «unbegrenzt» und «unendlich» ist nicht dasselbe – man denke nur an die Oberfläche der Erde. Diese ist zwar unbegrenzt, aber nicht unendlich. Archytas mit seinem Stab auf der Oberfläche der Erde würde feststellen müssen, daß er dieselbe Strecke wieder und wieder durchmißt. Die Einsicht aber, daß die Oberfläche einer Kugel statt einer Ebene als zweidimensionales Modell des dreidimensionalen Raumes, in dem wir leben, dienen könne, hat vor dem 18. Jahrhundert niemand besessen.

Euklid als Physiker

Bis dahin wurde die von dem griechischen Mathematiker Euklid um 300 vor Christus formulierte Auffassung des Raumes als selbstverständlich richtig angesehen. Euklids Axiome der Geometrie wurden nicht als Entwurf eines möglichen, sondern als Beschreibung des wirklichen Raumes aufgefaßt – als Einsicht, wie der wirkliche Raum, in dem wir leben, beschaffen ist. Auf Grund der Axiome wurde zum Beispiel für sicher angesehen, daß die Summe der Winkel in jedem real existierenden Dreieck 180 Grad beträgt. Das aber ist eine experimentell überprüfbare Aussage, die sich als richtig oder falsch erweisen kann.

Punkte, Geraden[35] und Ebenen sind die Elemente der Geometrie Euklids. Was diese Objekte seien, hat Euklid durch Ausdrücke wie *keine Ausdehnung* zu definieren versucht, aber hierauf kommt es nicht an. Wie alle Axiomensysteme der Mathematik definiert auch seines die Objekte, von denen es spricht, implizit durch die Beziehungen, in denen sie zueinander stehen sollen. Um von einem Axiomensystem zur Physik zu kommen, müssen wir es interpretieren, also in Euklids Fall den Punkten, Geraden und Ebenen physikalische Objekte zuweisen. Dies getan, können wir beginnen, experimentell zu untersuchen, ob diese tatsächlich in den Relationen zueinander stehen, welche das Axiomensystem von jenen verlangt, die es implizit definiert.

Das ist eine moderne Idee und wird den Vorstellungen von Euklid und seinen Zeitgenossen sicher nicht gerecht. Jetzt aber zu möglichen Realisationen der «Geraden» des Euklid. Straff gespannte Seile, hintereinander «möglichst gerade» gelegte Bauklötze und Lichtstrahlen gehörten für ihn sicher dazu. Die Griechen glaubten zu wissen, was Geraden und Dreiecke sind, und hielten deren Eigenschaften in Naturgesetzen der Geometrie fest, zu denen wir nur hinzuzufügen haben, daß ihr Gültigkeitsbereich nicht so unbeschränkt ist, wie sie wohl dachten, sondern durch den Gültigkeitsbereich der euklidischen Geometrie eingeschränkt wird. Damit die euklidische Geometrie für Objekte gelte, dürfen diese nicht zu ausgedehnt und darf die Genauigkeit, mit der die Gesetze

gelten sollen, nicht zu groß sein. Bei Fragen der Gültigkeit der euklidischen Geometrie wirken Meßgenauigkeit und Ausdehnung
zusammen.

Es gibt zahlreiche Beweise des Satzes, daß die Summe der Innenwinkel eines beliebigen Dreiecks 180 Grad beträgt. Sie alle benutzen mehr oder weniger verdeckt das Parallelenaxiom; denn der Satz
gilt nicht in Geometrien, in denen das Axiom verletzt ist. Der Sonderrolle, welche dem Parallelenaxiom unter den Axiomen Euklids
zukommt, werden wir uns weiter unten zuwenden. Das Axiom besagt für die Ebene (Abb. 41a; der Käfer symbolisiert ein flaches Lebewesen, das die Ebene nicht verlassen kann), daß es für jeden vorgegebenen Punkt C und jede vorgegebene Gerade G in der Ebene,
die sie zusammen aufspannen, genau eine Gerade – die zu G parallele Gerade g – durch den Punkt C gibt, die G nicht schneidet. Der
Beweis des Satzes von der Winkelsumme im Dreieck der Abb. 41b)
zeigt seine Abhängigkeit vom Parallelenaxiom überdeutlich. Gegeben sei das Dreieck mit den dick gezeichneten Seiten. Wir stellen
uns vor, daß der Punkt und die Geraden in der Abb. 41a) so gewählt wurden, daß das Dreieck wie gezeichnet hineinpaßt. Der Beweis benutzt, daß die jeweils gleich benannten Winkel übereinstimmen. Dies folgt für die Winkel α und β daraus, daß
Parallelverschiebungen die zwischen Geraden eingeschlossenen
Winkel nicht ändern; für die Winkel γ ist es offensichtlich. Also
tauchen die Innenwinkel des Dreiecks, angeheftet an den vorgegebenen Punkt C, oberhalb der parallelen Gerade wieder auf und ergänzen sich zu 180 Grad – so daß auch die Summe der Innenwinkel im Dreieck ebendiesen Wert besitzt.

Verborgener ist die Benutzung des Parallelenaxioms bei dem Beweis der Abb. 41c). Lukrez trage seinen Speer parallel zu den Seiten
des Dreiecks von A über B und C nach A zurück. Zu dem Zweck
dreht er den Speer an B um den Winkel $(180-\beta)$ Grad entgegen
dem Uhrzeigersinn von der Richtung 2 in die Richtung 3; an C um

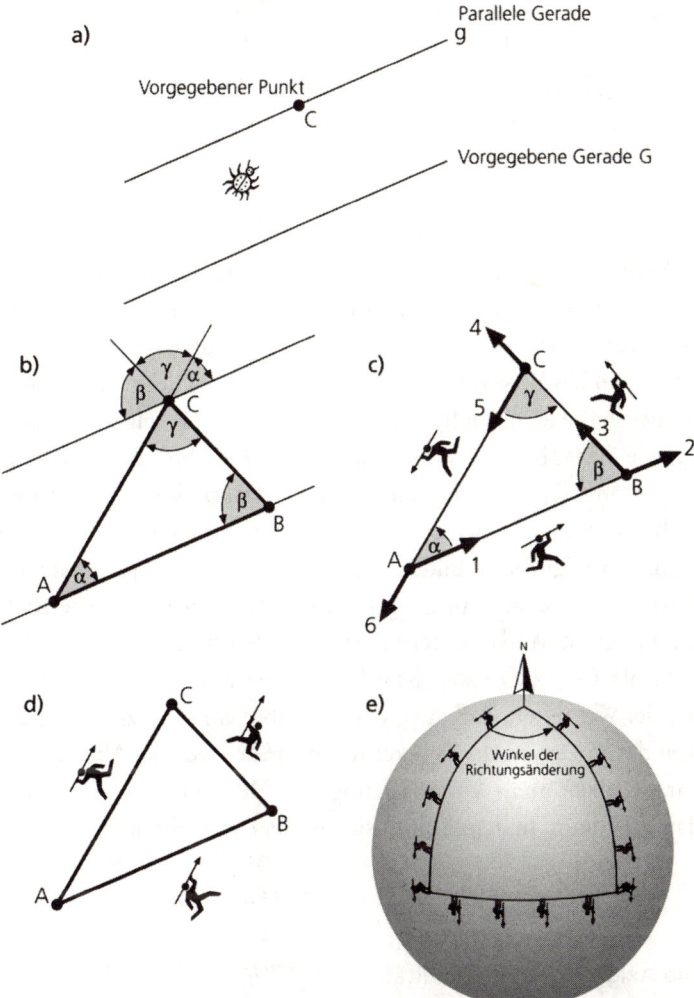

Abb. 41 Die Abbildungen illustrieren das Parallelenaxiom a) sowie die verschiedenen Aspekte der dem Leser aus der Schule bekannten Tatsache, daß die Summe der Innenwinkel eines beliebigen Dreiecks in der Euklidischen Ebene 180 Grad beträgt.

(180-γ) Grad aus der Richtung 4 in die Richtung 5, so daß er bei der Rückkehr nach *A* in die Richtung 6 zeigt. In die ursprüngliche Richtung 1 zeigt der Speer schließlich wieder, wenn Lukrez ihn aus der Richtung 6 um (180-α) Grad dreht. Insgesamt hat Lukrez dann seinen Speer um 360 Grad gedreht, so daß gilt $(180-\beta)+(180-\gamma)+(180-\alpha)=360$ Grad oder, umgeschrieben, $\alpha+\beta+\gamma=180$ Grad – was bewiesen werden sollte.

Wenn an den Punkten *B* und *C* zwar Lukrez seine Bewegungsrichtung wie in der Abb. 41c ändert, die Richtung, in welche der Speer zeigt, aber dieselbe bleibt (Abb. 41d), muß unter den Voraussetzungen des Beweises der Speer nach der Rückkehr nach *A* noch immer in die ursprüngliche Richtung, nämlich 1, zeigen. Das aber ist, wie die Abb. 41e erläutern soll, nur im Euklidischen Raum so. Angenommen nämlich, der *Paralleltransport* des Speers erfolgt nicht in einer Ebene, sondern in der Oberfläche einer Kugel. Dann, so zeigt die Abbildung, bewirkt er, daß der Speer nach der Rückkehr an seinen Ausgangspunkt nicht mehr in dieselbe Richtung zeigt, obwohl er unterwegs nur parallel zu sich selbst verschoben, als Objekt *in* der Kugeloberfläche also nirgends gedreht wurde. Wir sehen, daß auch der scheinbar voraussetzungslose Beweis des Satzes von der Winkelsumme im Dreieck der Abb. 41c das Parallelenaxiom als Voraussetzung hat. Denn erst dies garantiert, daß der Raum, in dem Lukrez sich bewegt, euklidisch ist.

Die Axiome und die Realität

Die Axiome Euklids sind nicht alle gleich einleuchtend. Die unbedingt einleuchtenden beziehen sich ganz und gar auf Verhältnisse im Endlichen. Das eine, weniger einleuchtende, das Parallelenaxiom, bezieht hingegen das Unendliche mit ein. Folglich wurden zahlreiche Versuche unternommen, das Parallelenaxiom entweder aus den unbedingt einleuchtenden zu beweisen oder es durch ein solches zu ersetzen. Diese Versuche schlugen ausnahmslos fehl, weil sie, wie wir heute wissen, nicht gelingen konnten. Besonders interessant ist der Ansatz des italienischen Mathematikers Girolamo Saccheri (1667–1733), der das Problem durch die Methode des indirekten Beweises angegangen ist. Zum Beweis des Parallelenaxioms hat er angenommen, daß es Geraden gibt, die mehr als eine Parallele besitzen. «Diese Möglichkeit», schreibt Eli Maor in seinem schönen und lehrreichen Buch *Dem Unendlichen auf der Spur* [127], «führte zu keinem Widerspruch, sondern zu einer Reihe von merkwürdigen Ergebnissen – merkwürdig zumindest, wenn man in den gewohnten Bahnen denkt. So stellte sich zum Beispiel heraus, daß die Summe der Innenwinkel eines Dreiecks weniger als 180 Grad beträgt und darüber hinaus von der Größe des Dreiecks abhängt. [...] Seine ungewöhnlichen Ergebnisse überzeugten Saccheri davon, daß er tatsächlich den gewünschten Widerspruch gefunden hatte. [...] Wäre es ihm nicht so sehr darum gegangen, Euklid zu ‹rechtfertigen›, dann wäre er als Entdecker der nichteuklidischen Geometrie in die Geschichte eingegangen.»

Bis hin zu C. F. Gauß, N. I. Lobatschewski (russischer Mathematiker, 1792–1856), J. Bolyai (ungarischer Mathematiker 1802 bis 1860) und Bernhard Riemann (deutscher Mathematiker, 1826–1866) wurde die Geometrie Euklids als die einzig mögliche betrachtet. Diese Mathematiker haben als erste gesehen, daß auch ein System geometrischer Axiome widerspruchsfrei sein kann, das statt des Parallelenaxioms ein dem Parallelenaxiom widersprechendes Axiom enthält. Aus diesen Ansätzen sind die «nichteuklidischen» Geometrien der heutigen Mathematik und Physik entstanden, für die wir einige Realisationen anführen werden.

Wenn Geometrien widerspruchsfrei denkbar sind, die von der euklidischen abweichen, muß gefragt werden, wie die Geometrie unserer Welt beschaffen ist. Carl Friedrich Gauß hat diese Frage wohl als erster gestellt und experimentell zu beantworten versucht – so wird zumindest gesagt. Um möglichen Abweichungen der wirklichen Geometrie von der euklidischen auf die Spur zu kommen, nahm Gauß an, daß Lichtstrahlen als Darsteller der Geraden Euklids dienen können. Wenn das wirklich so ist, müssen Dreiecke mit Lichtstrahlen als Seiten die Winkelsumme 180 Grad aller Dreiecke Euklids besitzen. Die Sage geht, daß Gauß die Gipfel dreier Berge des Harzes – Harzberger Brocken, Hoher Hagen und Inselberg – als Ecken eines Dreiecks zur Erprobung der Möglichkeit einer von der euklidischen abweichenden Geometrie ausgewählt habe. Dazu ließ er angeblich experimentell die drei Winkel ermitteln, welche die Blickrichtungen von jeweils einem Gipfel zu den beiden anderen einschlossen. Weil deren Summe innerhalb der Meßgenauigkeit 180 Grad war, konnte Gauß der Erwartung nicht widersprechen, daß unser Raum euklidisch sei und daß Lichtstrahlen als Darsteller von Geraden dienen können.

Ob Gauß dieses Experiment tatsächlich durchgeführt hat oder ob es ein Gedankenexperiment geblieben ist, weiß ich nicht zu sagen. Hat er es durchgeführt, dann mit dem beschriebenen Resultat. Wir wissen heute nämlich, daß der Raum, in dem wir leben, in der Nähe der Erde zwar gekrümmt ist, aber nicht *so* gekrümmt, daß Gauß mit seinen Instrumenten bei einem *so* kleinen Dreieck eine Krümmung hätte feststellen können.

Wie steht es aber um die Unterstellung von Gauß, daß Lichtstrahlen als Darsteller von Geraden dienen können? Damit sie das können, müssen ihre Stücke die kürzesten Verbindungen von jeweils zwei auf ihnen liegenden Punkten bilden, was unter gewissen Konsistenzbedingungen immer angenommen werden kann. Sind diese Bedingungen erfüllt – eine physikalische Frage! –, ist die Verwendung von Lichtstrahlen als kürzeste Verbindungen möglich und legt die Eigenschaften des Raumes fest. Eine andere Methode zur Festlegung der kürzesten Verbindung von zwei Punkten in einem Raum illustriert die Abb. 45 weiter unten. Bei ihr werden Punkte auf verschiedenen Wegen durch identische kurze Stäbe verbunden. Der Weg von einem Punkt zum anderen, auf dem die wenigsten Stäbe gebraucht werden, ist nach Auskunft dieser Methode ein Stück der Geraden, die durch beide hindurchgeht. Daß eine unbegrenzte[36] Verlängerung eines Geradenstücks im Sinn der jeweiligen Abstandsdefinition – hier durch die Anzahl der Stäbe – zu einer Geraden möglich sei, ist eines der Axiome der Geometrie, das bei vorgeschlagenen Realisationen überprüft werden muß. Natürlich ist es eine physikalische Frage, ob verschiedene Abstandsdefinitionen bei demselben Objekt möglich, eventuell sogar identisch sind. Das muß jedoch nicht so sein und ist bei den beiden hier vorgestellten Abstandsdefinitionen im Fall von Feynmans Modell der heißen Herdplatte sicher nicht so.

Modelle nichteuklidischer Räume

Anstelle des dreidimensionalen Raumes, in dem wir leben und von dem wir feste «euklidische» Vorstellungen haben, wollen wir zweidimensionale gekrümmte Räume diskutieren. Denn diese sind, anders als die dreidimensionalen, der Anschauung zugänglich. Lieber noch wären uns eindimensionale gekrümmte Räume, aber die gibt es nicht – eine gebogene Kurve ist kein gekrümmter Raum, weil es in ihm nur eine Verbindungslinie von zwei Punkten gibt. Wir werden sehen, daß wir nur dann von der Krümmung eines Raumes sprechen können, wenn es in ihm unter unendlich vielen Verbindungen zweier Punkte eine kürzeste Verbindung gibt.

Die zweidimensionalen Räume, die wir diskutieren, dienen uns als Modelle dreidimensionaler Räume und damit auch des Raumes, in dem wir leben. Uns als dreidimensionale Beobachter in unserem dreidimensionalen Raum wollen wir dementsprechend in Gedanken durch zweidimensionale Käfer ersetzen, die in dem jeweiligen Raum leben und keine Ahnung davon haben, daß sie ihn verlassen – abheben – könnten. In der Ebene lebende ebene Käfer, die bereits die Abb. 41a) symbolisch vorgestellt hat, können nicht

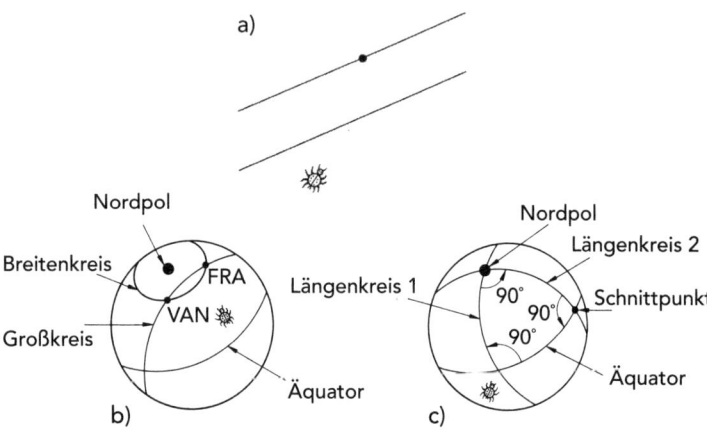

Abb. 42 Der flache Käfer der Abb. 41a ist der Ansicht, die Welt sei eine Ebene – die Ebene, in der er lebt. Er heißt Euklid und hat sich gerade überlegt, daß von allen Geraden durch den Punkt, den er betrachtet, genau eine die andere, durchgezogene nicht schneidet. In der Kugeloberfläche dieser Abbildung lebt der Käfer Nichteuklid. Wie Euklid ist er unendlich dünn, aber nicht flach, sondern der Kugeloberfläche angepaßt. Er hat sie mit uns vertrauten Markierungen überzogen und denkt in a) darüber nach, ob es eine «Gerade» gibt, die jene nicht schneidet, auf der FRA und VAN liegen. Daß alle Großkreise, die «Geraden» der Kugeloberfläche, einander schneiden, veranschaulicht b). Die Winkelsumme in aus Großkreisen als Seiten gebildeten Dreiecken ist stets größer als 180 Grad. In c) ist sie 270 Grad.

in die Richtung loskriechen, die auf ihrer Ebene senkrecht steht; diese Richtung existiert für sie nicht. Genauso gibt es für uns keine «vierte Richtung», die auf den drei in der Zimmerecke aufeinanderstoßenden senkrecht stünde und in die wir losgehen könnten. Analoges gilt auch für die in der Kugeloberfläche der Abb. 42a) und b) lebenden Käfer. Diese sind nicht flach, sondern besitzen die Gestalt winziger Ausschnitte der Oberfläche.

Es ist offensichtlich, welche Gebilde «kürzeste Verbindungen» in der Ebene und in der Oberfläche einer Kugel bilden: die Bona-fide-Geraden in der Ebene sowie die Großkreise in einer Kugeloberfläche. Die «Geraden in der Ebene» müssen wir nicht erläutern, die Großkreise in der Kugeloberfläche vielleicht aber doch. «Großkreise» sind alle Kreise um den Mittelpunkt der Erde in ihrer Oberfläche. Der Äquator bildet einen Großkreis; jeder Längenkreis ebenfalls. Daneben gibt es «schräg liegende» Großkreise wie den, der Frankfurt mit Vancouver in Kanada verbindet. Beide Städte liegen auf demselben Breitenkreis, aber dieser bildet keinesfalls die kürzeste Verbindung von FRA und VAN (Abb. 42a): Wie alle Großkreise, die zwei Städte auf der Erdoberfläche (wo denn sonst?) in ebendieser Oberfläche miteinander verbinden, bildet auch der Großkreis, auf dem FRA und VAN liegen, die kürzeste Verbindung der beiden Städte. Ihm folgen deshalb die Fluglinien – eine Route, die sie weit nach Norden führt.

Als kürzeste Verbindungen zweier Punkte in einer Kugeloberfläche sind die Großkreise die «Geraden» der Käfer, die in ihr leben. Nachsehen lehrt, daß Großkreise mit Ausnahme des Parallelenaxioms alle Axiome Euklids für Geraden in der Ebene erfüllen. Das Parallelenaxiom tatsächlich nicht. Denn offenbar schneidet der Großkreis, auf dem Frankfurt und Vancouver liegen, alle anderen Großkreise, besitzt also keine parallele «Gerade».

Das soll die Abb. 42b verdeutlichen. Die Abbildung zeigt drei Großkreise in der Erdoberfläche: erstens und zweitens zwei Län-

genkreise, drittens den Äquator. Gegeben seien der erste Längenkreis und der Schnittpunkt des zweiten mit dem Äquator. Offenbar schneidet jeder Großkreis durch ihn den vorgegebenen Längenkreis. Der eingezeichnete Groß- und Längenkreis tut das in den
Polen.

Die Kugeloberfläche, die alle Axiome Euklids für die Ebene außer dem Parallelenaxiom erfüllt, ist ein zweidimensionaler gekrümmter Raum. Je größer der Radius einer Kugel, desto weniger
gekrümmt ist ihre Oberfläche. Wenn wir nur kleine Bereiche der
Oberfläche einer großen Kugel betrachten, können wir für alle
praktischen Zwecke ihre Krümmung vernachlässigen. Mit dem
Raum, in dem wir leben, ist es genauso. Ohne Konflikt mit den
Alltagserfahrungen zu bewirken, kann der Raum im Großen sein,
wie er will. Auf der Erdoberfläche müssen Architekten, die Häuser
bauen, nicht beachten, daß die Erde eine Kugel ist. Sie nehmen mit
großem Erfolg an, die Erde sei flach. Auf die Gestalt langer Brü-
cken, Tunnel und Röhrensysteme wirkt sich die Kugelgestalt der
Erde aber aus. Und die Geometrie der Dreiecke, die Flugrouten
bilden, unterscheidet sich deutlich von der flacher Dreiecke.

Anders als die Kugeloberfläche können wir den Raum, in dem
wir leben, nicht «von außen» ansehen und dadurch zu der Feststellung gelangen, daß er gekrümmt ist. Aber es gibt zahlreiche «innere» Eigenschaften, durch die sich verschieden gekrümmte Räume unterscheiden – die Summe der Innenwinkel eines Dreiecks ist
nur eine davon. Der Abb. 42b entnehmen wir, daß Dreiecke in der
Kugeloberfläche die Winkelsumme 270 Grad besitzen können.
Tatsächlich ist die Summe der Innenwinkel von Dreiecken in der
Kugeloberfläche stets *größer* als 180 Grad. Ein Gauß unter den Kä-
fern, die in der Kugeloberfläche (oder der heißen Herdplatte in der
Abb. 45 weiter unten) leben, könnte also durchaus herausfinden,
ob und wie sein Raum gekrümmt ist – allerdings erst nach der
Wahl von Darstellern für die Geraden seines Raumes. Die Abb.

41e hat am Beispiel der Kugeloberfläche gezeigt, daß ein Speer, der in einem gekrümmten Raum parallel zu sich selbst auf einem geschlossenen Weg verschoben wird, nach Abschluß der Prozedur *nicht* in seine Ausgangslage zurückkehrt: Paralleltransport auf geschlossenen Wegen in einem gekrümmten Raum bewirkt im allgemeinen eine Drehung. Auch dies ist eine Konsequenz der Krümmung eines Raumes, die Käfer nachweisen können, ohne ihren Raum zu verlassen.

Ob die Übersetzung der Kugeloberfläche ins Dreidimensionale den Raum, in dem wir leben, annähernd richtig beschreibt, wissen wir nicht. Experimente der letzten beiden Jahrzehnte, deren Ergebnisse noch nicht vollständig verstanden sind, deuten darauf hin, daß der Raum insgesamt und im Mittel flach ist. Es kann hier nur um den Raum gehen, den wir erhalten, wenn wir von lokalen Krümmungen wie den von individuellen Masseansammlungen wie der Sonne oder der Milchstraße erzeugten absehen. Die so gewonnenen Räume zeichnen sich durch hohe Symmetrien aus. Neben dem flachen Raum der Ebene und dem «elliptischen» der Kugeloberfläche kennt die Mathematik einen dritten, «hyperbolischen» Raum, in dem jede Gerade unendlich viele parallele Geraden besitzt. Während nun aber die Kugeloberfläche durch ihre Einbettung in den dreidimensionalen Raum unserer Anschauung sehr einfach geometrisch dargestellt werden kann, bereiten vergleichbare Einbettungen hyperbolischer Räume Schwierigkeiten. Ich will bereits den Versuch unterlassen und weiter unten statt eines hyperbolischen geometrischen Raums Wesen präsentieren, die zwar in einer euklidischen Ebene leben, denen aber die Naturgesetze, die für sie gelten, vorgaukeln, sie lebten in einem hyperbolisch gekrümmten Raum. Wenn nun aber die Naturgesetze, die in einem euklidischen Raum gelten, auf dieselben Erfahrungen führen können, wie sie bereits die Geometrie eines nichteuklidischen Raumes impliziert – wie kann dann jemals aus Erfahrungen auf die

eine oder andere Realität geschlossen werden? Daß das, dem zuvor
Gesagten zum Trotz, unmöglich ist, soll die folgende Parabel von
den zwei Schiffen zeigen.

Zwei Schiffe: Eine Parabel

Zwei Schiffe beginnen ihre Fahrt nebeneinander vom Äquator aus
in Richtung Norden. Wenn ihre Ruder auf «voraus» gestellt bleiben, werden sie einander näher und näher kommen und schließlich – dies ist ein Gedankenexperiment! – am Nordpol zusammen-
stoßen.

Wie selbstverständlich, und zugleich wie sonderbar! Sonderbar
für den Kapitän Poincaré des einen Schiffes, der darauf besteht,
daß die Erdoberfläche eine Ebene ist. Mit ihm können wir uns dieses Näherkommen nur dadurch erklären, daß zwischen den beiden
Schiffen eine geheimnisvolle Kraft, eine Art Schwerkraft, wirkt,
durch die sie einander anziehen. Oder wir könnten versuchen,
Poincaré zu der Meinung des Kapitäns Einstein des anderen Schiffes zu bekehren, daß es eine solche Kraft nicht gibt, sondern daß
das Näherkommen auf der Geometrie der Erdoberfläche beruht –
daß diese nämlich statt flach eine Kugeloberfläche ist.

Hier also zwei Vorstellungen, von denen die eine – die Erde sei
flach und es gebe eine anziehende Kraft zwischen den Schiffen –
offensichtlich falsch, die andere aber – die scheinbare Anziehung
beruhe auf der Kugelgestalt der Erde – offensichtlich richtig ist.
Doch wie steht es um das Universum als Ganzes? Wirkt zwischen
dem Mond und der Erde eine anziehende Schwerkraft der Fliehkraft entgegen und zwingt durch sie den Mond auf seine Bahn um
die Erde? Oder gibt es weder die Schwerkraft noch die Fliehkraft,
sondern statt ihrer nur gekrümmte Räume, in denen die Planeten,

Galaxien und Galaxienhaufen analog zu den Schiffen im Meer ihre
Bahnen ziehen, die innerhalb der jeweiligen Geometrie so gerade
wie überhaupt möglich sind?

Kein Experiment kann entscheiden, welche – und ob überhaupt
eine – dieser beiden dramatisch verschiedenen Vorstellungen «richtig» ist. Denn sie führen auf dieselben beobachtbaren Phänomene.
Die Erde ist hingegen in einen dreidimensionalen Raum eingebettet, so daß wir ihre Oberfläche verlassen und diese von außen betrachten können, was wir per Flugzeug und Satelliten getan haben,
so daß ihre Kugelgestalt nicht angezweifelt werden kann. Um sie
wußten wir aber auch vorher, weil Schiffe hinter dem (dreidimensionalen) Horizont verschwinden und weil die Erde nur als Kugel
in ihre kosmische Umgebung eingebettet gedacht werden kann.
Doch um den Kosmos insgesamt steht es anders. Ihn können wir
uns nicht einmal hypothetisch «von außen» ansehen, so daß wir die
ihn betreffenden Fragen nur «von innen» angehen können.

Unter dieser Einschränkung steht es schlecht um eine experimentelle Unterscheidung der beiden logischen Möglichkeiten
Kraft oder Geometrie. Nehmen wir noch einmal die Kugelgestalt
der Erde, auf deren Oberfläche sich Schiffe und Flugzeuge kräftefrei[37] dann und nur dann bewegen, wenn sie einem Großkreis wie
dem Äquator oder dem Großkreis über Greenwich zum Nordpol
folgen. Ins Kosmologische überhöht, wollen wir mit Albert Einstein nach Möglichkeiten fragen, Bewegungen von Massen auf
krummen Bahnen nicht auf Kräfte, sondern auf Krümmungen des
Raumes zurückzuführen, denen die Massen treulich folgen. Wobei
sie, anders als die Schiffe im Meer, steuernde Krümmungen auch
selbst produzieren.

Die kräftefreie Bewegung der Schiffe auf der Kugeloberfläche der
Erde können wir äquivalent als eine Kräften unterworfene Bewegung in der Ebene beschreiben, indem wir die Kugeloberfläche K
nach dem Vorbild der von Albert Einstein stammenden Abb. 43

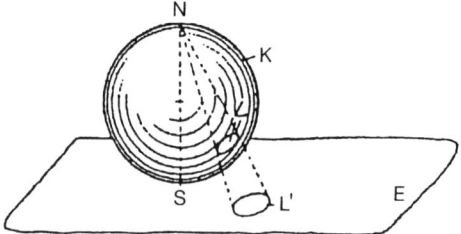

Abb. 43 Die einem Vortrag von Albert Einstein entnommene Figur
erläutert der Text.

auf die Ebene *E* projizieren. Kräfte beeinflussen Abstände, und nur
ihnen wollen wir uns weiterhin widmen. Die Figur entstammt
dem Festvortrag «Geometrie und Erfahrung» [216], den Einstein
am 27. Januar 1921 an der Preußischen Akademie der Wissenschaften zu Berlin hielt, und mit ihm wollen wir uns der Betrachtung der Kugelflächengeometrie zuwenden:

Es sei in der Figur *K* die Kugelfläche, *E* eine sie berührende
Ebene, welche in der Zeichnung zur Erleichterung der Vorstel-
lung als begrenzte Platte angedeutet ist. Es sei ferner *L* ein
Scheibchen auf der Kugelfläche. Wir denken uns nun auf dem
S diametral gegenüberliegenden Punkte *N* der Kugelfläche einen Lichtpunkt angebracht, der von dem Scheibchen *L* auf der
Ebene *E* einen Schatten *L'* wirft. Zu jedem Punkt auf der Kugel
gehört ein Schatten desselben auf der Ebene. Bewegt sich das
Scheibchen auf der Kugel *K*, so bewegt sich auch das Schat-
tenbild *L'* auf der Ebene *E*. Befindet sich das Scheibchen *L* bei
S, so fällt es fast genau mit einem Schatten zusammen. Bewegt
es sich von *S* aus auf der Kugelfläche nach oben, so entfernt
sich der Scheibchenschatten *L'* auf der Ebene von *S* weg auf
der Ebene nach außen und wird dabei immer größer. Nähert

sich das Scheibchen L dem Lichtpunkte S, so wandert der Schatten ins Unendliche und wird dabei unendlich groß.

Wir fragen nun: Welches sind die Lagerungsgesetze der Schattenscheibchen L' auf der Ebene E? Nun, offenbar genau dieselben wie die Lagerungsgesetze der Scheibchen L auf der Kugelfläche. Denn es entspricht jeder Originalfigur auf K eine Schattenfigur auf E. Berühren sich zwei Scheibchen auf K, so berühren sich auch ihre Schatten auf E. Die Schattengeometrie auf der Ebene stimmt überein mit der Scheibchengeometrie auf der Kugel. [...] Insbesondere ist die Ebene in bezug auf die Scheibchenschatten endlich, da die Schatten nur in endlicher Zahl auf der Ebene Platz finden können.

Nun wird man sagen: «Das ist Unsinn; die Scheibchenschatten *sind* eben keine starren Figuren. Wir brauchen ja nur einen Maßstab auf der Ebene E zu verschieben, um uns davon zu überzeugen, dass die Schatten immer größer werden, wenn sie von S aus auf der Ebene nach dem Unendlichen wandern.» Wie aber, wenn sich auf der Ebene E die Maßstäbe ähnlich verhielten wie die Schattenscheibchen L'? Dann wäre es nicht mehr zu konstatieren, dass die Schatten bei Entfernung von S aus wachsen; dann hätte diese Aussage überhaupt keinerlei Sinn mehr. Überhaupt ist das einzige, was sich über die Schattenscheibchen objektiv aussagen lässt, eben das, dass sie sich geometrisch genau so verhalten wie starre Scheibchen auf der Kugelfläche im Sinne der euklidischen Geometrie.

Es ist wohl zu überlegen, dass unsere Aussage vom Wachsen der Scheibchenschatten bei der Entfernung von S nach dem Unendlichen an sich keine objektive Bedeutung hat, solange wir keine euklidisch starren Körper, die auf E *verschiebbar* sind, zum Vergleich heranziehen können. In Bezug auf die Lagerungsgesetze der Schatten L' ist der Punkt S auf der Ebene ebensowenig bevorzugt wie auf der Kugelfläche.

Nach Einsteins Figur als Vorbild können wir die kräftefreie Bewegung eines Schiffes entlang einem Großkreis auf eine Ebene projizieren und finden, daß ihr Bild keine kräftefreie Bewegung in der Ebene ist – keine Bewegung also auf einer Geraden mit konstanter Geschwindigkeit. Beispielsweise ist das Bild des Äquators, eines Großkreises, auch in der Ebene ein Kreis. Folglich braucht es Kräfte, um das Abbild eines den Großkreis Äquator kräftefrei befahrenden Schiffes in der Ebene auf seine Bahn zu zwingen – Kräfte, die zu der Geometrie der Kugeloberfläche äquivalent sind: In der Ebene treten Kräfte an die Stelle von Krümmungen.

Käfer auf einer heißen Herdplatte, die sich mit ihrem Beiwerk bei zunehmenden Temperaturen ausdehnen und bei sinkenden zusammenziehen, ansonsten aber temperaturunempfindlich sind, können als Modelle physikalischer Systembestandteile dienen, deren Größe von außen gesehen von ihrer Position abhängt. Und zwar so, daß die geometrischen Aussagen der Käfer mit denen ihrer Urbilder übereinstimmen: Würde die Ebene E der Abb. 43 von innen nach außen kreisförmig immer heißer, so daß die Abmessungen des Flecks dorthin so zunähmen, wie die Figur es will, würden die Kräfte der Wärme zu geometrischen Aussagen in der Ebene führen, die mit denen ihrer Urbilder in der Kugeloberfläche übereinstimmten.

Richard P. Feynman hat in seinen berühmten Physikvorlesungen den umgekehrten Fall der nach außen abnehmenden Temperaturen einer heißen Herdplatte durchdekliniert. Und zwar als Echo eines Essays des französischen Mathematikers, Physikers und Philosophen H. Poincaré (1854–1912), der in *Wissenschaft und Hypothese* [215] die Unterscheidbarkeit euklidischer «ebener» und nichteuklidischer «gekrümmter» Weltmodelle so verworfen hat:

Was soll man von der folgenden Frage denken: Ist die Euklidische Geometrie richtig? Die Frage hat keinen Sinn. Ebenso könnte man fragen, ob das metrische System richtig ist und die älteren Systeme falsch sind. Wir wollen uns z. B. eine in eine große Kugel eingeschlossene Welt denken, welche folgenden Gesetzen unterworfen ist: Die Temperatur ist darin nicht gleichmäßig, sie ist im Mittelpunkt am höchsten und vermindert sich in dem Maße, als man sich von ihm entfernt, um auf den absoluten Nullpunkt herabzusinken, wenn man die Kugel erreicht, in der die Welt eingeschlossen ist. [...] Sei R genauer der Halbmesser der begrenzenden Kugel, sei r die Entfernung des betrachteten Punktes vom Mittelpunkt dieser Kugel, dann soll die absolute Temperatur proportional zu $R^2 - r^2$ sein. Endlich setze ich voraus, dass ein Objekt, welches von einem Punkt nach einem anderen mit verschiedener Temperatur übertragen wird, sich sofort ins Wärme-Gleichgewicht mit seiner neuen Umgebung setzt. Nichts ist in dieser Hypothese widerspruchsvoll oder undenkbar. Ein bewegliches Objekt wird also immer kleiner in dem Maße, wie es sich der begrenzenden Kugel nähert. Beachten wir vor allem, dass diese Welt ihren Einwohnern unbegrenzt erscheinen wird, wenn sie auch vom Gesichtspunkte unserer gewöhnlichen Geometrie aus als begrenzt gilt. Wenn diese Einwohner sich der begrenzenden Kugel nähern wollen, kühlen sie ab und werden immer kleiner. Die Schritte, welche sie machen, sind also auch immer kleiner, sodass sie niemals die begrenzende Kugel erreichen können.

Die von dem niederländischen Graphiker M. C. Escher (1892 bis 1972) inspirierte Abb. 44 ist eine computerkünstlerische Darstellung einer solchen Welt. Feynmans Käfer der Abb. 45 verfügen über Stäbe, die nebeneinandergelegt gleich lang – besser: gleich kurz – sind. Sie leben auf einer Herdplatte mit von innen nach außen abnehmender Temperatur. Die Abmessungen aller Körper auf

Abb. 44 Wie die Wesen Poincarés und Feynmans (Abb. 45) werden die Engel und Teufel dieser Computerzeichnung von Douglas Dunham um so kleiner, je näher sie dem Rand ihrer Welt kommen.

der Herdplatte, Stäbe und Käfer eingeschlossen, sollen von uns aus gesehen so von der Temperatur abhängen, daß sie bei höherer Temperatur größer sind als bei niedriger; die Stäbe also mit zunehmender Temperatur länger werden. Die Käfer definieren wir wie die Verbindungsgerade zweier Punkte *A* und *B* als den kürzesten Weg von einem zum andern. Die Länge eines Weges ist für sie identisch mit der Zahl der Stäbe, die sie auf ihm hintereinander legen können. Da nun aber, so sagen wir, die Länge der Stäbe zur heißen Mitte hin zunimmt, brauchen die Käfer von *A* nach *B* auf einem Weg, der von unserer geraden Linie in diese Richtung abweicht, weniger Stäbe als auf ebendiesen geraden Linien – die Geraden der Käfer als ihre kürzesten Linien sind von uns aus gesehen zur Mitte hin verbogen (Abb. 45a). Die Geometrie, die sie betreiben, bedient sich selbstverständlich ihrer eigenen, durch die Stablänge definierten Geraden – so daß ihre «Winkelsumme im Dreieck» kleiner ist als die 180 Grad unserer Schulmathematik (Abb. 45b).

Laut Einsteins Allgemeiner Relativitätstheorie würden unsere «Geraden» von «außen» so krumm aussehen wie die «Geraden» der Käfer auf ihrer Herdplatte. Wir haben die Freiheit, dies auf eine Krümmung des Raumes, in dem wir leben, zurückzuführen oder aber anzunehmen, daß die Naturgesetze so beschaffen sind, daß sie

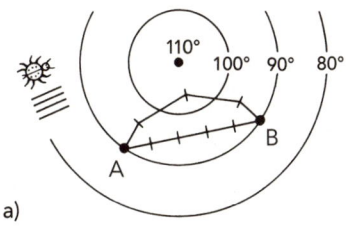

a)

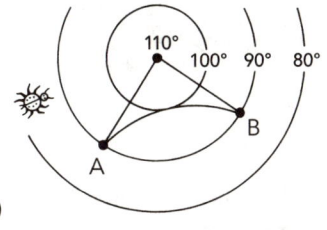

b)

Abb. 45 Die Konstruktionen
des Käfers auf einer heißen
Herdplatte beschreibt der Text.

in einem euklidischen Raum die der Krümmung des vermeintlichen Raumes entsprechenden Verkürzungen oder Streckungen von Maßstäben bewirken. Wobei sich selbstverständlich kein Widerspruch zu anderen, durch die Naturgesetze als legitim unterstellten Abstandsdefinitionen, zum Beispiel durch Lichtstrahlen, ergeben darf. Übrigens muß, um die Krümmung des Raumes sinnvoll zu beschreiben, die Zeit als vierte Dimension einbezogen werden. Aber das ist nicht unser Thema.

Die Geometrie einer rotierenden Scheibe

Die Auswirkungen der Speziellen Relativitätstheorie auf kürzeste Verbindungen in einem rotierenden, also beschleunigten Bezugssystem zeigt die aus *Mr. Tompkins seltsame Reise durch Kosmos und Mikrokosmos* [73] übernommene Abb. 46. Wie in der Abb. 45 sol-

Abb. 46 «Experimente auf einer rotierenden Scheibe führen zu Überraschungen» – dieser Bildunterschrift in George Gamovs Buch *Mr. Tompkins seltsame Reise durch Kosmos und Mikrokosmos* [73], dem sie entnommen wurde, können wir nur zustimmen.

len auch hier die kürzesten Verbindungen von Punkten durch Hintereinanderlegen von Stäben, die nebeneinandergelegt gleich lang sind, ermittelt werden. In diesem Beispiel hängt jedoch die Länge eines Stabes nicht nur davon ab, wo er sich befindet, sondern auch, wie er ausgerichtet ist. Das demonstrieren die Forscher No. 3 und No. 4 rechts in der Abbildung. Die einwärts gerichteten Stäbe von No. 3 stehen senkrecht auf der Bewegungsrichtung der Scheibe an ihren Orten und erleiden deshalb nach den Regeln der Speziellen Relativitätstheorie keine Längenkontraktion. Auf die tangential ausgerichteten Stäbe von No. 4 wirkt sich hingegen die Längenkontraktion voll aus – und zwar um so mehr, je weiter außen sie sich befinden. Denn dort bewegt sich die Scheibe schneller als innen. Deshalb benötigen die Forscher No. 1 und No. 2 auf den Wegen, die uns die kürzesten zu sein scheinen, *mehr* Stäbe zur Verbindung zweier Punkte als auf Wegen, die nach innen ausweichen. Wie in der Abb. 45b ist auch hier offenbar die Winkelsumme im Dreieck *kleiner* als 180 Grad.

Die Einheit der Physik

Den Heiligen Gral der Physik bildet die endgültige große, alles umfassende Theorie namens TOE (für *Theory Of Everything*, ihre englische Bezeichnung). Sie selbst muß unbeschränkt konsistent sein, aber ihre Bauteile, die wir heute kennen, sind das für sich genommen nicht. Nehmen wir die Allgemeine Relativitätstheorie. Sie bildet sicher einen Bauteil der TOE – die Theorie nämlich, die aus der TOE entsteht, wenn diese auf räumlich große Systeme angewendet wird, deren Verhalten allein durch die Raumkrümmung bestimmt wird. In derartigen Teilbereichen – einem Planetensystem zum Beispiel – ist die Allgemeine Relativitätstheorie korrekt und konsistent. Nehmen wir zweitens die Quantenmechanik. Sie hat ihre eigenen Interpretationsprobleme, auf die wir im nächsten Kapitel eingehen werden, ist aber nach unserem heutigen Wissensstand konsistent und korrekt für Systeme, für deren Verhalten die Raumkrümmung irrelevant ist. Das sind in der Regel – bei nicht allzu großer Dichte, die im gegenwärtigen Universum nur in der Nähe von Schwarzen Löchern auftritt – «kleine» Systeme.

Quantenmechanik vs. Allgemeine Relativitätstheorie

Eine konsistente, praktisch anwendbare Theorie, welche die Allgemeine Relativitätstheorie mit der Quantenmechanik vereinigte, kennen wir bis heute nicht. Deshalb versagt bei Systemen, die keinem der beiden Teilbereiche ganz angehören, die Methode der Theoretischen Physik bereits im Ansatz. Bei Fragestellungen dieser Art ist der Physiker auf Methoden angewiesen, die mehr den Gedankenexperimenten als der eigentlichen Theoretischen Physik ähneln. Kann aber eine Frage durch und nur durch ein Zusammenspiel von Einsichten aus beiden Theorien beantwortet werden, ist dies ein starker Hinweis auf die Einheit der Physik – darauf nämlich, daß eine umfassend konsistente TOE möglich ist und daß die Grundideen der Allgemeinen Relativitätstheorie und der Quantenmechanik von ihr respektiert werden. Das frühe Universum mit seiner dicht zusammengedrängten Materie bildet offenbar ein System, dessen Verständnis den Beitrag sowohl von der Allgemeinen Relativitätstheorie als auch von der Quantenmechanik erfordert. Denn um dicht zusammengedrängte Materie zu verstehen, müssen sehr kleine Bereiche betrachtet werden, und dazu braucht es die Quantenmechanik. Diese reicht jedoch nicht aus, weil das Verhalten dichtgedrängter Materie durch die Schwerkraft, die von ihr ausgeht, wesentlich mitbestimmt wird. Zum Verständnis ist also auch die Raumkrümmung und damit deren Theorie, die Allgemeine Relativitätstheorie, erforderlich.

Auf die Einheit der Physik weisen also Gedankenexperimente hin, die von einer Inkonsistenz ausgehen, die nur die eine oder die andere Sphäre der heutigen Theoretischen Physik befallen zu haben scheint, dennoch aber durch und nur durch Hinzuziehung der jeweils anderen Sphäre behoben werden kann. Zwei derartige Gedankenexperimente schildert dieses Kapitel.

Schwarze Löcher – klassisch

Gegeben sei – erstens – ein Schwarzes Loch. Um sprachlicher Verwirrung vorzubeugen: Wie ursprünglich konzipiert, ist ein Schwarzes Loch *kein* schwarzer Strahler, der eine seiner Temperatur entsprechende «schwarze» Wärmestrahlung abgibt, sondern ein Gebilde, das nach einigen Vereinfachungen, die wir vornehmen wollen – es sei elektrisch ungeladen und drehe sich nicht –, überhaupt keine Kunde von seiner Existenz gibt außer durch die Schwerkraft, die von ihm ausgeht und mit der es andere Objekte im Weltraum anzieht. Es hat, so ein populärer Ausdruck hierfür, «keine Haare». Was auch immer in einem Schwarzen Loch verschwindet, hinterläßt keine Spur außer der Erhöhung der Masse des Schwarzen Loches, die das Hineinfallen bewirkt: Das Schwarze Loch wird durch Aufnahme etwelcher Massen schwerer und größer, das ist alles. Wobei wir angenommen haben, daß es auch in seinem neuen Zustand unseren Vereinfachungen genügt. Denn ob ein Hund oder eine Riesenbratwurst mit der Masse des Hundes in das Schwarze Loch abgesenkt wird, wirkt sich auf dessen neuen Zustand nicht aus.

Die orthodoxe, bereits durch die Newtonsche Mechanik begründbare Auffassung über Schwarze Löcher ist die, daß diese zwar alles mögliche aufnehmen, aber nichts abgeben können. Im Zwischenreich von Allgemeiner Relativitätstheorie und Quantenmechanik schwebte von vornherein natürlich die Frage, wie ein Schwarzes Loch zwar seine Schwerkraftsfühler in den Weltraum hinaus ausstrecken, nicht aber die Teilchen der Schwerkraft, die Gravitonen, aussenden könne. Wir wollen uns zunächst die nichtquantenmechanischen Argumente dafür ansehen, daß es Objekte mit solchen Eigenschaften geben kann, dann zweitens den grundsätzlichen Widerspruch der Existenz derartiger Objekte zu den Grundsätzen der Thermodynamik und/oder der Statistischen Mechanik erläutern und drittens die Aufhebung des Widerspruchs durch die Quantenmechanik darstellen. Eine Frage, die nur die Quantenmechanik in der Nähe eines Schwarzen Loches betrifft, bleibt allerdings offen: Ist die Information darüber, was in ein Schwarzes Loch hineinfällt, über die Masseninformation hinaus für immer verloren, oder kann sie wieder zum Vorschein kommen? Zu dieser immer noch kontroversen[38] Frage [104] hat das vorliegende Buch nichts zu sagen.

Was also ist ein Schwarzes Loch? Ein Schwarzes Loch der klassischen, nichtquantenmechanischen Physik ist eine so große Massenkonzentration, daß nichts, nicht einmal Licht, das Raumgebiet, in dem sich die Massenkonzentration befindet, gegen den Widerstand der von ihr ausgehenden Schwerkraft verlassen kann. Ohne Berücksichtigung der Quantenmechanik kann ein Schwarzes Loch Materie und Strahlung zwar aufnehmen, aber nicht abgeben. Der äußere Begrenzungsrahmen heißt der Horizont des Schwarzen Lochs. Dieser ist unter unseren vereinfachenden Annahmen eine Kugelschale, innerhalb deren sich das Schwarze Loch befindet und die das Gebiet, aus dem Entkommen unmöglich ist, nach außen begrenzt.

Wegen der Stärke der Schwerkraft – der großen Raumkrümmung – in ihrer Nähe sind Schwarze Löcher Objekte der Allgemeinen Relativitätstheorie. Aber bereits Newtons Mechanik und Einsteins Spezielle Relativitätstheorie ermöglichen zusammengenommen ihre Existenz. Gegeben sei nämlich eine in einem Raumgebiet konzentrierte kugelförmige Masse – etwa die Erde. Ein Stein, der von ihrer Oberfläche aus nach oben geworfen wird, fällt auf sie zurück. Dasselbe gilt für eine Gewehrkugel, die senkrecht nach oben geschossen wird. Sie fliegt, da ihre Anfangsgeschwindigkeit größer ist, höher als der Stein: Je größer die Geschwindigkeit, mit der ein Objekt nach oben abgeschossen und dann sich selbst überlassen wird, desto höher fliegt es. Von der Luftreibung sehe ich ab. Wenn das Objekt umkehrt, ruht es im Übergang vom Steigen zum Fallen einen Augenblick. Dann ist seine ganze Energie, die es als Bewegungsenergie mitbekommen hat, Lageenergie im Schwerefeld der Erde. Also ist die Höhe, bis zu der ein Objekt im Schwerefeld der Erde von ihrer Oberfläche aus aufsteigt, von der Masse des Objektes unabhängig – denn beide, die Bewegungsenergie am Anfang und die Lageenergie bei der Umkehr, sind zur Masse des Objektes proportional. Also kann die Steighöhe nur von dem einzigen anderen Parameter des Wurfes von der Erdoberfläche aus senkrecht nach oben abhängen – von der Geschwindigkeit, die das Objekt besaß, als es sich selbst überlassen wurde. Ist diese mindestens gleich der mit Recht so genannten Fluchtgeschwindigkeit der Erde von 11,2 Kilometer pro Sekunde, kann das Objekt deren Schwerefeld verlassen und in den Weltraum entweichen; sonst nicht. Wird die Masse innerhalb der Erdoberfläche erhöht, wächst offenbar die Fluchtgeschwindigkeit – bis hin zur Lichtgeschwindigkeit. Dann spätestens kommt die Spezielle Relativitätstheorie ins Spiel: Da kein Objekt eine größere Geschwindigkeit annehmen kann als die Lichtgeschwindigkeit – ein massives Objekt nicht einmal sie! –, kann auch keines das Schwerefeld einer Massenkonzentration verlassen, deren Fluchtgeschwindigkeit an ihrer Oberfläche größer ist als die Lichtgeschwindigkeit – die Masse selbst bildet dann ein Schwarzes Loch, die Oberfläche dessen Horizont.

Ich habe bereits gesagt, daß kein Beobachter außerhalb des Horizontes eines Schwarzen Loches in Erfahrung bringen kann, wie dessen Masse tatsächlich hinter dem Horizont verteilt ist. Die Masse muß nur ganz in der Kugelschale mit dem Radius R enthalten sein, die den Horizont bildet. Zur Vereinfachung und um mit einem bereits Newton bekannten Naturgesetz auszukommen nehme ich an, daß die Masse M des Schwarzen Loches im Innern des Horizontes kugelsymmetrisch verteilt ist. Ich nenne r den Radius der kleinsten Kugel, in der M ganz enthalten ist, wobei offensichtlich r nicht größer als R sein kann. Das Naturgesetz besagt nun, daß die Schwerkraft, die von der Massenkugel im Abstand R von ihrem Mittelpunkt ausgeht, nur von M selbst, insbesondere also nicht von r, abhängt. Dieses Naturgesetz hat es Newton ermöglicht, bei seiner Berechnung der Bewegungen im Sonnensystem die Himmelskörper durch Massenpunkte zu ersetzen.

Wenn also von einem Schwarzen Loch außerhalb seiner nichts beobachtet werden kann als die Schwerkraft, die von ihm ausgeht, ist es für einen außenstehenden Beobachter unmöglich, den Wert von r zu ermitteln. Mehr noch: Beobachter außerhalb des Horizontes eines Schwarzen Loches können auf keine Art und Weise feststellen, was sich in ihm befindet – ob es zum Beispiel dort einen Hund oder statt seiner eine Katze mit der Masse des Hundes gibt und wie die Quelle der Schwerkraft genau aussieht. So kann diese genausogut aus fein verteilter Materie bestehen wie auch eine winzige Kugel um den Mittelpunkt des Horizontes bilden. Würden die Beobachter einen der Ihren durch den Horizont als Kundschafter fallen lassen, könnte er zwar erfahren, wie es weiter drinnen aussieht, aber er könnte es ihnen nicht mitteilen, weil er kein Signal nach außen senden, geschweige denn zurückkehren könnte.

Ein von dem britischen Mathematiker Roger Penrose (geb. 1931) im Jahr 1964 bewiesenes Theorem besagt, daß die ganze hinter dem Horizont eines Schwarzen Loches verborgene Masse mitsamt dem dort eingedrungenen Kundschafter im Laufe der Zeit zu einem Massenpunkt bzw. einer «Singularität» zusammenschrumpft. Dies *können* wir von dem Innern eines Schwarzen Loches wissen, und vielleicht auch aufgrund der Vorgeschichte, wann und wie dies geschehen wird – nicht aber durch direkte Beobachtungen hinter dem Horizont des Schwarzen Loches.

Um zu zeigen, daß auch Licht das Schwerefeld eines Schwarzen Loches nicht verlassen kann, muß unser für massive Objekte geltendes Argument modifiziert werden. Denn Licht bewegt sich *im-*

mer mit der Lichtgeschwindigkeit. Beim Aufsteigen gegen das Schwerefeld kommt es also nicht zur Ruhe, wird aber dadurch, daß es Energie verliert, langwelliger – mit demselben Ergebnis am Ende: Auch Licht kann das Schwerefeld eines Schwarzen Loches nicht verlassen.

Schwarze Löcher und Thermodynamik

Soweit die Beschreibung der klassischen Schwarzen Löcher ohne Berücksichtigung der Quantenmechanik. Bei allen aber, die einen Kurs in Thermodynamik und/oder Statistischer Mechanik besucht – oder gar gelehrt! – haben, müssen bei der Behauptung, es könne Objekte mit den Eigenschaften der Schwarzen Löcher geben, die Alarmglocken schrillen. In eklatantem Widerspruch zur Thermodynamik steht, daß einem Schwarzen Loch, wenn überhaupt eine Temperatur, nur die Temperatur «absolut Null» zugeschrieben werden kann. Denn alle Körper mit einer endlichen Temperatur geben eine für diese Temperatur charakteristische Wärmestrahlung ab. Nicht aber, und selbstverständlich nicht, ein klassisches Schwarzes Loch: Dieses gibt überhaupt nichts ab, also auch keine Wärmestrahlung. Daher kann es nur die Temperatur absolut Null besitzen. Doch diese ist nach Auskunft der Thermodynamik unerreichbar. Ihr können Objekte zwar beliebig nahekommen, aber aktuell auftreten kann sie nicht. Gedankenexperimente, auf die ich nicht eingehen will, zeigen, daß klassische Schwarze Löcher wie andere Objekte mit der Temperatur absolut Null es ermöglichen würden, Wärmeenergie vollständig in mechanische Energie umzuwandeln, indem das fragliche Objekt als Senke für die Wärmeenergie benutzt wird. Das widerspricht zwar nicht den Formeln der Thermodynamik, wohl aber ihrem Geist. Sieht man davon als

mögliche Marotte der Thermodynamik ab, bleibt doch die
Schwierigkeit, daß ein Schwarzes Loch auch durch Energieauf-
nahme nicht wärmer werden, also mit seiner Umwelt nicht in
Thermisches Gleichgewicht eintreten kann. Befindet sich ein Körper mit endlicher Temperatur in der Nachbarschaft eines klassischen Schwarzen Loches und ist das Universum ansonsten leer,
gibt der Körper fortwährend Wärmestrahlung ab, die das Schwarze
Loch aufnimmt, ohne selbst wärmer zu werden. Dabei wird der
Körper kälter und kälter, erreicht jedoch nie die unveränderliche
Temperatur absolut Null seines Partners. Das Schwarze Loch hingegen wächst, dadurch daß es die ihm zufließende Energie aufnimmt, an Masse und mit ihr sein Radius und die Oberfläche seines Horizontes. Daß mit der Masse eines Schwarzen Loches auch
der Radius seines Horizontes wächst, ist selbstverständlich, weil die
von einem schwereren Körper ausgehende Schwerkraft stärker und
damit seine Fluchtgeschwindigkeit erst in größerer Entfernung auf
die Lichtgeschwindigkeit abgesunken ist.

Die mit einem klassischen Schwarzen Loch verbundenen Seltsamkeiten treten auch dann deutlich hervor, wenn statt der Temperatur die Entropie betrachtet wird. Entropie ist das Maß für die
Unordnung eines physikalischen Systems. Je geringer dessen Ordnung, desto größer seine Entropie. Prozesse, deren Beschreibung
zahlreiche Variablen erfordert und die zu vermehrter Ordnung
oder, dieselbe Sache, zu verminderter Entropie führen würden,
sind praktisch unendlich unwahrscheinlich und treten nicht auf.
Die klassischen Schwarzen Löcher aber würden, wenn es sie denn
geben könnte, im Gedankenexperiment die Möglichkeit eröffnen,
die durch einen «normalen» Prozeß ohne ihre Beteiligung ver-
mehrte Unordnung wegzuschaffen – dadurch nämlich, daß das System mit der vermehrten Unordnung in das Schwarze Loch hin-
eingeworfen würde. Dadurch würde zwar die Masse des Schwarzen
Loches wachsen. Ansonsten aber würde es weiterhin seine Bahn

durch den Kosmos ziehen, Strahlung ohne Wiederkehr aufnehmen – und ebendadurch die Entropie des Universums vermindern. Seinem Doktoranden Jakob Bekenstein hat John Archibald Wheeler 1970 sein Befremden über diesen Sachverhalt so mitgeteilt ([198], S. 227):

> Eines Nachmittags [...] erzählte ich Bekenstein von dem Unbehagen, das ich immer verspüre, wenn eine Tasse mit heißem Tee Wärmeenergie mit einer Tasse mit kaltem Tee austauscht. Indem ich diesen Wärmeaustausch erlaube, ändere ich nichts an der Energie des Universums, ich erhöhe aber dessen mikroskopische Unordnung, seinen Informationsverlust, dessen Entropie. [...] Die Folgen meiner bösen Tat bestehen bis zum Ende aller Zeiten, Jakob. [...] Wenn aber ein Schwarzes Loch vorbeisaust und ich die Teetassen hineinwerfe, kann ich mein Vergehen vor aller Welt verbergen. Das ist doch seltsam!

Durch das Versenken der beiden Tassen in das Schwarze Loch hinein würde Wheeler natürlich nicht nur seine «böse Tat» (besser: Tatenlosigkeit) vertuschen, sondern auch die Information vernichten, die jene Tassen noch repräsentieren – daß sie zum Beispiel wärmer sind als ihre Umgebung. Das Vertuschen seiner Tat ermöglicht ihm das Schwarze Loch ja gerade dadurch, daß es mit Ausnahme der Masse (und weniger anderer Größen wie der elektrischen Ladung, die wir aber nicht betrachten) alle Information darüber vernichtet, was es aufgenommen hat. Ihm gilt es gleich, ob ihm zwei Tassen mit lauwarmem Tee oder je eine mit heißem und kaltem überantwortet wurden. Das Schwarze Loch ist der größte vorstellbare Alleszermalmer (Abb. 47). Dies auch dann, wenn es, wie wir heute wissen, selbst eine Entropie besitzt und die Unordnung, die es repräsentiert und irreversibel bei der Aufnahme etwelcher Objekte gewonnen hat, in der Form von Wärmestrahlung wieder in die Welt entläßt. Durch diesen Prozeß vermehrt sich nicht nur die Un-

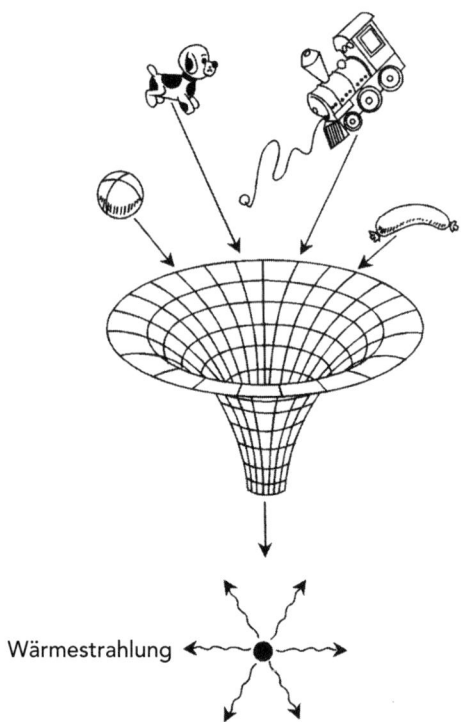

Abb. 47 Das Schwarze Loch ist eine höchst effektive Maschine zur Vernichtung von Information. Wie ein Aktenvernichter Streifen, erzeugt es aus beliebigen Vorlagen am Ende Wärmestrahlung. Die kontroverse Frage, ob die vom Schwarzen Loch geschluckte Information vielleicht doch verborgen und nicht vernichtet wird, haben wir ausgespart.

ordnung in der Welt, das Schwarze Loch selbst wird heißer und heißer, bis es am Ende explodiert. Daß dieses Buch zu der kontroversen Frage, ob Schwarze Löcher Information vernichten oder nur verbergen, nichts zu sagen weiß, wurde bereits erwähnt. Geht die Information tatsächlich verloren oder nur scheinbar? Deshalb nämlich, weil wir die (dann nur vermeintliche) Wärmestrahlung nicht genau genug untersuchen können? Oder explodieren Schwarze Löcher am Ende doch nicht durch heißeste Wärmestrahlung, sondern hinterlassen die in ihnen im Einklang mit der Quantenmechanik aufgegangene Information in faßbarer Form – als Quasi-Elementarteilchen oder deren Zerfallsprodukte? Wir wissen es nicht.

Prozesse, durch die ein klassisches Schwarzes Loch eine Erhöhung der Ordnung im Universum bewirken würde, sind ebenfalls leicht vorstellbar – und diese wollte Wheeler wohl durch sein Teetassenbeispiel illustrieren. Nehmen wir die Bildung eines Sterns: Materie stürzt zusammen, wird heißer und heißer, so daß schließlich im Innern des sich bildenden Sterns Atomkerne verschmelzen. Dadurch wird die Ordnung im Innenraum erhöht, die im Außenraum vermindert. Denn der Außenraum nimmt die Abwärme auf, so daß in ihm die Unordnung wächst, und zwar so sehr, daß bei der Bildung des Sterns insgesamt die Unordnung zunimmt – wie es sein muß. Derselbe Prozeß mit einem klassischen Schwarzen Loch kann im Gedankenexperiment so gelenkt werden, daß das Schwarze Loch die bei dem Prozeß entstehende Wärmestrahlung davonträgt, ohne eine andere Eigenschaft als seine Masse geändert zu haben: Mit der Wärmestrahlung hat das Schwarze Loch auch deren Entropie ohne Wiederkehr aufgenommen, so daß am Ende die Entropie des Universums durch die Bildung des Sterns vermindert wurde – was nicht sein kann.

Bekenstein, den Wheeler zutiefst rechtschaffen nennt, wollte Wheelers Vertuschen dadurch unmöglich machen, daß er auch dem Schwarzen Loch eine Entropie zuschrieb. Sie ist, so Bekenstein, zur Oberfläche des Horizontes des Schwarzen Loches proportional. Vor allem können beide, die Entropie der Thermodynamik und die Oberfläche eines klassischen Schwarzen Lochs, nur wachsen oder gleichbleiben. Nur wachsen oder gleichbleiben können zwar auch die Masse und der Radius der Oberfläche eines klassischen Schwarzen Loches, aber die Oberfläche zeichnet vor ihnen aus, daß sie in allen für sie geltenden Gleichungen so auftritt wie die Entropie in den ihren. Indem wir dies sagen, verlassen wir den Bereich der Gedankenexperimente und betreten die Tabuzone der theoretischen Physik. Plausibel ist wieder die Definition der Entropie eines Schwarzen Loches – also der Unordnung, die es repräsentiert – über die Zahl der Prozesse, durch die es entstanden sein kann. In der Tabuzone treffen wir dann den Beweis an, daß die Oberfläche des Horizontes eines Schwarzen Loches eine Maßzahl für seine Entropie, wenn so definiert, darstellt. Im Gefolge der Entropie konnte den Schwarzen Löchern auch eine Temperatur zugeschrieben werden, die alle von einer thermodynamischen Temperatur zu erwartenden formalen Eigenschaften besitzt.

All dies war um 1970 unumstritten. Sollte es aber mehr als eine Analogie bedeuten, mußte es möglich sein, einem Schwarzen Loch nicht nur eine von Null verschiedene Zahl namens Temperatur zuzuordnen, sondern diese mußte auch *von außen* meßbar sein. Denn besitzt ein Körper eine von absolut Null verschiedene Temperatur, dann geht von ihm eine durch die Temperatur eindeutig festgelegte Wärmestrahlung aus, und die kann außerhalb seiner nachgewiesen werden. Wie aber das, wenn Schwarze Löcher nicht strahlen können? Woher kommt dann die Wärmestrahlung?

Schwarze Löcher gaben und geben uns zweierlei Rätsel auf. Unklar ist erstens die Beschaffenheit ihres Inneren. Dazu hat dieses Buch nichts zu berichten, das über das bereits erwähnte Singularitäts-Theorem von Roger Penrose hinausginge. Zweitens gibt uns die Außenansicht Schwarzer Löcher Rätsel auf. Den Weg zur Lösung des größten von ihnen, daß nämlich mit Hilfe klassischer Schwarzer Löcher Theoreme der Thermodynamik und/oder der Statistischen Mechanik in Gedankenexperimenten verletzt werden können, hat 1974 Stephen Hawking durch seinen Artikel «Black

Hole Explosions?» [103] in der britischen Wissenschaftszeitschrift *Nature* gewiesen. Zur Aufhebung des Widerspruchs zwischen den Eigenschaften Schwarzer Löcher und der Statistischen Physik reicht es aus, so Hawking, die Quantenmechanik heranzuziehen. Diese ermöglicht es einem Schwarzen Loch nicht nur, Wärmestrahlung einer bestimmten, übrigens zum Kehrwert seiner Masse proportionalen, Temperatur abzugeben, sondern erzwingt das sogar.

Wenn wir in Gedanken ein Schwarzes Loch in die Welt setzen, müssen wir fragen, wie sich seine Anwesenheit auf den Raum und dessen Inhalt in der Umgebung des Horizontes des Schwarzen Loches auswirkt. Und das ist eine Frage nicht nur an die Allgemeine Relativitätstheorie, sondern auch an die Quantenmechanik. Schwarze Löcher krümmen den Raum, haben aber laut Allgemeiner Relativitätstheorie keinen weitergehenden Einfluß auf ihn. Die Quantenmechanik erzwingt in kleinen Bereichen Fluktuationen: Teilchen kommen und gehen – und von diesen verlassen einige durch den für die Quantenmechanik typischen Tunneleffekt den Einflußbereich des Schwarzen Loches. Dies getan, treten sie außerhalb des Horizontes des Schwarzen Loches als Wärmestrahlung auf. Nahezu sicher ist auch, daß die in kleinen Bereichen fluktuierenden Teilchen auf den Raum selbst zurückwirken, so daß dessen Natur nicht *allein* durch die Allgemeine Relativitätstheorie festgelegt ist. Aber hier beginnt die Domäne der noch unbekannten vereinigten Theorie von Quantenmechanik und Allgemeiner Relativitätstheorie, so daß wir nichts Sicheres sagen können.

Unschärferelationen und Vakuumfluktuationen

Auftritt der Quantenmechanik. Ihre Objekte sind der Anschauung nicht zugänglich, so daß es sein kann, daß diese auch den vermeintlich leeren Raum bevölkern. Sie müssen das sogar, wenn zwei auf den ersten Blick grundverschiedene Aspekte der Heisenbergschen Unschärferelationen denselben Sachverhalt beschreiben. An vielen Stellen werden die Unschärferelationen nahezu nur als Schranken für die Genauigkeiten simultaner Messungen «komplementärer» Größen wie Ort und Impuls dargestellt: Wird der Versuch unternommen, den Ort x und den Impuls p (wobei ich zur Vereinfachung nur eine räumliche Dimension betrachte) irgendeines Objektes gleichzeitig zu bestimmen, so sind die erreichbaren simultanen Genauigkeiten Δx der Orts- und Δp der Impulsmessung durch die Unschärferelation – das Produkt $\Delta x \cdot \Delta p$ der Ungenauigkeiten Δx und Δp kann nicht kleiner sein als die Plancksche Konstante h – begrenzt. Vorgegaukelt wird bei dieser Darstellung oft, daß die komplementären Größen in Wahrheit bestimmte Werte hätten, wir aber unfähig wären, diese zu ermitteln, weil Apparate, die das täten, aus prinzipiellen Gründen nicht konstruiert werden können. Wenn wir nun aber den Formalismus der Quantenmechanik selbst betrachten, stellen wir fest, daß dasjenige, was wir laut dieser «Unschärferelation für die Apparate», die tatsächlich gilt, nicht beobachten können, den Objekten gar nicht zugeschrieben ist: Teilchenzustände beschreibt die Quantenmechanik durch Wellenfunktionen, und diese implizieren, daß kein Teilchen zugleich einen bestimmten Ort und einen bestimmten Impuls besitzen kann. Die quantenmechanische Zustandsbeschreibung selbst, die so genau ist wie überhaupt möglich, kann wegen der aus ihr folgenden Unschärferelationen die Beobachtungsgrößen x und p nicht genauer festlegen, als es auch jene Unschärferelationen tun, die aus den Begrenzungen möglicher Beobachtungen folgen: Die mikroskopische Quantenmechanik läßt keine genau festgelegten Werte von Beobachtungsgrößen zu – und wie durch ein Wunder unterliegen die makroskopischen Beobachtungsmöglichkeiten denselben Einschränkungen. Die Quantenmechanik wäre selbstverständlich nicht selbstkonsistent, wenn das nicht so wäre; wenn, in den Worten von Richard P. Feynman, die Begrenzungen der Genauigkeit möglicher Messungen durch die für sie geltenden Unschärferelationen die Quantenmechanik nicht vor übergenauen Messungen «schützen» würden (Band 1 *oder* 3 von [65]). Aber die Forderung der Selbstkonsistenz, daß für die Ergebnisse aller Messungen, seien sie noch so geschickt und die Apparate noch so genau, dieselben Unschärferelationen gelten sollen wie jene, die aus der Beschreibung von Teilchen durch Wellenfunktionen folgen, mußte bewiesen, nicht einfach akzeptiert werden [27]. Werner Heisenberg, der dem Leser wohlbekannte große deutsche Theoretische Physiker, Mitbegründer der Quantenmechanik und Nobelpreisträger von 1932, hat in seinem Buch *Der Teil und das Ganze* [106] diese Eigenschaft «seiner» Unschärferelation mit den Worten beschworen[39] (zitiert nach [164], S. 20), eine Theorie sei abgeschlossen, wenn «mit dem Grad von Genauigkeit, mit dem sich Erscheinungen mit den Begriffen [dieser Theorie] beschreiben lassen, [...] auch die Gesetze [der Theorie gelten]».

Die Konzeption eines Schwarzen Loches durch die Allgemeine Relativitätstheorie bezieht dessen Einfluß auf die Krümmung des Raumes bereits ein; hinzu kommt der Einfluß auf den Raum und seinen Inhalt als Objekte der Quantenmechanik. Die Frage, ob es leeren Raum geben könne, hat im Lauf der abendländischen Geistesgeschichte verschiedene Antworten gefunden ([76], [20]). Die Physik weiß, daß es im Wortsinn leeren Raum nicht geben kann. Ich will daher von einem Raum sprechen, der so leer ist, wie im Einklang mit den Naturgesetzen überhaupt möglich. Um zu sehen, was ein solcher Raum zumindest enthalten muß, will ich mir vorstellen, ein Raumgebiet sei gegeben, und begrenze es in Gedanken durch Wände im Abstand Δx. Hier gibt Δx die Genauigkeit an, mit der die Wände die Ausdehnung Null des Gebietes ausschließen. Wäre in ihm im Wortsinn nichts enthalten, wüßte ich von dem Gebiet zweierlei: erstens, daß es nicht größer als Δx ist, und zweitens, daß es exakt den Impuls Null besitzt. Beides zusammen ist aber wegen der Unschärferelation zwischen Ort und Impuls aber ausgeschlossen.

Der Leser wird zunächst wohl geneigt sein, das Argument zwar zuzulassen, es aber auf die materiellen Begrenzungen des Raumgebiets in der Entfernung Δx statt auf das Gebiet selbst anzuwenden. Doch dabei kann er nicht stehenbleiben, wenn er nicht die Äquivalenz der beiden Formen der Unschärferelation leugnen will. Denn die materiellen Begrenzungen können als Teile eines Apparates aufgefaßt werden, der das Raumgebiet erforscht – so daß auch das Raumgebiet selbst als Forschungsgegenstand der Unschärferelation gelten muß. Folglich ist es Träger eines nicht genau bestimmten Impulses, der natürlich nicht Null sein kann, weil der Impuls Null ein bestimmter Impuls ist. Je kleiner das Raumgebiet laut Δx ist, desto größer ist wegen der Unschärferelation der minimale Impuls Δp, den es trägt. Mit dem nicht verschwindenden Impuls gibt es im Raumgebiet auch Teilchen als Träger des Impulses – die «virtuellen» Teilchen, die nach Auskunft von Quantenmechanik und Spezieller Relativitätstheorie zusammengenommen den vermeintlich leeren Raum bevölkern. Denn wir werden sogleich sehen, daß aufgrund der Quantenmechanik der vermeintlich leere Raum in Fluktuationen außer Impuls auch Energie besitzen muß. Und nach Auskunft der Speziellen Relativitätstheorie kann die Energie auch in der Form von Teilchenmassen auftreten.

Die Quantenmechanik kennt ebenfalls eine Unschärferelation zwischen der Zeit t und der Energie E, die allerdings subtiler ist als die zwischen Ort x und Impuls p. Diese besagt, daß das Produkt $\Delta t \cdot \Delta E$ der Unschärfen Δt und ΔE von t und E genauso wie das von Δx und Δp nicht kleiner sein kann als das Plancksche h. Auch diese Unschärferelation besitzt die oben beschriebenen zwei Interpretationen. Angewendet auf Meßapparate sagt sie, daß eine Messung, welche die Zeit Δt dauert, die Energie E des untersuchten Objektes bestenfalls mit der Genauigkeit $\Delta E = h/\Delta t$ ermitteln kann, die sich aus der Unschärferelation ergibt. Das gilt auch, wenn ein Raumgebiet untersucht wird, das so leer ist wie im Einklang mit den Naturgesetzen überhaupt möglich. Wie oben übertragen wir das Resultat der Überlegung von den Meßapparaten auf den untersuchten Raum mit dem Resultat, daß in Zeitspannen Δt die Energie E eines vermeintlich leeren Raumes so fluktuiert, daß die Ungenauigkeit mindestens $\Delta E = h/\Delta t$ beträgt. Insbesondere ist der Raum im Auf und Ab seiner Fluktuationen Träger zumindest dieser Energie. Wäre die Energie kleiner, würde sie auch genauer festliegen. Weil aber Δt im Nenner des Ausdrucks für ΔE steht, ist die erforderliche Mindestenergie um so größer, je kleinere Zeitspannen betrachtet werden: Das Vakuum, sagt man, verleiht Energie – viel für kurze, wenig für lange Zeit.

Gibt es Impuls und Energie, dann auch Teilchen als deren Träger. Diese «virtuellen» Teilchen, die statt der fluktuierenden dauerhafte Energie brauchen, um zu realen Teilchen zu werden, kommen und vergehen also im leeren Raum der Physik: «Erzeugt und vernichtet, erzeugt und vernichtet – was für eine Zeitverschwendung», so Richard P. Feynman (zitiert nach [63]). Schwere Teilchen können wegen der großen Energie, die mit ihrer Existenz einhergeht, nur für sehr kurze Zeiten auftauchen und sehr kurze Strecken fliegen. Die Strecken sind nicht nur deshalb kurz, weil die schweren Teilchen nur kurz leben, sondern auch deshalb, weil sie vergleichsweise viel von der durch eine Fluktuation zur Verfügung gestellten Energie für ihre schiere Existenz benötigen, so daß für ihren Impuls und darüber hinaus für ihre Geschwindigkeit und damit Flugstrecke viel weniger übrigbleibt als bei leichten Teilchen.

Weil der Raum ungeladen ist und das trotz der Fluktuationen im Laufe der Zeit bleiben muß (für Experten: Die elektrische Ladung genügt einer Überauswahlregel), können geladene Teilchen nur in

Paaren aus Teilchen und Antiteilchen auftauchen und wieder vergehen. Zusammenfassend stellen wir fest, daß ein Raum, der so leer ist wie mit den Naturgesetzen vereinbar, von Aktivitäten schwirrt: Teilchen und Antiteilchen tauchen auf, entfernen sich voneinander, finden dieselben oder andere Partner mit entgegengesetzter Ladung und vergehen wieder. Je schwerer ein Teilchen ist, desto kürzer lebt es im Vakuum und desto kürzer ist die Entfernung, um die es sich von dem Antiteilchen entfernen kann, mit dem zusammen es aufgetaucht ist, bevor es wieder vergeht. Die Zeit, die ein masseloses Teilchen wie ein Photon im «leeren» Raum verbringen kann, ist um so kürzer, je größer seine Energie und mit ihr seine Frequenz ist. Daß dies alles so ist, ergeben übrigens auch die Formeln der Quantenfeldtheorie [136], der Theorie also, die durch die Vereinigung von Quantenmechanik und Spezieller Relativitätstheorie entsteht. Dazu, so die Theorie, bedarf es keiner Wechselwirkungen. Der Effekt beruht allein auf der Vereinigung der beiden Teiltheorien.

Zusammengefaßt bewirkt all dies, daß Schwarze Löcher strahlen. Zur Herleitung reichen, wie wir sehen werden, Gedankenexperimente aus, die nur Einsichten in die Natur der Schwarzen Löcher, der Quantenmechanik und der Speziellen Relativitätstheorie benutzen.

Die Quantenmechanik versöhnt die Schwarzen Löcher mit der Thermodynamik

Jetzt endlich, nach viel Vorbereitung, das Gedankenexperiment zur Physik der in den vermeintlich leeren Raum eingebetteten Schwarzen Löcher. Es zeigt, daß, und ein wenig auch wie, Schwarze Löcher strahlen. Exakte Berechnung wären auch der Theoretischen Physik nur möglich, wenn wir die Theorie kennten, die Quantenmechanik und Allgemeine Relativitätstheorie vereinigt. In Ermangelung dieser sind wir von vornherein auf Näherungen angewiesen, die nur dann die Wirklichkeit hinreichend genau beschreiben können, wenn die Krümmung des Raumes, und mit ihr die Schwerkraft in der Umgebung des Horizontes, aus der die Strahlung kommen muß, nicht zu groß ist. Wir nehmen erstens nämlich an, daß wir bei der Ergründung der Natur des Raumes zwar die Allgemeine Relativitätstheorie, aber nicht die Quantenmechanik berücksichtigen müssen – der Raum sei der Raum der Allgemeinen Relativitätstheorie, erfahre also keine quantenmechanischen Korrekturen. Die von der Quantenmechanik erzwungenen Fluktuationen sollen, anders gesagt, zwar die Objekte im Raum, aber nicht den Raum selbst betreffen. Das ist sicher falsch, wenn die zu untersuchenden Phänomene von den Verhältnissen bei Abständen beeinflußt werden, die mit der bereits erwähnten Planck-Länge $l_{pl} = 2 \cdot 10^{-33}$ Zentimeter vergleichbar sind. Bei derartigen Abständen fluktuiert der Raum selbst und wird schrumpelig, statt glatt zu bleiben. Analoges gilt für Zeiten, die mit der ebenfalls bereits erwähnten Planck-Zeit von $t_{pl} = 5 \cdot 10^{-44}$ Sekunden vergleichbar sind. Aber das ist nicht unser Thema und soll uns nur als Warnung dienen, Extrapolationen unserer Betrachtungen von den großen, schweren Schwarzen Löchern bis herunter zu den kleinen, leichten mit der «Planck-Masse» $m_{pl} = 2 \cdot 10^{-5}$ Gramm Glauben zu schenken. Je kleiner nämlich die Masse eines Schwarzen Loches ist, desto größer ist die Schwerkraft an seinem Horizont, und desto steiler fällt sie nach außen ab. Hieraus folgt auch, daß die virtuellen Teilchen der Quantenmechanik bei kleinen Schwarzen Löchern merklich auf den Raum, den sie bevölkern, zurückwirken. Denn diese Schwarzen Löcher sind heiß, so daß auch ihre Wärmestrahlung heiß, also intensiv und energiereich, ist. Diese wird durch viele energiereiche virtuelle Teilchen im Vakuum erzeugt, und deren Rückwirkung auf den Raum kann nicht vernachlässigt werden. Auch dieser Effekt muß hier, wie in Hawkings Originalarbeit «Black Hole Explosions?» [103], unberücksichtigt bleiben. Hawking faßt seine Annahmen so zusammen: «Selbstverständlich ignoriert diese Rechnung die Rückwirkung der Teilchen auf die Metrik und die Quantenfluktuationen der Metrik selbst. Diese könnten das Bild verändern.»

Wir wollen nur Schwarze Löcher betrachten, die so schwer sind, daß an ihrem (weiten!) Horizont der Einfluß der Quantenmechanik auf den Raum selbst vernachlässigt werden kann. Unter dieser Voraussetzung ist eine weitere, für unser Gedankenexperiment nötige Voraussetzung erfüllt: Die Krümmung des Raumes beeinflußt zwar das Verhalten der in ihm fluktuierenden virtuellen Teilchen, behindert oder fördert deren Existenz aber nicht.

Wie im vermeintlich leeren Raum überall entstehen und vergehen unter unseren Voraussetzungen auch in der Nähe des Horizontes eines Schwarzen Loches ständig virtuelle Teilchen. Zwei von ihnen, die zusammen entstanden sind, greifen wir heraus. Gäbe es das Schwarze Loch und mit ihm die anziehende Schwerkraft in der Nähe seines Horizontes nicht, würden sie sich ein wenig voneinander entfernen und dann gegenseitig vernichten. Daß andere virtuelle Teilchen an den betrachteten Prozessen beteiligt sind und/oder Teilchen einzeln entstehen und vergehen, sei ausgeschlossen. Abermals ohne das Schwarze Loch, wären diese Vakuumfluktuationen einfach die Anregungen, die von der Wärmestrahlung in einem Kasten übrigblieben, wenn man die Temperatur seiner Wände, und damit die der Wärmestrahlung, auf in der Realität unerreichbare null Grad absolut absenken könnte. Das Schwerefeld des Schwarzen Loches ermöglicht den in der Nähe seines Horizontes in Paaren fluktuierenden Teilchen auch ein anderes Schicksal als die gegenseitige Vernichtung. Den Teilchen fehlt ja nur Energie, die sie – anders als die fluktuierende Energie des Vakuums – nicht zurückgeben müssen, um zu realen Teilchen zu werden. Diese Energie kann ihnen auf verschiedene Art und Weise zur Verfügung gestellt werden. In den großen Maschinen der Elementarteilchenphysik werden jeweils zwei reale Teilchen mit großer Wucht zur Kollision gebracht. Hierdurch entsteht für kurze Zeit ein Gebiet mit einer großen Dichte realer, nicht nur fluktuierender Energie, die den Teilchen des Vakuums zur Verfügung steht, und diese benutzen sie, um zu den realen Teilchen zu werden, die in den Nachweisgeräten der Experimentatoren ihre Spuren hinterlassen: Sie entstammen dem leersten Raum, den die Physik kennt, und verdanken ihre Existenz als reale Teilchen der Energie, mit der zwei Teilchen in einer Wechselwirkungszone zusammengestoßen sind.

Ein Schwarzes Loch kann dem einen Teilchen eines Paares dadurch Energie zur Verfügung stellen und ihm zu realer Existenz verhelfen, daß es das andere Teilchen tief genug in seinen Horizont hineinzieht. Grundlage des Prozesses ist, daß Teilchen im Schwerefeld *negative* potentielle Energie besitzen. Das ist leicht einzusehen. Wir wollen den Nullpunkt der Energie dadurch festsetzen, daß ein ruhendes Teilchen in unendlicher Entfernung von der Quelle der Schwerkraft die Energie Null besitzt. Wenn wir nun eine kleine, in einem Schwerefeld ruhende Masse sich selbst überlassen, wird diese beginnen, sich in Richtung der Quelle zu bewegen. Dabei gewinnt sie kinetische Energie und muß, wegen des Energiesatzes, potentielle Energie verlieren. Folglich nimmt letztere von Null ausgehend mit dem Abstand von der Quelle ab und wird zunehmend negativ. Die potentielle Energie im Schwerefeld *ist* also negativ, und zwar absolut genommen um so größer, je näher die Probemasse sich an der Quelle der Schwerkraft befindet.

Wir wenden uns nun wieder dem Horizont eines Schwarzen Loches zu und vergleichen die Gesamtenergien in zwei Situationen. Erstens gebe es kein Teilchenpaar, weder virtuell noch real. Zweitens gebe es ein reales Teilchen außerhalb des Horizontes, das genug kinetische Energie besitzt, um sich ins Unendliche entfernen zu können, und eins weiter innen. In dieser zweiten Situation enthält die Gesamtenergie als Summanden die negativen potentiellen und die positiven kinetischen Energien der beiden Teilchen und zudem jene Energie $2Mc^2$, die ihren Massen M – stets den Ruhemassen! – entspricht. Die hiermit in der Energiebilanz zu vergleichende Energie in der ersten Situation ohne Teilchen ist offenbar Null. Nichts hindert uns also daran, eines der beiden Teilchen in Gedanken so weit in das Innere des Schwarzen Loches zu versetzen, daß dessen negative potentielle Energie größer ist als die Energie $2Mc^2$, die den Massen der beiden Teilchen entspricht. Genau dies ist die Grundlage der Gedankenformulierung von Hawkings Argument dafür, daß Schwarze Löcher strahlen: daß es sich nämlich in der Nähe eines Schwarzen Loches energetisch auszahlen kann, wenn es «etwas statt nichts» gibt – zwei Teilchen, eines von ihnen fraglos real und das andere hinter dem Horizont verborgen. Auch die positiven kinetischen Energien können durch die beliebig negative potentielle Energie des Teilchens hinter dem Horizont aufgewogen werden.

Wir können nach dem Mechanismus fragen, der es den beiden Teilchen erlaubt, korreliert zu agieren. Sie entstammen einer Energiefluktuation, die ein gewisses Raumgebiet einnimmt und quantenmechanischen Ursprung besitzt. Ist dieses Gebiet in radialer Richtung hinreichend ausgedehnt, können die Teilchen aus dem quantenmechanischen Kuddelmuddel so entstehen, daß die Summe ihrer negativen potentiellen Energien von vornherein für den Prozeß ausreicht. Der Prozeß verletzt den Energiesatz nicht, wenn die negative potentielle Energie der beiden Teilchen absolut genommen so groß ist, daß sie das Energieäquivalent ihrer Massen weit genug übersteigt. Den Hauptbeitrag zur negativen potentiellen Energie liefert offenbar das Teilchen hinter dem Horizont. Insgesamt kann sie so groß und negativ sein, daß laut Energiebilanz dem anderen Teilchen genug kinetische Energie zur Verfügung steht, um ins Unendliche zu entweichen. Seine Geschwindigkeit übersteigt, anders gesagt, die Fluchtgeschwindigkeit in der Nähe – und selbstverständlich außerhalb! – des Horizontes des Schwarzen Loches. Auf jeden Fall stammt die Energie des realen Teilchens, das sich von dem Schwarzen Loch entfernt, aus dem Schwerefeld des Schwarzen Loches, das in der Folge Masse verliert und kleiner wird. Dadurch wird es heißer, und seine Entropie, die ja zur Oberfläche proportional ist, nimmt ab. Das ist nur möglich, weil das sich entfernende Teilchen Entropie davonträgt – es ist, wie wir von Hawking wissen, Bestandteil der Wärmestrahlung des Schwarzen Loches, und die besitzt Entropie.

Daß die Temperatur eines Schwarzen Loches steigt, wenn es Energie abgibt, sieht nach verkehrter Welt aus, ist aber ganz allgemein so bei Systemen, die durch die Schwerkraft zusammengehalten werden. Zum Beispiel wissen wir, daß ein Satellit, der durch Luftreibung Energie verliert und abstürzt, dabei schneller und schneller wird. Das kann auf die Teilchen eines jeden durch Schwerkraft zusammengehaltenen Systems übertragen werden – mit dem Resultat, daß auch sie bei Energieabgabe schneller werden, das System sich also aufheizt. Daß dies so ist, folgt aus dem Virialsatz, der der Theoretischen Physik, nicht aber den Gedankenexperimenten angehört und deshalb unser Thema nicht sein kann.

Die Hawking-Strahlung ist, wie alle Wärmestrahlung, elektrisch neutral. Wäre sie das nicht, würde sich das Schwarze Loch durch die Strahlung elektrisch aufladen. Dem zur Hawking-Strahlung analogen Prozeß für elektrisch geladene Teilchen sind Physiker an Beschleunigern auf der Spur, die Atomkerne mit Atomkernen zur Kollision bringen. Läßt man beispielsweise zwei Urankerne, deren jeder 92fach positiv elektrisch geladen ist, kollidieren, wird sich, so die Hoffnung der Physiker, ein 184fach geladener Kern von Dop-

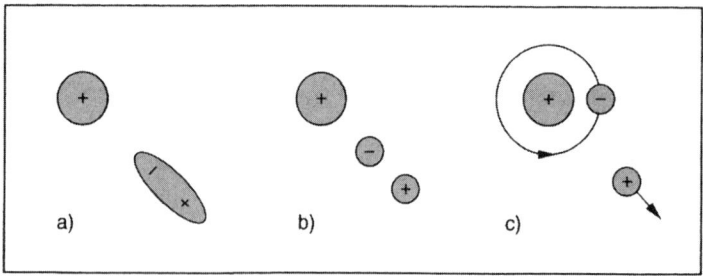

Abb. 48 In dem starken Feld einer großen positiven elektrischen Ladung kann aus einem virtuellen Elektron-Positron-Paar (a) ein reales (b) dadurch entstehen, daß das Elektron mit der großen positiven Ladung ein Ion bildet und das Positron emittiert wird (c). Denn die durch den Übergang des Elektrons in den Zustand mit großer negativer Energie in der Nähe der positiven Ladung frei werdende Energie kann größer sein als die nach $E = mc^2$ umgerechnete Masse des Elektron-Positron-Paares zusammen mit der kinetischen Energie des Positrons in der Entfernung unendlich. Letztlich entstammt sie dem elektrischen Feld der positiven Ladung, das durch den Prozeß abgeschwächt wird.

peluran bilden. Dieser zerfällt zwar alsbald wieder, lebt aber möglicherweise so lange, daß der Prozeß der Abb. 48 auftritt: Ein im Vakuum verborgenes virtuelles Elektron-Positron-Paar wird zu einem realen Paar, von dem das Elektron mit dem Doppeluran ein 183fach geladenes Ion bildet, das Positron aber ausgestoßen und, wenn die Experimentatoren Glück haben, nachgewiesen wird. Die Energiebilanz kann stimmen, weil die Energie eines Elektrons auf einer Bahn in der Nähe des Doppelurankernes so stark negativ ist, daß sie die kinetische Energie des Positrons und das Energieäquivalent der Massen des Paares aufzuwiegen vermag.

Wir fassen zusammen. Die Allgemeine Relativitätstheorie ermöglicht für sich genommen Gebilde, die Masse und Energie zwar aufnehmen, aber nicht abgeben können – die, wie wir sagen, «klassischen Schwarzen Löcher». Gibt es sie, ermöglichen sie zumindest im Gedankenexperiment Prozesse, die laut Thermodynamik und/oder Statistischer Mechanik nicht auftreten können, so daß die Existenz klassischer Schwarzer Löcher in direktem Widerspruch zu fundamentalen physikalischen Theorien steht. Entgegen dem Verbot Poppers haben wir in einem «apologetischen» Gedankenexperiment die Quantenmechanik hinzugenommen – mit dem Resultat, daß die Schwarzen Löcher nach Auskunft von Allgemeiner Relativitätstheorie *und* Quantenmechanik Strahlung abgeben können. So wird durch ein apologetisches Gedankenexperiment, welches verschiedene Theorien zusammenführt, dazu beigetragen, die «Einheit der Physik» wiederherzustellen. Daß Schwarze Löcher nicht nur irgendwie strahlen, sondern Wärmestrahlung mit bestimmten Temperaturen abgeben, ist ein Resultat der Theoretischen Physik, das weit über das hinausgeht, was aus Gedankenexperimenten folgen kann. Die Gedankenexperimente zu den Schwarzen Löchern benutzen vor allem Einsichten in das Wesen der Quantenmechanik und kommen durch sie, wie mir scheint, erstaunlich weit.

Die Allgemeine Relativitätstheorie rettet die Quantenmechanik vor einem Einwand Albert Einsteins

Der Anlaß für Karl Poppers Verbot apologetischer Gedankenexperimente war ein auf Albert Einsteins eigener Allgemeinen Relativitätstheorie beruhender Gedankeneinwand von Niels Bohr gegen ein von Einstein ersonnenes Gedankenexperiment, durch das dieser eine Ausnahme von der Unschärferelation zwischen Zeit und Energie namhaft machen wollte. Die dramatischen Umstände der Diskussion zwischen Einstein und Bohr bei der Solvay-Konferenz 1930 sind oft geschildert worden ([165], [204], [45]); ich unterdrücke sie hier. Nach einleitenden Bemerkungen über den Zweck von Einsteins Gedankenexperiment beschreibt es Bohr in dem von Paul Arthur Schilpp herausgegebenen Sammelband *Albert Einstein als Philosoph und Naturforscher* [165] folgendermaßen:

Insbesondere dürfte es die allgemeine Beziehung zwischen Energie und Masse, ausgedrückt in Einsteins berühmter Formel $E=mc^2$, gestatten, die Gesamtenergie eines Systems durch einfache Wägung zu messen und so im Prinzip die auf das System übertragene Energie zu kontrollieren, wenn es in Wechselwirkung mit einem atomaren Objekt steht.

Als eine zu diesem Zweck geeignete Anordnung schlug Einstein [einen] Apparat vor. Er besteht aus seinem Kasten mit einem Loch auf einer Seite, das durch einen Schieber geöffnet oder geschlossen werden kann, der mit Hilfe eines Uhrwerks im Innern des Kastens bewegt wird. Wenn der Kasten am Anfang Strahlung enthält und die Uhr so eingestellt ist, daß sich der Schieber zu einer gegebenen Zeit während eines sehr kurzen Intervalls öffnet, könnte man es erreichen, daß ein einzelnes Photon durch das Loch in einem Augenblick durchgelassen wird, der mit jeder gewünschten Genauigkeit bekannt ist. Weiterhin wäre es offenbar auch möglich, durch Wägen des Kastens vor und nach diesem Vorgang die Energie des Photons mit jeder gewünschten Genauigkeit zu messen – in striktem Widerspruch zur strikten reziproken Unbestimmtheit von Zeit- und Energiegrößen in der Quantenmechanik.

Die Umsetzung der Idee Einsteins, man könne durch Wägen des Kastens vor und nach der Emission des Photons dessen Energie

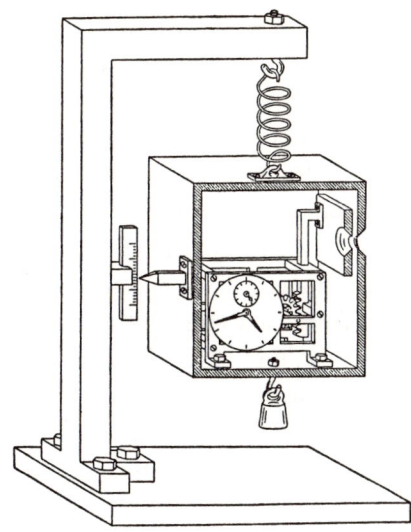

Abb. 49 Bohrs pseudorealistische Version von Einsteins Apparatur zur Widerlegung der Allgemeingültigkeit der Unschärferelation zwischen Zeit und Energie. Aufgrund eines Effektes der Allgemeinen Relativitätstheorie, den Einstein nicht berücksichtigt hat, kann der Apparat, wie Bohr zeigt, seinen Zweck tatsächlich nicht erfüllen.

mit jeder gewünschten Genauigkeit messen, stellt Bohr in der für ihn typischen, «pseudorealistischen» Zeichnung der Abb. 49 vor. Die wichtigste Zutat ist die Feder, an der der Kasten hängt und die es ermöglicht, ihn zu wägen. Durch sie weist Bohr darauf hin, daß keine vollkommen starre Anordnung als Waage dienen kann. Allgemeiner muß jede Meßapparatur auf Änderungen der Meßgröße reagieren können, und das macht sie zu einem Objekt, das selbst den quantenmechanischen Unschärferelationen unterliegt. Das ist vor allem wichtig, wenn die Apparatur wie hier «in Wechselwirkung mit einem atomaren Objekt steht».

Bohrs zweite Zutat ist das am Boden des Kastens aufgehängte Gewicht. «Die Wägung des Kastens», so Bohr, «kann [...] mit jeder gegebenen Genauigkeit Δm durchgeführt werden, wenn man die Waage mit Hilfe geeigneter Gewichte auf ihre Nullage einstellt. Wesentlich dabei ist nun, daß jede Bestimmung dieser Lage mit einer gegebenen Genauigkeit Δq eine Unbestimmtheit Δp in der Kontrolle des Kastenimpulses in sich schließt, die mit Δq [dadurch verknüpft ist, daß das Produkt $\Delta q \cdot \Delta p$ ungefähr gleich dem Planckschen h ist].» Wägungen aber brauchen Zeit – um so mehr, je genauer sie sein sollen. Das ist schon den Studenten im Physikpraktikum klar, wenn sie die Oszillationen eines Zeigers beobachten, um aus dessen Umkehrpunkten auf seine Nullage zu schließen: Je größer die Zahl der Oszillationen, desto genauer die Messung. Der Experimentator kann aber auch warten, bis der Zeiger bestmöglich zur Ruhe gekommen ist, und dann die Nullage, ebenfalls so genau es geht, ablesen. Wiederum kann die Wägung um so genauer sein, je länger sie dauert. Die für eine Wägung zur Verfügung stehende Zeit T kann der Experimentator zum Beispiel für eine sanfte Wägung verwenden – eine, bei der er ein kleines Gewicht nach dem anderen auflegt und dadurch den Zeiger jeweils nur wenig erschüttert. Jede erfolgreiche Wägung muß mindestens so lange dauern, bis die durch sie induzierten Schwankungen des Zeigers geringer sein können als jene, die ihm aufgrund der Unschärferelation von Ort und Impuls durch die zum Kehrwert $1/\Delta q$ der angestrebten Ablesegenauigkeit Δq proportionale Impulsunsicherheit Δp aufgezwungen werden.

Die Ortsunsicherheit Δq betrifft bei Einsteins Vorschlag auch die Uhr, die sich ja im zu wiegenden Kasten befindet. Ihre Höhenlage im Schwerefeld besitzt also während der ganzen Wiegezeit T ebendiese Unsicherheit. Wenn folglich – ein wichtiges «Wenn», das Einstein übersehen hatte – die Uhr trotz der Unsicherheit Δq ihrer Höhenlage die genaue Zeit einer neben ihr in das Stativ eingebauten Uhr anzeigt, kann T, ohne Unsicherheit zu generieren, beliebig groß, die Wägung damit beliebig genau gemacht werden. Das aber ist laut Allgemeiner Relativitätstheorie nicht so, und erst diese Tatsache schützt die Unschärferelation zwischen Zeit und Energie vor Albert Einsteins Einwand, der sonst unabweisbar wäre.

Von S. 86 wissen wir, daß der Gang einer Uhr im Schwerefeld von der Höhenlage der Uhr abhängt: Je weiter oben sie angebracht ist, desto schneller geht sie. Also kann Einsteins Uhr, deren Position im Schwerefeld um Δq schwankt, die Zeit nicht treulich anzeigen: Der exakte Zeitpunkt, zu dem sie den Schieber geöffnet hat, kann von ihr *nicht* abgelesen werden. Je längere Zeit T die Wägung dauert und je größer Δq ist, desto weniger genau legt sie den Zeitpunkt fest, zu dem das Photon entwichen ist. Denn offenbar akkumulieren sich die durch Δq bewirkten Ungenauigkeiten während der ganzen Zeitmessung. Um die Ungenauigkeit Δm der Wägung klein zu halten, sollte also erstens eine möglichst kleine Ungenauigkeit Δq der Ablesung des Zeigers erreicht werden, was aber seine Grenze darin findet, daß ein kleines Δq ein großes Δp impliziert. Und zweitens sollte T möglichst groß gewählt werden – was aber bedeutet, daß die Zeit des ungenauen Ganges der Uhr, und damit die Ungenauigkeit der Zeitmessung insgesamt, ebenfalls groß ist.

Wir sehen also, daß ein aus Einsteins eigener Allgemeinen Relativitätstheorie bezogenes Argument Bohr in die Lage versetzte, dessen Angriff auf den fundamentalen Charakter der Unschärferelation zwischen Zeit und Energie abzuwehren. Einstein, der in einem Brief an Karl Popper [149] erklärt, er «halte es für trivial, daß man auf atomistischem Gebiete nicht genau prognostizieren kann», wandte sich indes nicht gegen die Begrenzung der Genauigkeit von Beobachtungen auf «atomistischem Gebiet» generell, sondern nur gegen deren von Bohr, Heisenberg und anderen, wie er schreibt, «orthodoxen Quantentheoretikern» behaupteten fundamentalen Charakter.

Kapitel 4:
Einstein, Podolsky, Rosen und der wahre Nutzen
von Gedankenexperimenten

Quanteneffekte sichtbar gemacht?

George Gamov konnte in seinen Gedankenexperimenten zur Relativität ([73] und unsere Abb. 30) die Lichtgeschwindigkeit beliebig heruntersetzen, ohne in Widerspruch zu tiefverwurzelten Prinzipien zu geraten. Im Gegenteil – seine und Albert Einsteins Gedankenanalyse von Begriffen wie «vorher», «gleichzeitig» und «nachher» hat gezeigt, daß die merkwürdigen Konsequenzen der Existenz einer höchstmöglichen Geschwindigkeit c zur Übertragung von Signalen zwar anschaulichen Erwartungen widersprechen, nicht aber der Kausalität. Die Reihenfolge von Ereignissen wie Schuß und Treffer, die kausal verknüpft sein können, ist für alle Beobachter dieselbe. Gewiß würde uns eine Welt, in der die höchstmögliche Geschwindigkeit nur wenig größer wäre als die eines ICE, seltsam erscheinen – man denke nur an die Konsequenzen, welche die Zeitdilatation für einen Handlungsreisenden hätte, der die meiste Zeit in Zügen oder Flugzeugen verbringt und deshalb langsamer alterte als seine ortsfesten Verwandten. «Ich freue mich so sehr», läßt Gamov einen jugendlichen Handlungsreisenden sagen, der seine greise Enkelin begrüßt, «noch rechtzeitig zurückgekommen zu sein und so meine liebe Enkelin noch am Leben zu finden.» Aber erkenntnistheoretische Fragen, die über einige zu klärende Seltsamkeiten hinausgingen, wirft die Spezielle Relativitätstheorie nicht auf.

Sieht man von Fragen der Kausalität und der Information ab, welche die überaus hypothetischen Zeitreisen in die Vergangenheit und die Schwarzen Löcher aufwerfen, gilt Analoges auch für die vierdimensionalen gekrümmten Räume der Allgemeinen Relativitätstheorie. Im Einklang mit ihr dürfen wir uns die Raumkrümmung so vorstellen, wie Gamov sie Beobachter erfahren läßt, die auf einer rotierenden Scheibe die Winkelsumme eines Dreiecks ermitteln (Abb. 46). Ganz anders steht es um die Effekte, die Gamovs gedankliche Erhöhung der Planckschen Konstante h um den Faktor 10^{34} in der Abb. 50 bewirken würde. Genauso wie eine Verminderung der Lichtgeschwindigkeit herunter auf eine im Alltag auftretende Geschwindigkeit relativistische Effekte unübersehbar

Abb. 50 Um Quanteneffekte makroskopisch veranschaulichen zu können, hat George Gamov [73] angenommen, das Plancksche Wirkungsquantum sei um den Faktor 10^{34} größer, als es tatsächlich ist. Dann, so Gamov, würden die Wahrscheinlichkeiten, die Billardkugel der Abbildung bei einer Ortsmessung anzutreffen, makroskopisch unterscheidbare Wege nehmen. Tatsächlich bewirken halbdurchlässige Spiegel für Photonen oder Elektronen derartige makroskopische Quanteneffekte bereits in der wirklichen Welt mit ihrer wirklichen Planckschen Konstante.

machen würde, träten auch Quanteneffekte bei einer derartigen Erhöhung von h offen zutage. Gamov hat auch diese Effekte durch Seltsamkeiten darzustellen versucht, die zu einem anderweitig normalen Alltag hinzutreten. Das aber ist ihm nicht gelungen, weil es nicht gelingen kann. Denn keine Abbildung, die nur Bilder aus dem Alltagsleben verwendet, kann die Besonderheiten von Quantenprozessen darstellen: Anschaulich darstellbar sind nur die Auswirkungen einzelner Quantenprozesse, und die sehen so normal aus, daß es normaler nicht geht.

Würden für ein Teilchen mit der Masse der Billardkugel in Abb. 50 die Gesetze der Quantenmechanik mit der um den Faktor 10^{34} vergrößerten Planckschen Konstante gelten, wäre die Wahrscheinlichkeit, es bei einer Ortsmessung anzutreffen, unter ansonsten realistischen Annahmen in der Tat über das makroskopische Gebiet der Abbildung verteilt. Die Abbildung suggeriert aber auch, daß die Betrachter der Kugel auf ihren alternativen Wegen folgen könnten. Das trifft nach Auskunft der Quantenmechanik nicht zu. Die Wahrscheinlichkeit, die Kugel bei einer Ortsmessung in einem Raumbereich anzutreffen, wird durch die Ortsmessung selbst im allgemeinen verändert. Ein Beobachter, der die Kugel sieht, hat dadurch ihren Ort gemessen und folglich in die ungestörte zeitliche Entwicklung der Wahrscheinlichkeit, sie anzutreffen, welche die Abbildung ja illustrieren soll, eingegriffen und diese Entwicklung in der Folgezeit durch eine ganz andere ersetzt. Die Wahrscheinlichkeit, ein Teilchen der Quantenmechanik in Raumbereichen nachzuweisen, ist keine Größe, die an einzelnen Teilchen beobachtet werden könnte – hierfür sind zahlreiche Experimente an vielen Teilchen, die alle in denselben Zustand versetzt worden sind, erforderlich. (Verfügt der Experimentator über ein Ensemble von Teilchen, die sich alle in demselben Zustand befinden, können diese zahlreichen Experimente selbstverständlich auch gleichzeitig – an dem Ensemble – durchgeführt werden.) Hingegen kann die ungestörte zeitliche Entwicklung der Wahrscheinlichkeit, ein Teilchen in Raumbereichen anzutreffen, aus dem Zustand, den es zu einer Anfangszeit besitzt, berechnet werden.

Klassische und quantenmechanische Gesetze

Im Gegensatz zu Gamov, der die Verschwommenheit der Quantenmechanik selbst zeigen wollte, war Niels Bohr davon überzeugt, daß die Quantenwelt keine von Meßinstrumenten unabhängige Existenz besitzt. Nichts sollte es geben als das, was wir von rein klassisch funktionierenden Apparaten ablesen können. Zur Verdeutlichung dieses für seine «Kopenhagener Interpretation» der Quantenmechanik ungemein wichtigen Standpunktes stellte er in seinen Illustrationen von Gedankenexperimenten zur Quantenmechanik die Meßinstrumente immer quasirealistisch mit Hebeln und Schrauben dar (zum Beispiel die Abb. 49).

Für Bohr verstand sich die Welt der klassischen Physik sozusagen von selbst. Jedenfalls finden wir bei ihm keinen Versuch, klassische Gesetze auf quantenmechanische zurückzuführen. Seine Interpretation der Quantenmechanik bildet ein logisches Schema, das Konsistenz dadurch erlangt, daß es außer den Phänomenen, die von klassischen Apparaten abgelesen werden können, keine Realität anerkennt. Ist ein Apparat so gebaut, daß er Eigenschaften von Teilchen registriert, besitzen die Phänomene Teilchen-, nicht aber Welleneigenschaften, und es wäre sinnlos, danach zu fragen, welche Ergebnisse sich eingestellt hätten, wären statt der Teilchen- die Welleneigenschaften «desselben» quantenmechanischen Systems (von dem für sich allein, also ohne Meßapparatur, auch nur zu sprechen laut Bohr sinnlos ist) untersucht worden.

Wir sind heute von der universellen Gültigkeit der Quantenmechanik überzeugt. Folglich stehen wir nicht wie Bohr vor der Aufgabe, quantenmechanische Phänomene in die sowieso gültige klassische Physik einzubetten, sondern es heißt, die näherungsweise Gültigkeit klassischer Gesetze in der Makrowelt und die Existenz klassischer Apparate aus der Quantenmechanik abzuleiten und dadurch zu verstehen, wie es klassische Gesetze und klassische Apparate geben kann. Diese Umkehrung der Aufgabenstellung hat schöne Erfolge gezeitigt (z. B. [86] und die dort angeführte Literatur) – unter Hinnahme allerdings originär quantenmechanischer Gesetze, die *instantane Wirkungen über Entfernungen hinweg* implizieren und deshalb trotz bester experimenteller Bestätigungen unverstanden sind. Ich denke, daß diese ohne Zweifel gültigen, aber unverstandenen Gesetze über die Physik des 20. Jahrhunderts hinausweisen. Dadurch nämlich, daß wir sie zwar kennen, aber nicht verstehen. Genauso war am Ende des 19. Jahrhunderts das Gesetz der Perihelbewegung des Planeten Merkur zwar bekannt, aber unverstanden. Sämtliche Forschungen zur Lösung dieses speziellen Problems konnten keinen Erfolg zeitigen. Wir wissen heute, warum das so war: Wer auch immer das Problem der Perihelbewegung des Merkur direkt angehen wollte, konnte das nur im Rahmen der etablierten Theorie Newtons tun. Innerhalb ihrer aber besitzt das Problem keine Lösung – erst Albert Einsteins Verständnis der Natur von Raum und Zeit, das aus ganz anderen Quellen gespeist wurde, hat nebenbei auch dieses Problem gelöst. Das direkte Nachdenken darüber konnte jedoch kein Ergebnis erbringen.

So steht es wohl auch um die Nichtlokalität, welche die Quantenmechanik durch heute unverstandene Gesetze beschreibt. Direkte Erforschungen dieses Problems können nach meiner Ansicht keinen Verständnisfortschritt bringen. Wir wissen, was die Quantenmechanik sagt, es stimmt – und wir verstehen es nicht. Aber wir können hoffen, daß manche der heutigen Spekulationen über die Natur von Zeit und Raum, die zur Erklärung der instantanen

Wirkungen angestellt werden, Teile der Physik im 21. Jahrhundert vorwegnehmen. Ich denke, daß das so ist. Welche dieser Spekulationen, wenn überhaupt eine, aber das Richtige treffen, wissen wir nicht. Jedenfalls setzt das Verständnis der Seltsamkeiten der Quantenmechanik neue physikalische Einsichten zu Raum und Zeit voraus. Positivistische Formulierungen physikalischer Gesetze à la Bohr, welche die eigentlichen Probleme nicht nur nicht lösen, sondern zudem verdecken, reichen nicht aus.

Unschärferelationen

Die zeitabhängige Schrödinger-Gleichung für das Verhalten von Quantensystemen im Laufe der Zeit beschreibt einzelne Teilchen nahezu so wie die klassische Physik Wellen. Erst beim Meßprozeß, für den die Schrödinger-Gleichung für das einzelne Teilchen nicht gilt, treten laut Lehrbuch-Quantenmechanik Teilcheneigenschaften auf: Von vielen im Raum verteilten Detektoren, die gleichzeitig nach dem Teilchen zu suchen beginnen, weist genau einer durch sein «Klick» das einzelne Teilchen nach. Bevor das geschah, *hätte* auch ein anderer Detektor es nachweisen können. Durch das «Klick» des einen Detektors verschwindet die das Teilchen beschreibende Welle überall im Raum instantan, also in demselben Augenblick. Die Frage, wie das sein kann, ist die erste und einfachste der Fragen, welche die Quantenmechanik zwar aufwirft, aber nicht beantwortet, und durch die sie über die Physik des 20. Jahrhunderts hinausweist.

Wie wir von unserer Diskussion der Quantenfluktuationen in der Nähe des Horizontes eines Schwarzen Loches wissen, faßt die Bezeichnung «Unschärferelation» zwei zunächst einmal wesentlich verschiedene Typen von Relationen zusammen. Die «Unschärferelationen erster Art» betreffen Eigenschaften der durch die Quantenmechanik beschriebenen Objekte selbst. Zum Beispiel kann kein Objekt der Quantenmechanik einen Ort und einen Impuls besitzen, die beide zugleich genauer festgelegt wären, als es die Unschärferelation zwischen Ort und Impuls erlaubt. Weist man in Gedanken einem Objekt der Quantenmechanik einen genauer als erlaubt festgelegten Ort nebst Impuls zu, befindet man sich im Widerspruch zu ihr. Dafür, daß dies tatsächlich nicht getan werden kann, sorgen die «Unschärferelationen zweiter Art». Über die Objekte der Quantenmechanik für sich allein sagen sie nichts, das nicht bereits aus den Unschärferelationen erster Art folgte, wohl aber über sie *zusammen mit* den «klassischen» Meßapparaten und auch über die Apparate für sich allein.

Es sind die Unschärferelationen zweiter Art, welche die Quantenmechanik davor schützen, widerlegt zu werden. Gäbe es nämlich einen Apparat, der Eigenschaften ihrer Objekte genauer festzulegen oder zu messen gestattet als durch die Unschärferelationen erster Art erlaubt, wäre dadurch die Quantenmechanik, aus der diese Relationen ja folgen, widerlegt.

Nach vielen Überlegungen und Versuchen dieser Art hat die Physik die Unschärferelationen zu einem Prinzip erhoben, das wie das Prinzip von der Unmöglichkeit eines Perpetuum mobile verwendet wird: *Es kann keinen Apparat geben, der so genau mäße, daß seine Meßresultate eine Unschärferelation verletzen würden.* Impliziert die Funktionsbeschreibung einer (zum Beispiel einem Patentamt) vorgeschlagenen Maschine, daß diese als Perpetuum mobile dienen könnte, wenn sie funktionieren würde wie geplant, berechtigt dies zu dem Schluß, daß sie ebendas nicht kann. Analoges gilt für Vorschläge von Apparaten zur Umgehung von Unschärferelationen. Beispiele für die weitreichenden Konsequenzen des Prinzips von der Unmöglichkeit eines Perpetuum mobile haben wir kennengelernt. Bei ihnen und anderswo hat sich Albert Einstein als

Meister im Umgang mit Prinzipien in Gedankenexperimenten erwiesen. Seine Versuche, die Quantenmechanik durch sinnreich ersonnene Apparate zu widerlegen, gipfelten in dem Vorschlag der Abb. 49. Weil und seitdem es Niels Bohr gelungen ist, den Fehler in Einsteins Argumenten aufzudecken, sind die Unschärferelationen zum Prinzip erhoben worden.

Daß wir zwischen Unschärferelationen erster und zweiter Art unterscheiden müssen, liegt daran, daß es bisher trotz der bereits angeführten Bemühungen [86] nicht umfassend und einvernehmlich gelungen ist, die für «klassische» Meßapparate geltenden Gesetze auf die universell gültige Quantenmechanik zurückzuführen – also die Unschärferelationen zweiter auf die erster Art. Keinesfalls sind die Unschärferelationen erster Art ein Artefakt der Unschärferelationen zweiter Art, wie es in der Frühzeit der Quantenmechanik behauptet wurde und auch jetzt noch behauptet wird. Falsch ist es anzunehmen, daß Objekte der Quantenmechanik «eigentlich» genau festgelegte Orte und Impulse besitzen, es aber keinen Apparat für deren Ermittlung geben kann. Wäre das so, müßten die Unschärferelationen erster Art auf die zweiter zurückgeführt werden – im Gegensatz zur umgekehrten tatsächlichen Aufgabenstellung. In seinen *Flüchtlingsgesprächen* [29] hat der Stückeschreiber Bertolt Brecht diese zwar realistische, aber physikalisch unhaltbare Interpretation des Indeterminismus der Quantenmechanik bemerkenswert klar dargestellt: «Ich muß», läßt Brecht den Physiker Ziffel die Unschärferelation erklären, «hier an eine Erfahrung der modernen Physik denken, den Heisenbergschen Unsicherheitsfaktor. Dabei handelt es sich um Folgendes: die Forschungen auf dem Gebiet der Atomwelt werden dadurch behindert, daß wir sehr starke Vergrößerungslinsen benötigen, um die Vorgänge unter den kleinsten Teilchen der Materie sehen zu können. Das Licht in den Mikroskopen muß so stark sein, daß es Erhitzungen und Zerstörungen in der Atomwelt, wahre Revolutionen anrichtet. Eben das, was wir beobachten wollen, setzen wir so in Brand, indem wir es beobachten. So beobachten wir nicht das normale Leben der mikroskopischen Welt, sondern ein durch unsere Beobachtung verstörtes Leben.»

Das Zwei-Loch-Experiment als *einziges* Geheimnis?

Die nichtquantenmechanische Physik unterscheidet zwischen Teilchen und Wellen. Wellen kennzeichnet, daß sie interferieren und an verschiedenen Orten gleichzeitig wirken können; Teilchen, daß alles, was über sie gesagt werden kann, damit vereinbar ist, daß jedes von ihnen zu jeder Zeit einen Ort besitzt, der unbekannt sein mag, dessen Existenz aber unterstellt werden kann, ohne daß sich dadurch Widersprüche ergeben. Teilchen durchlaufen, anders gesagt, Bahnen.

Daraus, daß jedes Teilchen jederzeit einen (un)gewissen Ort besitzt, folgt, daß ein und dasselbe Teilchen niemals zwei noch so empfindliche Detektoren an verschiedenen Orten gleichzeitig auslösen kann. Die Quantenmechanik, die *zwischen Emission und Nachweis ihrer Teilchen und/oder Wellen* alles und jedes nahezu so beschreibt wie die nichtquantenmechanische Physik Wellen, baut trotzdem ihre Objekte aus Objekten auf, die ebendiese Eigenschaft mit nichtquantenmechanischen Teilchen gemein haben – daß sie niemals zwei Detektoren an verschiedenen Orten gleichzeitig auslösen. Wir wollen diese Objekte «Teilchen der Quantenmechanik» nennen.

Teilchen der Quantenmechanik[40] unterscheiden sich von denen der nichtquantenmechanischen Physik dadurch, daß es unmöglich ist, ihnen auch nur in Gedanken eine Bahn zuzuweisen. Zwischen Messungen durch Apparate, die laut Niels Bohr selbst nicht der

Quantenmechanik unterworfen sind, verhalten sich die Objekte der Quantenmechanik wie Wellen; bei den Messungen selbst wie Teilchen, deren Geschichte aber mit einem universellen Teilchenbild unvereinbar ist.

Dies alles zeigt kein Experiment deutlicher als das sogenannte Zwei-Loch-Experiment. Richard P. Feynman hat es in den Bänden 1 *und* 3 seiner Vorlesungen zur Physik [65] mit denselben Worten unübertrefflich eindrucksvoll dargestellt, und ich empfehle der Leserin und dem Leser, sich den Mitschnitt von Feynmans Vorlesung [66] auf CD oder Kassette anzuhören. Das auch dann, wenn ihr oder sein Englisch hierfür «eigentlich» nicht ausreicht.

Absolut unmöglich ist es, so Feynman, das bei dem Zwei-Loch-Experiment auftretende Phänomen, das «den Kern der Quantenmechanik in sich birgt», auf klassische Art zu erklären. Er geht sogar noch viel weiter: «In Wirklichkeit enthält es das *einzige* Geheimnis.» Mit wohl den meisten anderen Physikern denke ich, daß das Phänomen der Verschränkung von Zuständen, auf das wir ausführlich eingehen werden, ein *zusätzliches* Geheimnis bildet.

Obwohl das Zwei-Loch-Experiment oft als Realexperiment durchgeführt wurde, will ich es mit Feynman als Gedankenexperi-

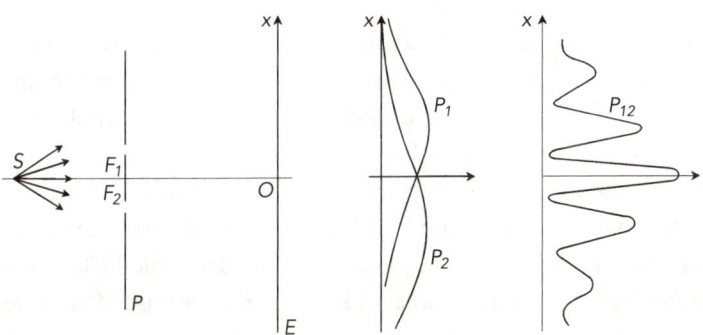

Abb. 51 Aufbau und Ergebnisse des Zwei-Loch-Experimentes.

ment schildern. Die dargestellten Ergebnisse beruhen auf den Aussagen der Quantenmechanik, die selbst ungemein genau bestätigt worden ist und deren *experimentell überprüfbare* Vorhersagen nirgendwo in diesem Buch angezweifelt werden. Als Teilchen wähle ich Elektronen. Dargestellt ist das Experiment in der Abb. 51. Der Aufbau besteht aus einer Elektronenquelle S und zwei Schirmen P und E. Die Elektronen können durch die Löcher F_1 und F_2 in P nach E gelangen und werden dort nachgewiesen. Wir wollen uns vorstellen, daß zu diesem Zweck eine Reihe von Detektoren auf E angebracht worden ist.

Die Quelle S schieße Elektronen so ab, daß niemals zwei Elektronen gleichzeitig unterwegs sind. Dadurch werden Wechselwirkungen der Elektronen miteinander ausgeschlossen. Das Zwei-Loch-Experiment besteht genaugenommen aus insgesamt drei Experimenten. Bei jedem von ihnen schießt die Quelle dieselbe große Anzahl N von Elektronen in die ungefähre Richtung der Löcher F_1 und F_2 ab. Die Kurven P_1, P_2 und P_{12} stellen die geglätteten relativen Häufigkeiten dar, mit denen die Elektronen unter den Umständen der drei sogleich zu beschreibenden Experimente von den Detektoren auf E nachgewiesen werden. Bei dem ersten von ihnen wird das Loch F_2 geschlossen gehalten, bei dem zweiten F_1, und beim dritten sind beide Löcher geöffnet.

Bevor wir die Kurven P_1, P_2 und P_{12} kommentieren, wollen wir am Beispiel der zugehörigen Experimente die Evidenz dafür anführen, daß Elektronen Teilchen sind. Unter den Umständen der Experimente sprechen *niemals zwei Detektoren gleichzeitig an.* Das muß so sein, wenn Elektronen Teilchen sind, die ohne zu zerbrechen von der Quelle S zum Detektor fliegen und dort nachgewiesen werden. Denn wir haben angenommen, daß S die Elektronen so abschießt, daß immer nur ein Elektron unterwegs ist. Wären die Elektronen Wellen, müßten wir erwarten, daß zumindest gelegentlich zwei Detektoren gleichzeitig ansprechen. Insbesondere müßte das so sein, wenn wir die Energie erhöhen, mit der S die Elektronen abschießt. Aber so ist es nicht, und wir folgern, daß wir uns ein Elektron als eine Art Klümpchen vorstellen dürfen – als ein Teilchen mit wohlbestimmter Identität, das unter den Bedingungen des Experimentes nicht zerbricht. Wäre es nun ein *bona fide* klassisches Teilchen, müßte es möglich sein, von seiner *Bahn durch den Raum* zu sprechen. Aber das schließen, wie wir sogleich sehen werden, die Resultate P_1, P_2 und P_{12} zusammengenommen aus. Es ist nicht nur so, daß wir die Bahn des Teilchens nicht kennen können, sondern sogar so, daß es inkonsistent wäre, von einer «Bahn» des Teilchens überhaupt zu sprechen.

Nun zurück zu den drei Experimenten mit jeweils N Elektronen. Wir stellen fest, daß die bei zwei offenen Löchern aufgenommene Kurve P_{12} *nicht* die Summe der beiden Kurven P_1 und P_2 ist, die bei jeweils einem offenen Loch aufgenommen wurden. Wie aber kann das sein? Wenn jedes Elektron eine Bahn durchläuft, die entweder durch den Spalt F_1 hindurch direkt[41] zum Nachweisschirm E führt, oder eine Bahn, die dasselbe durch den Spalt F_2 hindurch tut, muß die bei zwei offenen Spalten sich ergebende Häufigkeit die Summe der Häufigkeiten bei zwei offenen Spalten sein.

Sie ist es nicht.[42] Wenn nun aber Elektronen Welleneigenschaften besitzen, versteht sich das Resultat, daß P_{12} nicht dasselbe ist wie $P_1 + P_2$, von selbst. Dann handelt es sich nur um das bereits von Huygens verstandene Interferenzphänomen. Bei Interferenzphänomenen sind beobachtete Häufigkeiten und Intensitäten P mathematisch absolute Quadrate $|A|^2$ von Amplituden A. Es sind die vom Ort x und der Zeit t abhängigen Amplituden $A(x,t)$, also nicht die $P(x,t) = |A(x,t)|^2$, die Wellengleichungen genügen. Die A der nichtquantenmechanischen Physik können für elektrische und magnetische Felder, Drucke, Auslenkungen und manches andere stehen; auf jeden Fall sind sie reell. Folglich stimmt bei ihnen das absolute Quadrat $|A|^2$ mit dem Quadrat A^2 überein. Daß die

Amplituden A der nichtquantenmechanischen Physik selbst, also nicht nur ihre absoluten Quadrate wie bei ihren Analoga in der Quantenmechanik, meßbar sind, soll uns nicht kümmern. Den Quadraten der A entsprechen in der nichtquantenmechanischen Physik in der Regel Beiträge zur Energie, also Intensitäten. Für die Quadrate bedeutet Interferenz mathematisch nun einfach, daß das Quadrat $(A_1 + A_2)^2$ der Summe zweier Amplituden A_1 und A_2 im allgemeinen nicht mit der Summe der Quadrate beider übereinstimmt; die richtige Formel lautet vielmehr $(A_1 + A_2)^2 = (A_1)^2 + 2A_1 A_2 + (A_2)^2$, wie der Leser aus der Schule weiß. Treffen beispielsweise zwei ausgedehnte Druckwellen A_1 und A_2 aus verschiedenen Quellen in einem Gebiet zu derselben Zeit ein, können sie einander an einem Ort des Gebiets als Druck und Gegendruck mit $A_1 = -A_2$ auslöschen und zugleich an einem Nachbarort als gleiche Drucke mit $A_1 = A_2$ verstärken. Die Konsequenzen für die Energieinhalte der Druckwellen, also $(A_1 + A_2)^2$, sind offensichtlich.

Das ist, alles in allem, in der Quantenmechanik genauso. Anders aber ist, daß deren Amplituden namens Wellenfunktionen $\Psi(x)$ im allgemeinen unvermeidbar komplexe Zahlen sind. Doch auch das ist für uns momentan irrelevant. Wenn wir, was wir der mathematischen Korrektheit zuliebe müssen, absolute statt gewöhnlicher Quadrate schreiben, macht der Leser also keinen relevanten Fehler, wenn er in Gedanken $|\Psi(x)|^2$ durch $\Psi(x)^2$ ersetzt. Anders ist in der Quantenmechanik auch, daß die $|\Psi(x)|^2$ stets als Wahrscheinlichkeiten[43] zu interpretieren sind.

Beim Zwei-Loch-Experiment verläßt die dem Elektron entsprechende Welle das Loch F_1 mit der Wellenfunktion Ψ_1 und genauso F_2 mit Ψ_2. Wegen der Symmetrie des Experiments bis hin zu den Löchern gilt unmittelbar hinter ihnen $\Psi_1 = \Psi_2$. Dann stellen sich Unterschiede ein, und am Ort x auf dem Schirm besitzen die Wellenfunktionen die komplexen Werte $\Psi_1(x)$ und $\Psi_2(x)$, deren Unterschiede von dem Längenunterschied der Wege von F_1 und F_2

nach x herrühren. Ist ein Loch geschlossen, ergibt sich als gemessene Häufigkeit an x also entweder $|\Psi_1(x)|^2$ oder $|\Psi_2(x)|^2$. Sind aber *beide* Spalte offen, so müssen wir zunächst beachten, daß die anfänglichen Wahrscheinlichkeiten unmittelbar hinter den Löchern nur noch halb so groß sind wie bei einem geschlossenen Loch. Das führt auf Zahlenfaktoren, die wir unterdrücken. Von ihnen abgesehen, ist am Ort x das quantenmechanische Ψ analog zur Amplitude A die Summe $\Psi_{12}(x) = \Psi_1(x) + \Psi_2(x)$, so daß sich als relative Häufigkeit der Beobachtungen das absolute Quadrat $|\Psi_{12}(x)|^2 = |\Psi_1(x) + \Psi_2(x)|^2$ ergibt – was sich von der Summe $|\Psi_1(x)|^2 + |\Psi_2(x)|^2$ unterscheidet und auf die charakteristischen Interferenzen führt. Wären die $\Psi_1(x)$ und $\Psi_2(x)$ reell, könnten sie sich, weil sie denselben Betrag besitzen, übrigens nur gegenseitig verstärken (bei $\Psi_1(x) = \Psi_2(x)$ um den Faktor zwei) oder ganz auslöschen (bei $\Psi_1(x) = -\Psi_2(x)$). Erst daß die quantenmechanischen Amplituden komplex sind, ermöglicht Zwischenstufen.

Die Unschärferelation schützt die Quantenmechanik

Elektronen sind also in dem Sinn Teilchen, daß eines von ihnen niemals zwei Detektoren an verschiedenen Orten auslösen kann, nicht aber in dem Sinn, daß wir von ihrer Bahn durch den Raum sprechen dürften. Wäre das erlaubt, dürften wir uns auch vorstellen, daß jedes einzelne Elektron bei dem Experiment, bei dem beide Löcher offenstehen, seinen Weg entweder durch das eine oder durch das andere Loch nimmt, mit $P_{12} = P_1 + P_2$ als unabweisbarem Resultat. Es kann also auch keine Vorrichtung konstruiert werden, die, *ohne das Interferenzbild zu zerstören,* feststellt, durch welches der beiden Löcher das Elektron von S nach E gelangt ist. Es ist diese *Information,* die der Entstehung des Interferenzbildes widerspricht, wenn es möglich ist, sie zu erlangen. Wir wollen eine Vorrichtung diskutieren, die es ermöglicht, festzustellen, ob ein Elektron durch F_1 oder F_2 hindurchgetreten ist, und zeigen, inwiefern diese aufgrund der *Unschärferelation für Apparate* das Auftreten eines Interferenzbildes verhindern muß: Tatsächlich schützt in diesem Fall die Unschärferelation für Apparate die Quantenmechanik vor Inkonsistenzen.

Im Zusammenhang mit der Abb. 49, die Bohrs Version von Einsteins mißglücktem Gedankenexperiment zur Widerlegung der Unschärferelation zwischen Energie und Zeit zeigt, haben wir festgestellt, daß jede Meßapparatur auf Änderungen der Meßgröße reagieren können muß, wodurch sie zu einem Objekt wird, das selbst der quantenmechanischen Unschärferelation unterliegt. So auch hier.

Die Vorrichtung der Abb. 52 ermittelt den Weg des Elektrons von S nach E durch Messung des Impulses, den das Elektron beim Passieren des Loches F_1 oder F_2 auf die Platte P überträgt. Wir stellen uns vor, daß die Löcher die Platte nicht, wie anscheinend die Gerade P, in Teile zerlegen, sondern daß die Platte ein starres Ganzes bildet. Wie angedeutet, befindet sich S in so großer Entfernung von dem dargestellten Teil der Apparatur, daß die Elektronen praktisch unter einem rechten Winkel auf P einfallen. Die Rollen und Federn deuten an, daß die Platte als Ganzes nach oben und unten schwingen kann. Auf seinem Weg hin zum Punkt M, in dem das Elektron im Fall der Abbildung schließlich nachgewiesen wird, überträgt es auf die Platte einen senkrecht nach unten gerichteten Impuls, dessen Stärke davon abhängt, durch welches Loch es hindurchgeflogen ist: Der übertragene Impuls ist größer, wenn das Elektron den Punkt M über das Loch F_2 erreicht hat. Um nun durch Messung des Impulsübertrages die beiden Fälle unterscheiden zu können, muß der dem Apparat inhärente Meßfehler Δp offenbar «klein» sein. Das aber bedeutet, daß seine eigene Ortsun-

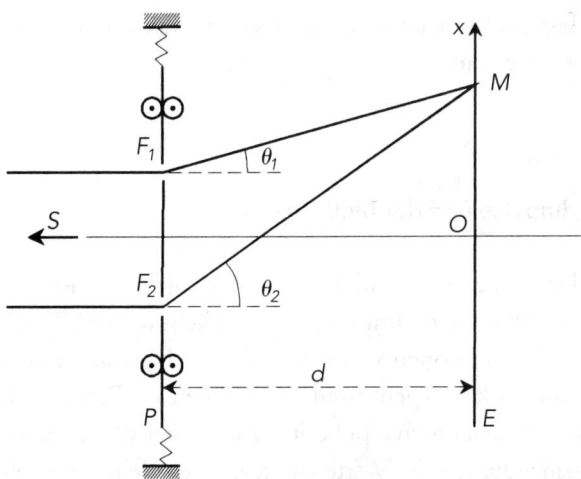

Abb. 52 Würde für diese makroskopische Apparatur nicht die Unschärferelation zwischen Ort und Impuls gelten, könnte durch sie ohne Störung des Interferenzbildes der Abb. 51 ermittelt werden, welchen Weg über F_1 oder F_2 nach E jedes der Elektronen genommen hat, die zusammen das Interferenzbild aufbauen.

sicherheit Δx nach oben/unten «groß» ist. Zumindest so groß, wie es die Unschärferelation zwischen Impuls und Ort bei vorgegebenem Δp verlangt. Denn innerhalb ihrer kann der Apparat der Abbildung zur Ortsmessung verwendet werden. Die hier unterdrückte Rechnung[44] zeigt, daß bei einem zur Unterscheidung der Wege ausreichenden Δp das zugehörige, den beiden starr verbundenen Löchern gemeinsame Δx auf Grund der Unschärferelation für Apparate mindestens so groß ist, daß innerhalb seiner Grenzen die beiden Löcher, und mit ihnen das Interferenzbild, so weit verschoben sein können, daß Berge auf Täler fallen. Da innerhalb der Unsicherheit Δx alle Verschiebungen auftreten, wird durch sie das Interferenzbild ausgewaschen, verschwindet also: Mißt der Apparat der Abbildung Impulsüberträge so genau, daß durch die Messung feststeht, welches Loch das Elektron passiert hat, treten keine Interferenzen auf.

Orte, Impulse und der Meßprozeß

Laut klassischer Mechanik besitzt jedes Teilchen zu jeder Zeit t einen Ort x und einen Impuls p. Gibt es kein weiteres Teilchen und stehen als Funktionen von Ort und Zeit die Kräfte fest, die dort und dann wirken, legen x und p zusammen alle Eigenschaften fest, die das Teilchen überhaupt besitzt. Aus diesen Werten zu einer Zeit t_0 folgen zunächst die Werte von x zu allen Zeiten t, also die $x(t)$, und aus ihnen dann durch Zeitableitung die Geschwindigkeiten $v(t)$ und mit ihnen die Impulse $p(t) = m \cdot v(t)$ des klassischen Teilchens zu allen Zeiten. Seine Masse m haben wir nicht unter die Charakteristika aufgenommen, weil sie den Teilchen*typ* charakterisiert, den wir als vorgegeben betrachten. Zur Vereinfachung beschränken wir uns weiterhin auf eine räumliche Dimension.

Während also die klassische Mechanik den Zustand eines einzelnen Teilchens zur Zeit t durch dessen Ort und Impuls zu dieser Zeit beschreibt, ordnet die Quantenmechanik ihren einzelnen[45] Teilchen zu jeder Zeit t die bereits erwähnte komplexwertige Funktion $\Psi(x)$ als die seinen Zustand *vollständig beschreibende* Wellenfunktion zu. Gibt es kein weiteres Teilchen und stehen als Funktionen von Ort und Zeit die Kräfte fest, die dort und dann wirken, legt folglich die Wellenfunktion des Teilchens alle Eigenschaften fest, die es überhaupt besitzt, und aus seiner Wellenfunktion $\Psi_0(x)$ zu einer Zeit t_0 folgt seine Wellenfunktion $\Psi_t(x)$ zu allen Zeiten t.

Solange also in das System nicht «von außen» eingegriffen wird, sind die Beschreibungen einzelner Teilchen durch x und p in der klassischen Mechanik und durch $\Psi(x)$ in der Quantenmechanik zueinander strikt analog. Während aber von Messungen, die ja Eingriffe von außen sind, in der klassischen Mechanik angenommen werden darf, daß sie die Werte der Zustandsvariablen x und p eines Teilchens beliebig genau ermitteln, führt die Annahme, es gebe ein Meßinstrument, das genauso die Wellenfunktion $\Psi(x)$ eines Teilchens ermittelt, auf Widersprüche der Quantenmechanik mit der Speziellen Relativitätstheorie. (Für Experten: Verfügt man über zahlreiche Teilchen, die sich alle in demselben Zustand befinden, *kann* dieser Zustand herausgefunden werden.)

Die Argumente mit diesem Resultat sind kompliziert und sollen dargelegt werden. Wie das absolute Quadrat $|\Psi(x)|^2$ einer ortsabhängigen Wellenfunktion $\Psi(x)$ zu interpretieren ist – nämlich als Wahrscheinlichkeit, das Teilchen bei einer Ortsmessung an dem Ort x zu finden –, wurde beschrieben. Jetzt der Impuls p – nicht des Teilchens der Quantenmechanik, denn es besitzt keinen, sondern als Argument einer Funktion, durch die das quantenmechanische Teilchen Wort für Wort genauso beschrieben werden kann wie durch sein Ψ als Funktion von x. Wir wollen diese Funktion, die in der Mathematik die Fourier-Transformierte von $\Psi(x)$ heißt, als $\overline{\Psi}(p)$ bezeichnen. Ein und derselbe Zustand des Teilchens kann äquivalent durch $\Psi(x)$ und $\overline{\Psi}(p)$ beschrieben werden. Wenn es nur um den Zustand selbst geht, also nicht um seine Beschreibung durch die eine oder die andere Funktion, folgen wir der Praxis der Physik, ihn $|\Psi>$ zu nennen.

Zurück zu $\overline{\Psi}(p)$. Wie $|\Psi(x)|^2$ die Wahrscheinlichkeit bedeutet, das Teilchen bei einer Ortsmessung am Ort x zu finden, so bedeutet $|\overline{\Psi}(p)|^2$ die analoge Wahrscheinlichkeit, daß sich der Impuls bei einer Impulsmessung als p erweist. Die Unschärferelation der Quantenmechanik beruht auf einem mathematischen Satz über die Eigenschaften von Funktionen, die einander wie $\Psi(x)$ und $\overline{\Psi}(p)$ durch Fourier-Transformationen zugeordnet sind. Der Ort eines Teilchens wird durch sein $\Psi(x)$ offenbar um so genauer festgelegt, je kleiner das Intervall ist, in dem sich $|\Psi(x)|^2$ und damit $\Psi(x)$ selbst merklich von Null unterscheidet. *Mutatis mutandis* gilt dasselbe für den Impuls und $\bar{\Psi}(p)$. Der mathematische Satz zur Fourier-Transformation sagt nun, daß die Breiten Δx und Δp dieser beiden Intervalle nicht *beide* beliebig klein gemacht werden können, sondern daß ein kleines Δx ein großes Δp impliziert und umgekehrt; als Formel kann, wie bereits erwähnt, das Produkt $\Delta x \cdot \Delta p$ nicht kleiner als Plancks h sein.

Wird in das System nicht von außen eingegriffen, entwickeln sich Zustände, wie bereits gesagt, im Laufe der Zeit deterministisch. Wird hingegen eine Messung vorgenommen, deren Ergebnis durch den Zustand des Systems nicht festgelegt ist, folgen aus der Quantenmechanik Wahrscheinlichkeiten von Ergebnissen, die nicht Null oder Eins sind. So ist es bei einer Ortsmessung, wenn der Zustand des Teilchens, wie es in der Regel ist, im Augenblick der Messung dessen Ort nicht festlegt.

Seien nun $|\Psi>$ und $|\Phi>$ zwei Zustände, die ein physikalisches System annehmen kann. Wir wollen uns vorstellen, an dem System werde eine Messung vorgenommen, deren Resultat die Anzeige eines Meßinstrumentes ist. Befindet sich das System im Zustand $|\Psi>$, sei die Anzeige als X festgelegt; im Zustand $|\Phi>$ als Y, wobei X und Y verschieden sein sollen. Tatsächlich befinde sich das System im Augenblick der Messung im Zustand $a \cdot |\Psi> + b \cdot |\Phi>$ mit Zahlen a und b, für die $|a|^2 + |b|^2 = 1$ gilt. Dann ist das Ergebnis entweder X oder Y. Wird die Messung an Systemen, die alle in diesen Zustand versetzt worden sind, oftmals wiederholt, ist $|a|^2$ die relative Häufigkeit des Ergebnisses X und $|b|^2$ die des Ergebnisses Y. Wenn wir, wie wir es eigentlich müssen, auch das Meßinstrument als Objekt der Quantenmechanik betrachten, können wir die Messung in mehrere Schritte zerlegen. Erstens geht das Meßinstrument durch einen deterministischen Prozeß quantenmechanischer Wechselwirkung zusammen mit dem System in den Zustand

$a \cdot |\Psi\rangle |X\rangle + b \cdot |\Phi\rangle |Y\rangle$ über, worin $|X\rangle$ (bzw. $|Y\rangle$) jener Zustand des Meßinstrumentes[46] ist, in dem es X (bzw. Y) anzeigt. Der quantenmechanische Zustand eines aus zwei Systemen zusammengesetzten Systems, deren eines sich in dem Zustand $|\Psi_1\rangle$, das andere im Zustand $|\Psi_2\rangle$ befindet, ist $|\Psi_1\rangle |\Psi_2\rangle$; die Produktbildung drückt das quantenmechanische Sowohl-Als-auch aus. Bis hier reicht die Quantenmechanik von Systemen, in die nicht «von außen» eingegriffen wurde. Jetzt geschieht – vom Standpunkt der Quantenmechanik aus gesehen – das Wunderbare: Der Zustand $a \cdot |\Psi\rangle |X\rangle + b \cdot |\Phi\rangle |Y\rangle$ des Gesamtsystems, das aus dem «vermessenen» und dem «messenden» System besteht, geht *entweder* in den Zustand $|\Psi\rangle |X\rangle$ über *oder* in den Zustand $|\Phi\rangle |Y\rangle$ – beides Zustände, in denen das Meßinstrument einen der Werte X oder Y anzeigt. Die Wahrscheinlichkeiten für das eine oder andere sind $|a|^2$ und $|b|^2$.

Schrödingers Katze

Nehmen wir ein System der Quantenmechanik, das sich im Zustand $(|\Psi\rangle + |\Phi\rangle)/\sqrt{2}$ befindet. Es trete, wie beschrieben, in Kontakt mit einem anderen System, so daß das Gesamtsystem entweder den verschränkten Zustand $(|\Psi\rangle |X\rangle + |\Phi\rangle |Y\rangle)/\sqrt{2}$ oder einen der beiden Zustände $|\Psi\rangle |X\rangle$ *oder* $|\Phi\rangle |Y\rangle$ mit derselben Wahrscheinlichkeit $1/2$ annimmt. Messungen führen schlußendlich auf ablesbare Zeigerstellungen X oder Y, so daß wir schließen können, daß als Resultat eines Kontakts, der als Messung interpretiert werden kann, sich das ursprüngliche System bei der Anzeige X im Zustand $|\Psi\rangle$ (zusammen mit der Meßapparatur im Zustand $|X\rangle$) und bei der Anzeige Y im Zustand $|\Phi\rangle$ (zusammen mit $|Y\rangle$) befindet.

Wie aber kommt es zu dem Übergang, dem wunderbaren, von dem deterministisch festgelegten Zustand $(|\Psi>|X> + |\Phi>|Y>)/\sqrt{2}$ zu einem der beiden Zustände $|\Psi>|X>$ *oder* $|\Phi>|Y>$ nach den Regeln der Wahrscheinlichkeit? Und welche Kontakte mit welchen Systemen führen auf das eine, welche auf das andere? Die Lehrbuch-Quantenmechanik gibt hierauf Antworten, deren Gültigkeit John Bell in seinem bemerkenswerten Aufsatz «Wider die Messung» [16] durch das Kürzel FAPP charakterisiert hat: gültig *For All Practical Purposes*; zu deutsch: gültig für alle praktischen Zwecke. Gewiß, um als Kandidat für ein Meßinstrument auftreten zu können, muß das zweite System mit den Zuständen $|X>$ und $|Y>$ groß sein in dem Sinn, daß es viele Freiheitsgrade besitzt. Darüber aber, was das genau bedeuten soll, schweigt sich die Lehrbuch-Quantenmechanik aus. Keinesfalls führt sie die Entscheidung für $|\Psi>|X>$ oder $|\Phi>|Y>$ auf die deterministischen Gesetze zurück, deren Darstellungen den Rest des Lehrbuches einnehmen. Solange das Ergebnis X oder Y nicht zur Kenntnis genommen und für weitergehende Folgerungen benutzt wird, kann ihr zufolger[47] nicht davon abhängen, ob der tatsächliche Zustand $(|\Psi>|X> + |\Phi>|Y>)/\sqrt{2}$ oder einer der beiden Zustände $|\Psi>|X>$ *oder* $|\Phi>|Y>$ ist. Wird es aber zur Kenntnis genommen, muß das Resultat erst feststehen, wenn es das wird – nämlich zur Kenntnis genommen. Im ersten Fall, so die Lehrbuch-Quantenmechanik, müssen zumindest in Gedanken Kontakte zwischen dem Gesamtsystem im Zustand $(|\Psi>|X> + |\Phi>|Y>)/\sqrt{2}$ mit einem weiteren System oder mit einer Kette weiterer Systeme hergestellt werden, bis daß eine Messung erfolgt ist und die Anzeige X bzw. Y abgelesen werden kann. Auf welcher Stufe und wodurch dieser Übergang stattgefunden hat, ist für das Ergebnis irrelevant: Eine Anzeige X oder Y ist sichtbar aufgetreten, und das genügt. Hat bereits der erste Kontakt das Gesamtsystem in einen der beiden Zustände $|\Psi>|X>$ oder $|\Phi>|Y>$ versetzt, um so besser. FAPP.

Die «Kopenhagener Interpretation der Quantenmechanik» von Niels Bohr und seinen Anhängern aus der Frühzeit der Quantenmechanik hat im Laufe der Zeit zahlreiche Interpretationen erfahren. Konsequente Denker wie zum Beispiel Eugene P. Wigner, die ihre Antworten nicht mit FAPP abschließen mochten, haben eine Philosophie entwickelt, laut der erst die *Kenntnisnahme durch ein menschliches Bewußtsein* den Schnitt setzt zwischen der Welt der Quanten und der Welt der klassischen Physik. Das glaube ich nicht, sondern denke mit den Autoren von *Decoherence and the Appearence of a Classical World* [86], daß physikalische Prozesse auf der Grundlage der deterministischen Quantenmechanik auf Verfestigungen führen, die unabhängig von der Kenntnisnahme durch einen Beobachter feststehen und sozusagen auf ihre Kenntnisnahme warten, die erfolgen mag oder auch nicht.

Unabhängig aber davon, wie Verfestigungen sich aufbauen und ob zur Erklärung ihrer Entstehung vielleicht doch die Grundgleichungen der Quantenmechanik modifiziert werden müssen (z. B. [147] sowie Kapitel 7.5 und 8 von [86] und dort angegebene Literatur), bestehen wir darauf, daß es die Verfestigungen selbst sind, die den Übergang vom klassischen zum quantenmechanischen Regime bewirken. Eine Verfestigung mit dieser Konsequenz kann eine Versteinerung sein, eine Spur eines Elementarteilchens in einem Nachweisgerät, ein Krater, ein Ring eines Baumes mit erhöhtem Kohlenstoff-sechzehn-Gehalt, eine Aufzeichnung von Ergebnissen auf einer Festplatte, eine Fotografie, eine Notiz in einem Laborbuch oder auch eine lokale Erwärmung, die wieder vergeht. Worte wie Beobachtung oder Experiment haben für das Gemeinte einen viel zu anthropomorphen Beigeschmack. Gemeint ist einfach eine Verfestigung von Effekten der Quantenmechanik, die aufgetreten sind und dies oder jenes bewirkt haben, das zur Kenntnis genommen werden kann, aber nicht muß, um den Verlust der Kohärenz, wie der Übergang von dem Zustand

$(|\Psi> |X> + |\Phi> |Y>)/\sqrt{2}$ zu einem der beiden Zustände $|\Psi> |X>$ oder $|\Phi> |Y>$ auch genannt wird, zu bewirken. Verfestigungen kennzeichnet vor allem, daß es unmöglich sein muß, sie rückgängig zu machen, wobei wir nicht zwischen prinzipieller und nur praktischer Unmöglichkeit unterscheiden. Staubkörner streuen das Licht, wodurch sie selbst und ihre Geschwindigkeiten beobachtet werden können. Warme Körper in einer kalten Umgebung geben Wärmestrahlung ab, die beispielsweise durch Infrarotkameras zu ihrer Lokalisierung benutzt werden kann. Bereits die Kosmische Hintergrundstrahlung im Weltraum reicht dazu aus, Körpern – selbstverständlich im Einklang mit der Unschärferelation – einen Ort und eine Geschwindigkeit zuzuweisen. Betrachten wir Staubkörner, wie sie im Sonnenlicht zittern, strömen unendlich viel mehr Photonen auf uns ein, als zu deren Orts- und Impulsmessungen erforderlich sind. Verfestigungen können selbstverständlich auch in einem Gehirn auftreten – ob nun in dem einer Küchenschabe oder dem eines Juniorprofessors der Physik. Die Konsequenzen einer solchen Verfestigung, nämlich der Übergang vom Regime der Quantenmechanik zu dem der klassischen Physik, sind in allen Fällen dieselben. Das letztere regelt, wie Verfestigungen miteinander umgehen. Schlußendlich muß es aber möglich sein, auch die für Verfestigungen geltenden Naturgesetze auf die der Quantenmechanik zurückzuführen.

Neben Albert Einstein war der Physiknobelpreisträger von 1933 und Mitbegründer der Quantenmechanik Erwin Schrödinger der wohl konsequenteste Kritiker der Auffassung, die Quantenmechanik sei eine fundamentale Theorie. Für besonders exorbitant hielt er die Unterstellung, erst die Kenntnisnahme durch ein menschliches Bewußtsein besiegele das Ende einer Messung. Dem ist er mit seiner seither hochberühmten Katze entgegengetreten. Als Quantensystem nehmen wir mit Schrödinger den Kern eines radioaktiven Elementes. Sein Zustand, wenn er nicht zerfallen ist, sei

$|\Psi\rangle$; wenn er zerfällt, nehme er (zusammen mit seinen Zerfallspro-
dukten) den Zustand $|\Phi\rangle$ an. Der Kern werde im Zustand $|\Psi\rangle$ in
Position gebracht. Daß er zerfallen kann, bewirkt nach Auskunft
der deterministischen Quantenmechanik eine kontinuierlich
wachsende Beimischung des Zustands $|\Phi\rangle$ zu dem ursprünglichen
Zustand $|\Psi\rangle$ mit dem, wie wir der Bestimmtheit halber annehmen
wollen, Zustand $(|\Psi\rangle|X\rangle + |\Phi\rangle|Y\rangle)/\sqrt{2}$ als Resultat nach einer ge-
wissen Zeit t. Hier sind die Zustände $|X\rangle$ und $|Y\rangle$ die einer Katze
als Meßinstrument, die wie oben beschrieben im Zustand $|X\rangle$ le-
bendig, im Zustand $|Y\rangle$ tot ist. Schrödinger in seinem Gedanken-
experiment der Abb. 53 stellt sich nämlich vor, der zerfallsbereite
Kern sei zusammen mit der Katze und einer sinnreichen Vorrichtung in einem Kasten eingeschlossen, den ein Beobachter nach der
Zeit t öffnet. Die sinnreiche Vorrichtung besteht aus einem Geiger-

Abb. 53 Katze, Gift, Phiole, Hammer und Schalter sind zweimal dargestellt. Dies, um anzudeuten, daß sie bis zur Öffnung des Kastens keine ihrer beiden möglichen Formen annehmen werden. Insbesondere ist die
Katze weder tot noch lebendig, sondern mit gewissen Wahrscheinlichkeiten gleichzeitig sowohl das eine wie auch das andere. Der Text erläutert
den Ursprung dieser beklagenswerten Situation.

zähler, einem Hammer und einer Flasche mit einem tödlichen Giftgas. Wenn der Kern zerfällt, spricht der Zähler an und löst einen Hammerschlag aus. Dieser zerstört die Flasche, das Giftgas wird freigesetzt und tötet die Katze. Ein Beobachter, der den Kasten nach der Zeit t öffnet, findet entweder, daß der Hammer die Flasche mit dem Giftgas nicht zerschlagen hat und die Katze lebt. Daraus kann er schließen, aber darauf kommt es uns nicht an, daß der Kern nicht zerfallen ist und sich das Gesamtsystem im Zustand $|\Psi\rangle|X\rangle$ befindet. Oder er findet eine tote Katze neben einer zerschlagenen Flasche vor: Der Kern ist zerfallen, der Zustand des Gesamtsystems ist $|\Phi\rangle|Y\rangle$. Die Wahrscheinlichkeit für beide Beobachtungen ist gleich, nämlich $1/2$.

Nach Schrödingers Interpretation der orthodoxen Interpretation der Quantenmechanik, die er durch sein Gedankenexperiment ad absurdum führen will, befindet sich der Inhalt des Kastens unmittelbar vor dem Öffnen zur Zeit t in dem kohärenten Zustand $(|\Psi\rangle|X\rangle + |\Phi\rangle|Y\rangle)/\sqrt{2}$. Erst wenn der Kasten geöffnet und sein Inhalt durch ein menschliches Bewußtsein zur Kenntnis genommen wird, entsteht aus diesem Zustand entweder der Zustand $|\Psi\rangle|X\rangle$ mit einer lebenden oder der Zustand $|\Phi\rangle|Y\rangle$ mit einer toten Katze. Denn zwischen dem Schließen und Öffnen des Kastens gibt es nach dieser Interpretation der Quantenmechanik keine Fakten, sondern nur quantenmechanische Wahrscheinlichkeiten. Die Katze ist dazwischen weder tot noch lebendig, sondern wahrhaft und wirklich beides zugleich mit gewissen Wahrscheinlichkeiten, die sich aus der Halbwertszeit des Kerns berechnen lassen.

Der gesunde Menschenverstand, den wir mit Schrödinger gelten lassen wollen, stellt demgegenüber fest, daß der Kern im Kasten entweder bis t nicht zerfallen ist oder bereits zu einem vorherigen Zeitpunkt, den ein Gerichtsmediziner durch Studium der Katzenleiche ungefähr ermitteln könnte, zerfallen war. Daß dieser Zerfall zu Verfestigungen führt, die nicht rückgängig gemacht werden können, bewirkt laut der von Schrödinger unterstellten Fortführung der Kopenhagener Deutung durch Wigner für sich allein keinen Übergang vom Regime der Quantenmechanik zum klassischen Regime. Dazu ist die Kenntnisnahme der Verfestigung durch ein menschliches Bewußtsein nötig. Genaugenommen ist es danach sinnlos, vom Eintreten einer Verfestigung überhaupt zu sprechen, bevor sie zur Kenntnis genommen wurde.

Wie aber ist es, wenn Wigners Freund als Beobachter mit aufgesetzter Gasmaske neben der Katze im Kasten sitzt? Während er ein Nickerchen macht, passiert überhaupt nichts. Öffnet er aber die Augen, entsteht in demselben Augenblick aus der Katze in ihrem beklagenswerten quantenmechanischen Zustand entweder eine tote oder eine (noch) lebende Katze. Der Leser wird fragen, ob Wigners Freund dazu hellwach werden muß oder ob es ausreicht, wenn er im Halbschlaf blinzelt? Und wie es ist, wenn er ein Glas zuviel getrunken hat? Ich weiß es nicht. Und wie ist es, wenn er die Gasmaske abgenommen hat? Zunächst sind er und die Katze lebendig. Dann passiert es, der Hammer fällt, und beide sind – nein, nicht tot, weil ja dann kein menschlicher Beobachter mehr da wäre, dessen Bewußtsein es zur Kenntnis nehmen könnte, auf daß es zur Realität erhoben werde. Aber warum ein *menschliches* Bewußtsein, wenn doch dieses verschiedene Grade besitzen kann wie das eines nüchternen oder betrunkenen Doktors der Philosophie oder das eines Säuglings, der zu schreien beginnt? Reicht nicht vielleicht doch das wache oder erlöschende Bewußtsein der Katze selbst oder das einer Küchenschabe? Oder künftig möglicherweise das eines Computers? Einen Reim darauf kann ich mir nicht machen. Nein, es sind die Verfestigungen selbst, die aus einem kohärenten Zustand die einzelnen Zustände entstehen lassen, die zur Kenntnis genommen werden können, das aber für den durch die klassische Physik beschreibbaren Fortgang nicht müssen.

Wahrscheinlichkeiten und Realität

«Daß ein Körper über eine Entfernung hinweg durch ein Vakuum hindurch auf einen anderen ohne Vermittlung von etwas wirken sollte, von dem und durch das die Wirkung und Kraft vom einen auf den anderen übertragen würde, ist für mich ein [...] absurder Gedanke», schreibt Isaac Newton um 1700 an den Reverend und Doktor der Theologie Richard Bentley, mit dem er einen freundlichen Briefwechsel pflegt [115]. Wegen ihres Erfolges hat Newtons Mechanik, die genau diese Absurdität annimmt, mehr als zweihundert Jahre die Physik beherrscht. Die früheste lokale Theorie – eine, die statt instantaner Fernwirkungen nur Wirkungen kennt, die sich mit endlicher Geschwindigkeit kontinuierlich ausbreiten – war 1864 die Elektrodynamik von James Clerk Maxwell. Die Frage nach Details dieser Ausbreitung – ob durch Wellen in einem sowieso vorhandenen Medium namens Äther oder durch autonome elektromagnetische Felder – bleibe hier offen. Wichtig ist nur, daß eine solche Ausbreitung Zeit braucht. In seiner Speziellen Relativitätstheorie gab Albert Einstein 1905 (unter anderem) eine konkrete Antwort auf die Frage nach der höchsten Geschwindigkeit, mit der sich Signale ausbreiten können: höchstens mit der Geschwindigkeit des Lichtes.

Elf Jahre später gelang es ihm, eine Theorie der Schwerkraft – die Allgemeine Relativitätstheorie – zu entwickeln, in der, ganz wie Newton es wollte, Massen einander nur durch Wirkungen beeinflussen, die sich mit endlicher Geschwindigkeit kontinuierlich ausbreiten. Sollten also nicht alle fundamentalen physikalischen Theorien wie Maxwells Elektrodynamik und Einsteins Allgemeine Relativitätstheorie *lokal-kausal* sein? Vielleicht sollten sie, aber sie sind es nicht.

Albert Einstein, Boris Podolsky und Nathan Rosen (EPR) [54] wiesen 1935 als erste darauf hin, daß die Quantenmechanik für

Wirkungen, die physikalische Systeme auf andere, beliebig weit entfernte Systeme ausüben, keine Mechanismen oder Zwischenträger angeben kann, durch welche die Wirkungen übertragen würden – ganz wie die Mechanik Newtons für die Wechselwirkungen eines Planeten mit der Sonne.

Als Konsequenz der quantenmechanischen Unschärferelation kann kein Teilchen einen Zustand annehmen, in dem es zugleich einen genau festgelegten Ort x und einen genau festgelegten Impuls p besitzt: Das Produkt der Unsicherheiten Δx und Δp der beiden klassischen Zustandsvariablen kann nicht kleiner sein als Plancks h. Minimalpakete heißen jene Zustände, in denen das Produkt $\Delta x \cdot \Delta p$ den Minimalwert h annimmt. In jenen Zuständen $|\Psi>$ besitzt sowohl die Wahrscheinlichkeit im Ortsraum $|\Psi(x)|^2$ als auch jene im Impulsraum $|\bar{\Psi}(p)|^2$ die wohlbestimmte Form einer «auf eins normierten» Gauß- oder Glockenkurve, wie sie in der Abb. 55a dargestellt ist.

Die klassische nichtquantenmechanische Physik soll für Teilchen mit makroskopischen Massen gelten. Deshalb müssen diese, wenn sie sich in oder nahe einem solchen Zustand befinden, für alle praktischen Zwecke und für alle irgend relevanten Zeiten sowohl einen beliebig genau festgelegten Ort als auch Impuls besitzen. Eine kleine Rechnung (mit Hilfe der Formeln des alten Zehnmarkscheins!) zeigt, daß das tatsächlich so ist. Der Leser, der seine Quantenmechanik aus einem der gängigen Lehrbücher gelernt hat, wird mit jenem möglicherweise die Meinung vertreten, bereits durch diese Nebenrechnung sei die klassische Physik mit der Quantenmechanik in Einklang gebracht. Das ist aber nicht so. Denn die den Minimalpaketen benachbarten Zustände bilden nur eine verschwindend kleine Untermenge aller Zustände, die ein Teilchen der Quantenmechanik annehmen kann. In der großen Überzahl von ihnen ist das Teilchen in keiner Weise in der Nähe eines Punktes lokalisiert, sondern die Wahrscheinlichkeit, es bei einer Ortsmessung anzutreffen, ist an makroskopisch verschiedenen Orten vergleichbar groß. Für den Impuls gilt Analoges. Ein Beispiel aus der Mikrowelt stellt die Abb. 55 vor. Tatsächlich treffen wir aber alle makroskopischen Objekte in einem Zustand an, in dem sie sowohl einen einigermaßen genau bestimmten Ort als auch einen genauso einigermaßen bestimmten Impuls besitzen. Warum das[48], wenn die Quantenmechanik regiert? Nur wegen dieser Vorgabe müssen wir spezielle Mittel anwenden, um in der Abb. 55c ein Teilchen vor uns zu haben, das bei einer Ortsmessung mit etwa derselben Wahrscheinlichkeit an zwei weit voneinander entfernten Orten angetroffen wird. Während es außerdem und unbemerkt mit derselben Wahrscheinlichkeit gleichzeitig zwei entgegengesetzte Geschwindigkeiten besitzt.

Ich eile zu sagen, daß die Wahrscheinlichkeit, um die es hier geht, keine klassische, sondern eine quantenmechanische Wahrscheinlichkeit ist. Auf klassische Wahrscheinlichkeiten greifen wir zurück, wenn der genaue Zustand eines Systems uns unbekannt ist, wir aber keinen Zweifel hegen, daß es genauer, als uns bekannt, beschrieben werden kann – daß eine *vollständige Beschreibung* mit festgelegten Orten und Impulsen zwar nicht uns, aber im Prinzip möglich ist. Die quantenmechanische Wahrscheinlichkeit ist von ganz anderer Art, wenn sie sich auch in ihren beobachtbaren Auswirkungen von der klassischen nicht unterscheidet. Die Quantenmechanik sagt, daß kein System genauer beschrieben werden kann, als sie es beschreibt – wenn ihre genauesten Ergebnisse Wahrscheinlichkeit sind, existiert, so sagt sie, keine genauere Beschreibung: Die Beschreibung des Systems durch die Quantenmechanik ist *vollständig*. Alles, was über den Zustand eines Systems überhaupt gesagt werden kann, folgt aus dessen Beschreibung durch die Quantenmechanik oder widerspricht ihr; ein Drittes gibt es nicht. Das System befindet sich, anders gesagt, in einem Zustand, in dem zwar Wahrscheinlichkeiten für Orte, nicht aber die Orte selbst festgelegt sind. «Wenn man es so auffaßt», bringt Albert Einstein 1953 in einem Brief [24] an Max Born seine Kritik an diesem Aspekt der Quantenmechanik auf den Punkt, «dann kommt man zu der Ansicht, daß weitaus die meisten quantentheoretisch denkbaren Vorgänge von Makrosystemen keinen Anspruch darauf machen dürften, durch die Makro-Mechanik annähernd beschreibbar zu sein. Dann müßte man sich z. B. sehr wundern, wenn ein Stern oder eine Fliege, die man zum ersten Mal sieht, so etwas wie quasilokalisiert erscheinen.»

In der nichtquantenmechanischen Physik bedeutet Wahrscheinlichkeit nichts weiter als unvollständige Information. Gegeben sei die Vorrichtung der Abb. 54. Durch eine Röhre fällt eine Kugel auf

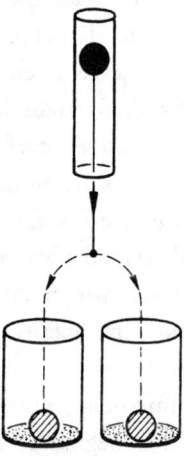

Abb. 54 In den linken wie den rechten Behälter fällt die Kugel mit derselben Wahrscheinlichkeit 1/2.

einen Nagel und wird von ihm mit derselben Wahrscheinlichkeit nach rechts wie nach links abgelenkt. Wir wollen annehmen, daß die Anordnung verdeckt ist, so daß wir nicht wissen, in welchem der beiden Behälter die Kugel sich nach dem Fall befindet. Für einen späteren Vergleich mit der Situation in der Quantenmechanik wollen wir uns weiterhin vorstellen, daß die Behälter verschlossen werden und Hänsel den linken hundert Meter nach links, Gretel den rechten hundert Meter nach rechts mitnimmt.

Weder Hänsel noch Gretel weiß, in welchem Behälter sich die Kugel befindet. Objektiv und tatsächlich befindet sie sich selbstverständlich in genau einem von ihnen, und nichts spricht dagegen, daß die Hexe weiß, in welchem. Aber auch wenn niemand das weiß, ist von der Realität der Kugel nichts dadurch verlorengegangen, daß von ihr augenblicklich niemand Sinneseindrücke empfängt.

Wenn Hänsel seinen Behälter öffnet und die Kugel findet, weiß er in demselben Augenblick, daß Gretels Behälter leer ist; und dreifach umgekehrt – Hänsel findet die Kugel nicht, dann hat sie Gretel; oder Gretel öffnet ihren Behälter, dann weiß sie, daß Hänsel die Kugel hat oder nicht hat. Wie Gretel zuvor, wenn sie als zweite nachsieht, die Kugel nicht finden oder finden wird, so Hänsel, nachdem Gretel als erste nachgesehen hat. Das alles ist so selbstverständlich, daß nur ein Pedant es erwähnen mag. Insbesondere ist die Überführung der Aussagen über Objekte in Sätze, die Resultate von Beobachtungen feststellen, wegen der Äquivalenz beider in der klassischen Mechanik überflüssig. Hingegen müssen wir in der Quantenmechanik zwischen Aussagen über Objekte und über Beobachtungsgrößen penibel unterscheiden.

Unser Beispiel für eine räumlich weit ausgedehnte quantenmechanische Wahrscheinlichkeit, ein Teilchen zu finden, beginnt mit der Abb. 55a. Sie zeigt die Wahrscheinlichkeitsverteilung $|\Psi(x)|^2$ eines Elektrons im Zustand $|\Psi\rangle$ in einem Augenblick. Der Pfeil über der Kurve der Abbildung deutet an, daß sich diese – wir dürfen tatsächlich so anschaulich sprechen – nach rechts bewegt. Der senkrechte Strich, auf den sie zuläuft, steht für den Nagel der Abb. 54. An ihm wird die Wahrscheinlichkeit, das Teilchen anzu-

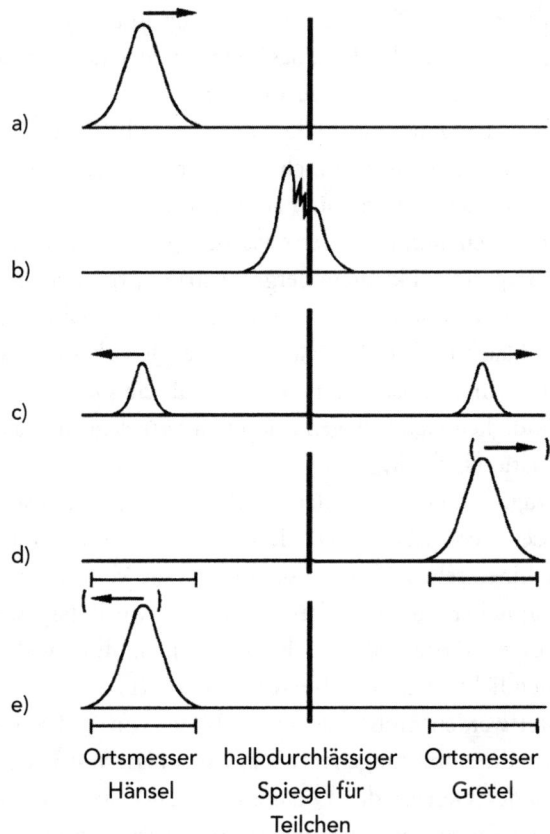

Ortsmesser | halbdurchlässiger | Ortsmesser
Hänsel | Spiegel für | Gretel
  | Teilchen |

Abb. 55 Die Kurven stellen Wahrscheinlichkeitsdichten dar, ein Teilchen der Quantenmechanik bei einer Ortsmessung anzutreffen. Die Interpretationen der dargestellten Prozesse beschreibt der Text.

treffen, die anfangs ein zusammenhängender Berg war, in zwei Berge unterteilt. Wie dieser quantenmechanische Nagel – ein Potentialwall – funktioniert, soll hier nicht beschrieben werden. Für einzelne Elektronen leistet er dasselbe wie ein halbdurchlässiger

Spiegel für einzelne Photonen: Die anfangs in einem Strahl konzentrierte Wahrscheinlichkeit, das Teilchen bei einer Ortsmessung zu finden, wird in zwei Strahlen aufgeteilt.

In dem ersten Szenenfoto a) des Films[49] der Abb. 55 läuft also der Berg, der für die Wahrscheinlichkeit steht, das Teilchen anzutreffen, auf den quantenmechanischen Nagel zu. Ist er dort angekommen, beginnt ein kompliziertes Zwischenspiel, das dazu führt, daß sich der Berg in zwei kleinere Berge aufspaltet, von denen der eine reflektiert wurde und nach links läuft. Der andere wurde durchgelassen und läuft nach rechts (Abbildung c). Jetzt befindet sich das Teilchen in einem Zustand, in dem sowohl sein Ort als auch seine Geschwindigkeit viel, viel weniger genau festgelegt ist, als die Unschärferelation befiehlt.

Die waagerechten Striche der Abbildungen d) und e) stehen für Ortsmesser, die so arbeiten wie Hänsel und Gretel, wenn sie in ihre Behälter hineinsehen. Ortsmesser führen zur Verfestigung quantenmechanischer Möglichkeiten, und das ist, wie dargestellt, ein ganz anderer Prozeß als die kontinuierliche Entwicklung der Wahrscheinlichkeit in den Abbildungen a) bis c).

Beachtet werden muß, daß unsere Bilder von Wahrscheinlichkeiten wie die Abbildungen a) bis c) Ergebnisse von Rechnungen aufgrund der Gesetze der Quantenmechanik sind und niemals durch eine Folge von Messungen an einem einzelnen, immer demselben Teilchen experimentell überprüft werden können. Zur Überprüfung müßte wieder und wieder der Anfangszustand der Abbildung a) eingestellt und dann bis zu dem Zeitpunkt gewartet werden, zu dem die Wahrscheinlichkeitsverteilung bestimmt werden soll. In diesem Augenblick müßte ein aus zahlreichen Detektoren zusammengesetzter Ortsmesser betätigt werden, der das Teilchen in einem seiner kleinen Intervalle findet – mal in diesem, mal in jenem, aber mit solchen Häufigkeiten, wie es die Wahrscheinlichkeitsverteilung will.

Im Augenblick der Abbildung c) habe nun entweder Hänsel oder Gretel in das Geschehen eingegriffen und das Teilchen gefunden oder nicht gefunden. Das ergibt vier Möglichkeiten, die in den Abbildungen d) und e) dargestellt sind. Die Abbildung d) können wir so interpretieren, daß Gretel ihren Ortsmesser betätigt und das Teilchen gefunden hat. Dann ist im selben Augenblick sicher, daß Hänsel, sollte er seinen Ortsmesser betätigen, das Teilchen nicht finden wird: Die Wahrscheinlichkeit, es zu finden, ist in seinem Gebiet instantan zu null geworden, in Gretels ist sie auf eins gewachsen.

Wir können die Abbildung d) aber auch so interpretieren, daß Hänsel im Augenblick der Abbildung c) seinen Ortsmesser betätigt und das Teilchen nicht gefunden hat. Dann wird Gretel, sollte sie nach dem Teilchen suchen, dieses mit Sicherheit finden: Die Gesamtwahrscheinlichkeit, das Teilchen bei einer Ortsmessung anzutreffen, ist in ihrem Gebiet instantan auf eins gewachsen. Der Formalismus der Quantenmechanik sagt sogar, daß die Wahrscheinlichkeitsverteilung unmittelbar nach Hänsels erfolglosem Versuch die Gestalt der Abbildung d) besitzt und sich, wie durch den Pfeil angedeutet, nach rechts bewegt.

Die analogen Interpretationen der Abbildung e) erspare ich dem Leser und mir. Das alles wäre wie bei den Ausführungsbestimmungen zur Abb. 54 – wenn, ja wenn in der Quantenmechanik die Wahrscheinlichkeiten wie in der nichtquantenmechanischen Physik nichts als Rechengrößen wären, die unser nur unvollständiges Wissen um tatsächlich feststehende Sachverhalte beschreiben. Aber so ist es, wie wir vom Zwei-Loch-Experiment wissen, nicht. Unser jetziges von Computersimulationen inspiriertes Gedankenexperiment können wir denn auch zu einer Illustration des Zwei-Loch-Experimentes ausbauen. Dazu entfernen wir im Augenblick der Abb. 55c den halbdurchlässigen Spiegel in der Mitte und fügen an den Rändern zwei die Wahrscheinlichkeitsverteilungen total reflektierende Spiegel hinzu. Da die Wahrscheinlichkeit, das Teilchen zu finden, in diesem Augenblick an allen drei Stellen verschwindet, an denen Änderungen vorgenommen werden, bleibt sein momentaner Zustand derselbe. Aufgrund der neuen Bedingungen wird er sich im Laufe der Zeit aber anders weiterentwickeln. Zwei dieser Entwicklungen zeigen die Abb. 56 und Abb. 57, die beide mit der modifizierten Abb. 55c als Abbildung a) beginnen.

In mehr als einer Dimension können wir Wahrscheinlichkeitsverteilungen um Hindernisse herumleiten. Das ist in einer Dimension nicht möglich. Deshalb die Änderungen der Umstände, durch die wir von der Abb. 55 zu den Abbildungen a) von Abb. 56 und Abb. 57 übergehen.

Zunächst zur Abb. 56. Diese zeigt ab Abbildung a) den ungestörten Ablauf: Weder Hänsel noch Gretel unternimmt einen Versuch, das Teilchen zu finden, so daß wir das Symbol für den Ortsmesser fortlassen können. In der Abbildung b) wurden die Wahrscheinlichkeitsverteilungen bereits von den Spiegeln reflektiert und laufen aufeinander zu. Wenn sie sich in der Mitte treffen, ergeben sie zusammen das zerklüftete Bild der Abbildung c).

In der Abb. 57 haben wir angenommen, daß Gretel unmittelbar nach der Szene in Abbildung a) nach dem Teilchen gesucht und es nicht gefunden hat. Danach würde Hänsel, würde er nur nach ihm suchen, es mit Sicherheit in seinem Gebiet entdecken. Mehr noch – unmittelbar nach Gretels erfolgloser Suche nach dem Teilchen besitzt die Wahrscheinlichkeitsverteilung die Gestalt der Abb. 57b und bewegt sich nach links. Von dem linken Spiegel wird sie zwischen den Abb. 57b und Abb. 57c reflektiert, so daß sie sich in der Abb. 57c nach rechts bewegt.

Zeitgleich sind nach den Abbildungen a) die Abb. 56b und Abb. 57c sowie die Abb. 56c und Abb. 57d. Uns kommt es auf die Unterschiede der Wahrscheinlichkeitsverteilungen in den Abb. 56c und 57d an. Während die Verteilung der Abb. 56c die für Interfe-

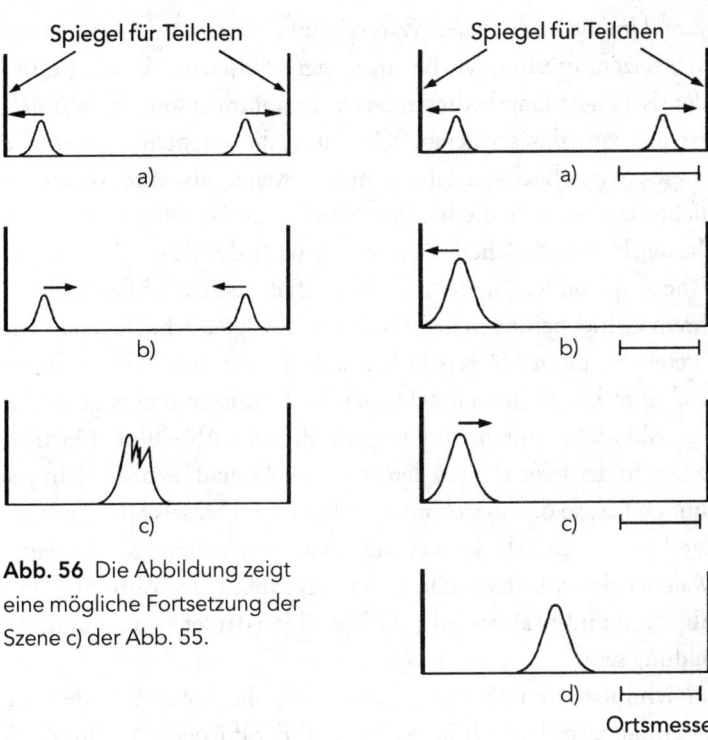

Abb. 56 Die Abbildung zeigt eine mögliche Fortsetzung der Szene c) der Abb. 55.

Ortsmesser
Gretel

Abb. 57 Die Abbildung zeigt eine Fortsetzung der Szene c) der Abb. 55, die sich von der in Abb. 56 unterscheidet.

renzen charakteristischen Berge und Täler aufweist, fehlen diese in der Abb. 57d. Beide Abbildungen müßten aber identisch sein, wenn die quantenmechanische Wahrscheinlichkeit wie die nichtquantenmechanische der Abb. 54 nur unser unvollständiges Wissen beschreiben würde, also nichts weiter als eine Rechengröße wäre. Um die berechneten Wahrscheinlichkeiten durch gemessene zu ersetzen, müssen, wie bereits gesagt, zahlreiche Versuche unter identischen Anfangsbedingungen unternommen werden. Wir stellen uns vor, das sei getan. Wäre nun die quantenmechanische Wahrscheinlichkeitsverteilung nichts weiter als eine verkappte nichtquantenmechanische, so würden durch Gretels erfolglose Suche nach dem Teilchen unmittelbar nach der Abb. 57a nur die Fälle ausgesondert, in denen sich das Teilchen tatsächlich nicht in ihrem Gebiet befunden hat. Dann hat es sich tatsächlich bereits vor Gretels Suche in Hänsels Gebiet aufgehalten, und Gretels Suche nach ihm hat an den tatsächlichen Verhältnissen nichts geändert. Der Abb. 57 könnten wir eine ganz ähnliche Abbildung hinzugesellen, in der Hänsel nach dem Teilchen gesucht, es aber nicht gefunden hat, so daß es sich unmittelbar nach Hänsels Suche mit Sicherheit in Gretels Gebiet aufgehalten hat. Die resultierende Wahrscheinlichkeitsverteilung im Augenblick der Abb. 56c und Abb. 57d müßte also wieder die Verteilung der letztgenannten Abbildung sein.

Nichtquantenmechanisch gesehen faßt die Abb. 56 beide Fälle zusammen, so daß sich in der Tat statt der dortigen Abbildung c) abermals die Abbildung d) von Abb. 57 hätte ergeben müssen. Sie wäre nur anders entstanden – die beiden kleinen Kurven wären zu der großen verschmolzen. Das ist aber nicht so, statt der Wahrscheinlichkeitsverteilung der Abb. 57d tritt die der Abb. 56c auf.

Die Analogie zu dem eigentlichen Zwei-Loch-Experiment sollte klar sein. Die Kurve der Abb. 56c entspricht dem Interferenzbild P_{12} der Abb. 51, das sich ergibt, wenn kein Versuch unternommen wurde, festzustellen, welchen Weg durch F_1 oder F_2 das Elektron genommen hat; die Kurve der Abb. 57d hingegen stellt die *Summe* der beiden Kurven P_1 und P_2 von Abb. 51 dar, die sich einzeln ergeben, wenn eines der beiden Löcher geschlossen ist, so daß das Elektron nur den Weg durch das andere genommen haben kann.

Ich kehre zur Abb. 55 zurück. In ihr bewegen sich 50 Prozent der Wahrscheinlichkeit, das Elektron bei einem Versuch anzutreffen, beliebig weit nach rechts und die anderen 50 Prozent beliebig weit nach links. Bemerkenswert ist, was bei einer Ortsmessung in der Situation der Abb. 55c der Wahrscheinlichkeitsverteilung widerfährt. Unsere Diskussion der Abb. 56 und Abb. 57 hat gezeigt, daß Gretels Versuch, das Teilchen in ihrem Gebiet zu finden, in Hänsels beliebig weit entferntem Gebiet – dort, wo gar nicht gemessen wurde! – auf dem Niveau der quantenmechanischen Wahrscheinlichkeitsverteilungen unabhängig davon instantane Auswirkungen besitzt, ob sie das Teilchen findet oder nicht: Findet sie es nicht, wächst die Wahrscheinlichkeit in Hänsels Gebiet instantan auf eins an. Findet sie es aber, wird die Wahrscheinlichkeit dort, ebenfalls instantan, auf null gesetzt. Das ist wie bei den klassischen Wahrscheinlichkeitsverteilungen der Abb. 54, die reine Rechengrößen sind in dem Sinn, daß sie nur unser Wissen beschreiben. Hiermit kommen wir aber in der Quantenmechanik nicht durch. Denn dann hätte Gretels/Hänsels Nichtfinden des Elektrons in ihrem/seinem Gebiet nur die Fälle ausgesondert, in denen es sich tatsächlich nicht dort befunden hätte, ansonsten aber die sowieso feststehenden Realitäten nicht geändert. Folglich hätte sich, wie bereits festgestellt, unter den Bedingungen der Abb. 56 als Schlußbild c) die Kurve der Abb. 57d ergeben müssen, was aber nicht der Fall ist.

Wenn Gretel also *nicht* nach dem Teilchen sucht, bleibt die quantenmechanische Wahrscheinlichkeit, dieses zu finden, in Hänsels Gebiet dieselbe, nämlich 1/2. Offensichtlich bleibt es dann dabei, daß Hänsel in 50 Prozent der Fälle, in denen er nach ihm sucht, das Teilchen findet. *Sucht* Gretel aber in ihrem Gebiet nach dem Teilchen, was sie vermöge ihres freien Willens tun oder lassen kann, bleibt die quantenmechanische Wahrscheinlichkeit in Hänsels Gebiet nicht dieselbe, sondern wird entweder auf null reduziert oder auf eins erhöht. Welche dieser beiden Wirkungen eintritt, hängt davon ab, ob sie das Teilchen findet (dann Reduktion auf null) oder nicht (Erhöhung auf eins). Beide Wirkungen treten mit derselben Wahrscheinlichkeit 1/2 ein, und das wirkt sich in Hänsels Gebiet zwar auf die quantenmechanische Wahrscheinlichkeit aus, nicht aber auf die relative Häufigkeit, mit der er bei seiner Suche nach dem Teilchen dieses findet. Ob Gretel also nach dem Teilchen sucht oder nicht, wirkt sich für Hänsel in seinem Gebiet nur so aus, daß seine quantenmechanische Wahrscheinlichkeit 1/2 zu derselben klassischen Wahrscheinlichkeit 1/2 wird. Solange Gretel ihm das Ergebnis ihrer Suche nicht mitgeteilt hat und er sein Handeln darauf einstellen kann, hat Gretels freie Entscheidung, nach dem Teilchen zu suchen oder nicht zu suchen, für ihn keine Auswirkungen, die er beobachten könnte. Zwar weiß Gretel vorab, was das Ergebnis seiner Suche sein wird, aber er weiß es nicht. Dies, obwohl die quantenmechanische Wahrscheinlichkeit in seinem Gebiet durch Gretels Entscheidung durchaus beeinflußt wurde.

Keine *Nachricht* schneller als das Licht

Im Gegensatz zu ihrer freien Entscheidung, nach dem Teilchen in ihrem Gebiet zu suchen oder das zu unterlassen, kann Gretel das *Ergebnis ihrer Suche*, wenn sie denn sucht, *nicht* beeinflussen. Wäre das möglich, könnte sie Hänsel im Widerspruch zur Relativitätstheorie instantan eine Nachricht über ihrer beider beliebig große Entfernung hinweg zukommen lassen. Etwa so: Vor dem gemeinsamen Experiment verabreden Hänsel und Gretel, was es bedeuten soll, wenn Gretel das Teilchen nachweist – dann ist sie krank. Gesund aber, wenn sie es nicht nachweist. Das ist unmöglich, weil Gretel das Ergebnis ihrer Suche nicht beeinflussen kann. *Sie* weiß zwar instantan, was das Ergebnis von Hänsels Suche sein wird, kann es ihn aber nur auf konventionellem Wege wissen lassen. Erst Vergleiche von Experimentprotokollen beider können zeigen, daß Gretel mit ihren Vorhersagen über die Ergebnisse von Hänsels Nachweisversuchen recht hatte.

Wir werden weiter unten erstens in einer Parabel und zweitens im Zusammenhang mit EPR ein anderes und berühmteres Beispiel mit *zwei* räumlich weit getrennten Teilchen in einem gemeinsamen Zustand kennenlernen. Dieses besagt, daß die Quantenmechanik zwar instantane Wirkungen auf dem Niveau ihrer Zustände kennt, daß diese es aber nicht erlauben, Nachrichten mit Überlichtgeschwindigkeit zu übermitteln. Hierfür wurde die Bezeichnung «Friedliche Koexistenz von Quantenmechanik und Relativität» geprägt [172], die ich an ihrem Platz noch einmal anführen werde. Dort wird es sich als unmöglich erweisen, gewisse *experimentell überprüfbare* Vorhersagen der Quantenmechanik durch eine Theorie zu erhalten, welche die hier in einer Nußschale geschilderten Probleme der Quantenmechanik mit Prinzipien, die für gültig zu halten wir geneigt sind, nicht aufweist.

Vollständigkeit und Lokalität

Wie kann es aber sein, daß Gretels erfolglose Suche nach dem Teilchen in ihrem Gebiet nicht nur die Realität erschafft, daß es sich dort nicht befindet, sondern in demselben Augenblick auch die, daß es in Hänsels Gebiet anzutreffen ist? Das ist laut EPR unmöglich. Es muß, so EPR, wenn auch auf eine verborgene und bisher noch unbekannte Weise so sein, daß die Suche nach dem Teilchen Realitäten offenbart, die bereits vor dem ersten Experiment bestanden haben. Da die Quantenmechanik diese Realitäten nicht berücksichtigt, ist sie, abermals laut EPR, eine unvollständige Theorie, die durch eine vollständigere zu ersetzen möglich sein muß. Die vollständigere Theorie soll die Korrelationen von Hänsels Ergebnissen mit denen von Gretel durch eine gemeinsame Wurzel von Realitäten verständlich machen, die durch die Experimente offenbart, aber nicht geschaffen wurden.

Nichtquantenmechanische Wahrscheinlichkeiten nach Art der Abb. 54 können zu Korrelationen zwischen experimentellen Ergebnissen in weit voneinander entfernten Gebieten führen, die mit gewissen Korrelationen aufgrund von quantenmechanischen Wahrscheinlichkeiten zwar identisch sind, letztlich aber auf tiefer liegenden objektiven Realitäten – den wirklichen Orten wirklicher Teilchen – statt auf objektiven Wahrscheinlichkeiten beruhen. In der nichtquantenmechanischen Physik müssen wir Wahrscheinlichkeiten nur deshalb benutzen, weil wir weder den Dämon von Laplace noch den von Maxwell befragen können, uns also mit unvollständigem Wissen begnügen müssen. Nach Auskunft der nichtquantenmechanischen Physik *gibt es* die «Verborgenen Variablen», die unser Wissen vervollständigten, würden wir nur ihre Werte kennen. Das, so EPR, sollte in jeder fundamentalen Theorie so sein. Objektive Wahrscheinlichkeiten, denen keine materiellen Realitäten zugrunde liegen, kann es nicht geben. Die Einführung Verborgener Variabler könnte die Quantenmechanik zu einer Theorie vervollständigen, die EPR als fundamental anerkennen würden.

Eines aber können wir bereits aufgrund unserer jetzigen Überlegungen über die anzuvisierende Meta- oder Ersatztheorie der Quantenmechanik sagen: Wenn sie anerkennt, daß die Beschreibung der Realität durch die Quantenmechanik in dem Sinn *vollständig* ist, daß über die Orte von Teilchen nicht mehr gesagt werden kann, als dies die Wahrscheinlichkeitsverteilungen der Quantenmechanik tun, dann muß sie instantane Wirkungen über eine Entfernung hinweg erlauben. Denn in dem Fall beruhen die

Korrelationen zwischen experimentellen Ergebnissen in weit voneinander entfernten Gebieten nicht auf Realitäten, die bereits vor der ersten Messung bestanden haben, sondern sie drücken Realitäten aus, welche erst die Messung geschaffen hat.

Die orthodoxe Quantenmechanik soll nach EPR durch eine Theorie ersetzt werden, die zwar deren experimentell bestätigte Ergebnisse reproduziert, zugleich aber – anders als diese – real, lokal und kausal ist. Die Theorie, die EPR im Sinn haben, betrifft nur Eigenschaften von physikalisch realen Objekten, die in der Wirklichkeit in einzelnen Experimenten auftreten können. Einflüsse, die diese Objekte aufeinander ausüben, sollen in dem Sinn lokal sein, daß ihre Wirkungen sich kontinuierlich von Ort zu Ort ausbreiten. Instantane Wirkungen, die zu ihrer Ausbreitung keine Zeit brauchen, soll es nicht geben. Präziser soll die Lichtgeschwindigkeit die größtmögliche Ausbreitungsgeschwindigkeit von Wirkungen sein. Bisher haben wir den Status dieser Prinzipien am Beispiel einzelner Teilchen untersucht. Ihre volle Kraft entfalten sie aber erst bei mindestens zwei Teilchen in ihren «verschränkten» Zuständen.

Eine Parabel

*H*änsel und *G*retel, die weit entfernt voneinander wohnen, erhalten seit langem von der Quantenhexe Post[50]. Und zwar bekommt jede/r täglich ein Körnchen Substanz. Wird dieses in Wasser *A*ufgelöst (*A*), färbt es das Wasser *r*ot (*r*) oder *g*rün (*g*); wird es (*B*) ver-*B*rannt, brennt es mit *r*oter (*r*) oder *g*rüner (*g*) Flamme.

Auf Befehl der Hexe betätigen beide täglich und gleichzeitig nach Erhalt der Sendung einen Zufallsgenerator – vulgo Würfel – und ver*B*rennen ihr Körnchen oder lösen es *A*uf: Ist das Ergebnis eine gerade Zahl, dann *A*; ist sie ungerade, dann *B*. Da *H*änsel und *G*retel gleichzeitig handeln, kann bei Ausschluß von spukhaften Fernwirkungen das *A* oder *B* und das *r* oder *g* des einen von ihnen das *A* oder *B* und das *r* oder *g* des anderen nicht beeinflussen. Bemerkt sei auch, daß von den zwei möglichen Experimenten *A* und *B* sowohl *H*änsels als auch *G*retels jeweils eines ein wahres Gedankenexperiment bleiben muß: Wurde das Körnchen *A*ufgelöst, kann es nicht mehr ver*B*rannt werden und umgekehrt. *Wäre aber* das jeweils andere Experiment – ver*B*rennen statt *A*uflösen, *A*uflösen statt ver*B*rennen – durchgeführt worden, so *hätte* es ebenfalls eines der beiden Ergebnisse *r* oder *g* gehabt. Dies scheint, wenn es auch aus prinzipiellen Gründen nicht überprüft werden kann, für den gesunden Menschenverstand unabweisbar zu sein. Wird nämlich aus einer Menge eine statistisch relevante Untermenge zufällig ausgewählt und kommt bei dem – sagen wir – Experiment *A* an den Elementen dieser Untermenge immer eines der beiden Ergebnisse *r* oder *g* heraus, dann wäre – so das «Prinzip der Induktion» in Anlehnung an den gesunden Menschenverstand – bis auf wenige mögliche Ausreißer auch bei den anderen Elementen der Menge entweder *r* oder *g* das Ergebnis des Experimentes *A* gewesen, wäre dieses nur durchgeführt worden. Dieser Abschnitt ist vor allem der Frage gewidmet, wie weit wir mit Prinzipien wie «keine spukhaften Fernwirkungen» und mit dem «Prinzip der Induktion» in der Quantenmechanik kommen. Nicht sehr weit, wie sich herausstellen wird.

Aber kehren wir zu *H*änsel und *G*retel und ihren Experimenten zurück. Die beiden treffen sich jedes Jahr am Palmsonntag und vergleichen ihre Experimente und Ergebnisse Tag um Tag. Dabei machen sie mit von Jahr zu Jahr wachsender Sicherheit eine Feststellung, von der *G*retel nach einigem Nachdenken abliest, daß sie geheiligten Prinzipien wie «keine spukhaften Fernwirkungen» oder dem «Prinzip der Induktion» widerspricht. Die Ergebnisse ihrer

Vergleiche sind die folgenden: Es gibt keinen Tag, an dem *H*änsel und *G*retel beide ihr Körnchen *A*ufgelöst und *r* gefunden hätten; wohl aber gibt es Tage – etwa 9 Prozent von allen –, an denen sie beide ihr Körnchen ver*B*rannt und *g* gefunden haben. So geht es weiter; beider Köpfe rauchen. Zur Vereinfachung ihrer Verständigung erfinden sie eine Notation, und zwar die folgende: Erstens stellen sie fest, daß beide ihre Aktivität und deren Ergebnis an jedem Tag durch eines von vier Symbolen beschreiben können, nämlich (in einer hoffentlich einsichtigen Notation) durch eines von diesen: $<A,r>$, $<A,g>$, $<B,r>$ und $<B,g>$. Jeder *Tag* ist durch *zwei* derartige Symbole zu kennzeichnen, nämlich durch eins, das sich auf *H*änsel, und eins, das sich auf *G*retel bezieht. Die relative Häufigkeit der Tage mit *H*änsels $<A,r>_H$ und *G*retels $<B,g>_G$ bezeichnen sie mit $<A,r> \& <B,g>$, wobei das erste Symbol stets *H*änsel, das zweite stets *G*retel gelten soll. Was sie mit wachsendem Erstaunen feststellen müssen, ist kurz gesagt dies: Zwar tritt $<B,g> \&$ $<B,g>$ auf, von $<B,g> \& <A,g>$, $<A,g> \& <B,g>$ und $<A,r> \& <A,r>$ aber keins. Dieses statistisch zunehmend gefestigte Ergebnis läßt sie staunen, weil sie dreierlei für selbstverständlich halten:

Erstens, daß jedes Körnchen, das einer von ihnen erhält, durch ein *Paar* von Farben wie zum Beispiel $(r,g)_G$ gekennzeichnet werden kann, wobei der Index den Empfänger des Körnchens – *G* für *G*retel, *H* für *H*änsel – kennzeichnet und die in der Klammer zuerst (als zweite) genannte Farbe jene sein soll, die sich beim *A*uflösen (Ver*B*rennen) zeigen wird oder würde. So steht $(r,g)_G$ für ein Körnchen, das *G*retel von der Quantenhexe bekommen hat und das, sollte es *A*ufgelöst werden, das Wasser *r*ot färben würde; sollte es aber ver*B*rannt werden, würde es mit *g*rüner Farbe brennen. Ihren Körnchen schreiben *H*änsel und *G*retel also «Verborgene Variable» zu, deren Werte zwar nicht bekannt sind und niemals allesamt ermittelt werden können, die aber nichtsdestoweniger Werte *besitzen*. Für ein Paar Körnchen wie $(r,r)_H$ und $(r,g)_G$, die *H*änsel und

*G*retel an demselben Tag von der Quantenhexe bekommen, schreiben sie (r,r) & (r,g). Offenbar ist das «Prinzip der Induktion», wie oben eingeführt, dazu äquivalent, daß den Körnchen Werte der Verborgenen Variablen «Reaktion auf *A*uflösen» und «Reaktion auf ver*B*rennen» zukommen.

Zweitens, daß ihre Würfel echte Zufallsgeneratoren in dem Sinn sind, daß vor dem Würfeln nicht feststeht, ob das Ergebnis eine gerade oder eine ungerade Zahl sein wird. Insbesondere kann die Hexe, wenn sie die Körnchen an *H*änsel und *G*retel abschickt, weder wissen, wie die Würfel fallen werden, noch deren Fall beeinflussen. Am Ende dieser kleinen Parabel angekommen, mag der Leser sie noch einmal durchgehen mit der Modifikation, daß *H*änsel und *G*retel, statt zu würfeln, die Wahl treffen, ob sie ihr jeweiliges Körnchen *A*uflösen oder ver*B*rennen. Angenommen sei, daß sie sich frei für eine der beiden Möglichkeiten entscheiden können; daß sie, anders gesagt, einen freien Willen besitzen. Das soll konkret bedeuten, daß zwischen der Auswahl des Experimentes – *A*uflösen oder ver*B*rennen – und den (ihnen unbekannten) Eigenschaften der Körnchen keine Korrelation besteht. Verlangen wollen wir aber, daß *H*änsel und *G*retel beide Möglichkeiten *A* und *B* nutzen. Der Leser wird feststellen, daß diese Voraussetzung eines freien Willens für *H*änsel und *G*retel kein anderes Ergebnis bewirkt, als wäre das Experiment per Würfel ausgewählt worden.

Drittens soll es keine spukhaften Fernwirkungen geben. Die Lichtgeschwindigkeit ist dabei als Obergrenze für die Ausbreitungsgeschwindigkeit von Einflüssen aller Art anzusehen. Jedenfalls sollen *H*änsel und *G*retel so weit entfernt voneinander wohnen, daß das Würfeln und die Ergebnisse des einen unter der Voraussetzung der Lichtgeschwindigkeit als höchster Geschwindigkeit keinen Einfluß auf das praktisch gleichzeitige Würfeln und die Ergebnisse des anderen haben können.

Unter diesen Voraussetzungen kann, was *H*änsel und *G*retel feststellen mußten, nicht sein. Beginnen wir damit, daß $<B,g>\&$ $<B,g>$ auftritt. An Tagen, an denen jeder sein Körnchen ver$B$rannt und $g$rün gefunden hat, besaßen diese notwendig eine der durch $(x,g)\&(y,g)$ beschriebenen Eigenschaften, wobei x und y unabhängig voneinander die Werte r und g annehmen können. Das mit nahezu 10 Prozent häufige Auftreten von $<B,g>\&<B,g>$ erzwingt offenbar das Vorkommen von mindestens einer der folgenden Kombinationen Verborgener Variabler $(r,g)\&(r,g)$, $(r,g)\&(g,g)$, $(g,g)\&(r,g)$ oder $(g,g)\&(g,g)$ mit statistisch relevanter Häufigkeit. Dann aber können, anders als beobachtet, nicht alle $<B,g>\&$ $<A,g>$, $<A,g>\&<B,g>$ und $<A,r>\&<A,r>$ verschwinden. Weil Hänsel und Gretel erwürfeln, welches Experiment A oder B jeder von ihnen durchführt, tritt erstens jede der vier möglichen Kombinationen von Hänsels A oder B mit Gretels A oder B mit statistisch relevanter Wahrscheinlichkeit auf. Nehmen wir nun die Wertekombination $(r,g)\&(g,g)$. Kommt diese mit statistisch relevanter Häufigkeit vor, so muß $<B,g>\&<A,g>$ auftreten. Weil diese Kombination aber nicht auftritt, kann die Hexe nur statistisch verschwindend wenige Umschläge mit $(r,g)\&(g,g)$ versandt haben.

Und so weiter: Das Vorkommen der Wertekombination $(r,g)\&$ (r,g) würde im Gegensatz zur Beobachtung das Auftreten von $<A,r>\&<A,r>$ erzwingen. Ebenfalls entgegen der Beobachtung würde das Vorkommen von $(g,g)\&(r,g)$ das Auftreten von $<A,g>$ $\&<B,g>$ implizieren. Kommt schließlich $(g,g)\&(g,g)$ vor, müssen $<B,g>\&<A,g>$ und $<A,g>\&<B,g>$ beide auftreten, was aber nicht der Fall ist[51].

Wir folgern also, daß ohne Hexerei nicht auftreten kann, was Hänsel und Gretel beobachten. Tatsächlich geht es uns nicht um Körnchen, sondern um Objekte der Quantenmechanik, und die Experimente, die Hänsel und Gretel durchführen, sind statt Auflösen und ver$B$rennen Experimente mit verschieden ausgerichteten Stern-Gerlach-Apparaten (Abb. 60) oder Polarisatoren, die nicht *r*ot und *g*rün, sondern Einstellungen von Drehimpulsen als Resultate liefern. Aber die Annahmen der Parabel über Körnchen und so weiter können Wort für Wort in Vorhersagen der Quantenmechanik übersetzt werden, so daß die Quantenmechanik mit den drei obigen Prinzipien, die wir mit *H*änsel und *G*retel für selbstverständlich gültig erachten, im Widerspruch steht. Bevor wir aber hierin einsteigen, wollen wir die möglichen Auswege am Beispiel der Körnchen weiter erörtern.

Zunächst sei wiederholt, daß die Annahme, die Körnchen seien Träger von Werten Verborgener Variabler ohne Änderung der Folgerungen, durch die ersetzt werden kann, auch nicht durchgeführte Experimente hätten Resultate besessen, wären sie nur durchgeführt worden – die Annahme also des «Prinzips der Induktion». Denn um von der einen Annahme zur anderen zu kommen, muß nur die Bedeutung von Wertekombinationen wie $(r,g)\&(r,g)$ in Gedanken geändert werden – von «Werten Verborgener Variabler» zu «Ergebnissen durchgeführter sowie nicht durchgeführter Experimente» beziehungsweise umgekehrt. Die Aufgabe des Prinzips der Induktion hätte, wie Albert Einstein in Diskussionen um die Quantenmechanik formuliert hat ([38], S. 316), ohne Zweifel «eine gewisse Härte». Denn ohne dieses Prinzip fiele es ausnehmend schwer, überhaupt gesetzmäßige Aussagen zu machen.

Genauso steht es um die Annahme, ein echter Zufallsgenerator – oder, statt seiner, *H*änsels und *G*retels freier Wille – entscheide darüber, welche Experimente durchgeführt würden. Soll die Annahme nicht gelten, können wir sie zum Beispiel durch die ersetzen, daß die gemeinsame Vergangenheit von *H*änsel, *G*retel und der Hexe festlegt, was sie tun und was in ihrer räumlichen und zeitlichen Umgebung geschieht. Wir können auch weitergehen und ganz im Sinn des Dämons von Laplace annehmen, alles und jedes sei deterministisch festgelegt oder gar in einem Weltenplan vorausbestimmt. Selbst wenn das so wäre, erschiene es doch als allzu hanebüchen und anthropozentrisch, zusätzlich anzunehmen, die Festlegungen seien zum Beispiel so beschaffen, daß sie *H*änsel und *G*retel daran hinderten, in gewissen Situationen beide das Experiment «*A*uflösen» durchzuführen – dann nämlich, wenn es zweimal das Ergebnis *r* haben würde. Die Möglichkeiten, die Annahmen «Prinzip der Induktion», «Zufallsgenerator» und/oder «freier Wille» so zu verletzen, daß die Beobachtungen von *H*änsel und *G*retel ermöglicht werden, sind so zahlreich und offensichtlich, daß keine Details angeführt werden müssen.

Wichtig ist aber, daß die Aufgabe des Prinzips «keine spukhaften Fernwirkungen» die Beobachtungen von *H*änsel und *G*retel ermöglicht. Denn dies ist der Ausweg, den die Quantenmechanik wählt und der offenbar das Wirken der Natur richtig wiedergibt. Dieses «offenbar» beruht auf Experimenten, die tatsächlich durchgeführt wurden und einige «spukhafte» Vorhersagen der Quantenmechanik bestätigt haben. Das Experiment, das der quantenmechanischen Version der gegenwärtigen Parabel entspricht, wurde bisher *nicht* durchgeführt, so daß die Erwartung, es werde ausgehen wie von der Quantenmechanik vorhergesagt und hier dargestellt, auf deren umfassender Bestätigung durch andere Experimente beruht. Wie bereits gesagt, nehme ich stets an, daß die experimentell überprüfbaren Aussagen der Quantenmechanik korrekt sind, und erachte deshalb nicht durchgeführte Experimente zu ihr für genauso gültig wie durchgeführte, wenn die Ergebnisse der nicht durchgeführten aus der Quantenmechanik folgen. Es wäre gar zu erstaunlich, wenn die in zahlreichen verschiedenen Anwendungen bestens bestätigte Quantenmechanik gerade in dem jetzt besprochenen Zusammenhang versagen würde. Zudem besteht für uns heute, anders als für Einstein, keine Veranlassung mehr, an der Quantenmechanik selbst als fundamentaler Theorie deshalb zu zweifeln, weil sie spukhafte Fernwirkungen behauptet. Denn das

Auftreten solcher Wirkungen wurde experimentell bestätigt – wenn auch unter der Voraussetzung, daß unsere anderen Annahmen erfüllt sind. Wirklich durchgeführte Experimente erlauben uns nicht, alle vier Annahmen – Prinzip der Induktion, Zufallsgenerator, freier Wille und keine spukhaften Fernwirkungen – beizubehalten.

Spukhafte Fernwirkungen können in der Tat bewirken, was *H*änsel und *G*retel beobachten. Sie wirken sich nach Auskunft der Quantenmechanik beispielsweise so aus, daß die Wahl des Experiments *B* durch *H*änsel zusammen mit dessen zufälligem Ergebnis *g* das Ergebnis desselben Experimentes *B* von *G*retel als *r* instantan festlegt. Die Details der spukhaften Fernwirkungen kann der Leser der Analyse des verschränkten Quantenzustands, in den die Hexe die Kügelchen versetzt, die sie an *H*änsel und *G*retel abschickt, dem Anhang C.2 «Hardys Zustand» der Originalausgabe meines Buches *Gedankenexperimente* [23] entnehmen.

Durch die spukhaften Fernwirkungen der Quantenmechanik können auch in diesem Fall keine Informationen übertragen werden. Das ist so zu verstehen, daß *H*änsel auf keine Art und Weise herausbringen kann, *welches* der beiden Experimente *A*uflösen oder Ver*B*rennen *G*retel durchgeführt hat oder – relativistisch hängt die Reihenfolge bei instantanen Wirkungen ja von der Geschwindigkeit des Beobachters ab – durchführen wird. Sagen wir, *H*änsel hat *A* durchgeführt und *r* gefunden. Dann weiß er nur, daß *G*retel nicht ebenfalls *A* durchgeführt und *r* gefunden hat. Sicher wäre er nur, daß sie nicht *A*, also *B* durchgeführt hat, wenn auch das Auftreten von $<A,r>\&<A,g>$ unmöglich wäre. Dies sei so. Da *H*änsel laut Annahme $<A,r>_H$ findet, muß $<A,r>\&<B,x>$ für mindestens ein *x* möglich sein. Wenn *G*retel also nur *B* durchführt, kann *H*änsel durch das dann mit statistischer Gewißheit auftretende $<A,r>_H$ wissen, daß sie nicht nur *A* durchgeführt hat. Haben *H*änsel und *G*retel also verabredet, daß *G*retel, wenn sie gesund ist, nur *A* durchführen wird, bei Krankheit aber nur *B*, kann sie *H*änsel bei hinreichend schneller Folge der Kügelchen mit Überlichtgeschwindigkeit wissen lassen, daß sie krank geworden ist. Der Leser kann es unterhaltsam finden, weitere Konstellationen, die die praktisch instantane Übermittlung von Nachrichten ermöglichen würden, durchzuexerzieren. Die Quantenmechanik ermöglicht jedenfalls *keine* dieser Konstellationen. Hier kommt es mir auch auf die Einsicht an, daß aus der Forderung nach instantaner Wirkungsübermittlung ohne die Möglichkeit der Nachrichtenübertragung die Quantenmechanik betreffende Folgerungen gezogen werden können: Wir haben offenbar ein Prinzip vor uns, das zur teilweisen Ableitung der Quantenmechanik taugt. Allein durch das *Ergebnis* eines quantenmechanischen Experimentes, aus dem ja nicht abgeleitet werden kann, ob es sicher oder nur mit einer gewissen Wahrscheinlichkeit auftreten mußte, kann jedenfalls keine Information übertragen werden.

EPR und Bohm

Das folgende Gedankenexperiment ist im wesentlichen eine von dem amerikanischen Theoretischen Physiker David Bohm (1917–1992) stammende Version [21] des von EPR erdachten Gedankenexperiments. Nehmen wir ein Elementarteilchen, das im Labor ruht, und nehmen wir an, daß es in einem gewissen Zeitintervall in ein Elektron und dessen Antiteilchen, ein Positron, zerfällt (Abb. 58). Ob es ein solches Elementarteilchen tatsächlich gibt und welche Dynamik den Prozeß ermöglicht, soll uns nicht interessieren. Als Realexperiment durchgeführt wurde das Gedankenexperiment mit Photonen statt der Elektronen und Positronen.

Weil das Elementarteilchen in Ruhe zerfallen ist, fliegen die bei-

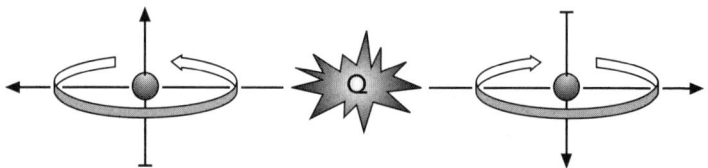

Abb. 58 Das Elementarteilchen Q mit dem Spin Null zerfällt in Ruhe in ein Positron und ein Elektron. Beim Zerfall wird das Positron mit nach oben gerichtetem Spin in Hänsels links stehendem Detektor der Abb. 59 nachgewiesen, das Elektron mit nach unten gerichtetem Spin hingegen in Gretels rechts stehendem, zu Hänsels parallelem Detektor.

den Zerfallsprodukte klassisch gesehen in gerader Linie voneinander fort. Quantenmechanisch gesehen ist es nicht ganz so einfach. Aber wenn Gretel in ihrem Gebiet in beliebig großer Entfernung vom Zerfallsort das Elektron nachweist, kann sie (wegen der Erhaltung des Gesamtimpulses und der Gleichheit der Massen von Elektron und Positron) sicher sein, daß Hänsel bei seiner Suche nach dem Positron dieses (jeweils etwa) zu derselben Zeit in derselben Entfernung vom Zerfallspunkt in der Gegenrichtung vorfindet (Abb. 59).

Quantenmechanisch gesehen, bildet das Elektron-Positron-Paar – wohlgemerkt, das Paar – ein einziges System, dessen Zustand sich im Laufe der Zeit entwickelt; der dabei größer werdenden Entfernung der beiden Teilchen ungeachtet. Klassisch gesehen entstehen aber bereits unmittelbar nach dem Zerfall von Q aus dem einen System von Elektron und Positron zwei getrennte Systeme – das eine hier, das andere dort: Was auch immer Gretel in dem Gebiet, in dem sie das Elektron findet, unternimmt, kann den Zustand des Positrons, das sich bei ihren Unternehmungen bereits in weiter Entfernung von ihr und ihrem Elektron in Hänsels Gebiet befindet, nicht beeinflussen.

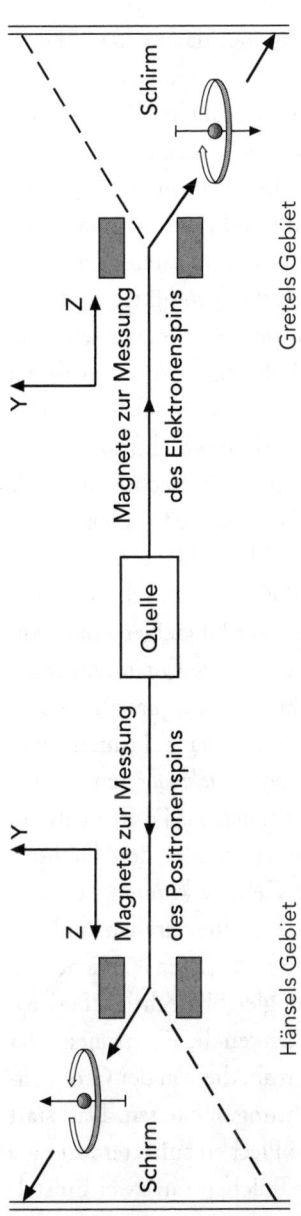

Hänsels Gebiet

Gretels Gebiet

Abb. 59 Ein Positron und ein Elektron, die aus dem Zerfall des Elementarteilchens Q der Abb. 58 in der Quelle stammen, werden von Hänsel und Gretel in beliebig großer Entfernung von der Quelle nachgewiesen. Weist Hänsel ein Positron mit nach oben oder unten gerichtetem Spin ($|\uparrow>$ oder $|\downarrow>$) nach, muß Gretel auf der Gegenseite mit ihrem zu Hänsels parallelem Apparat ein Elektron mit entgegengesetztem Spin ($|\downarrow>$ oder $|\uparrow>$) antreffen. Weist Hänsel hingegen durch seinen um 90 Grad um die z-Achse gedrehten, auf der Papierebene nun senkrecht stehenden Apparat ein Positron mit einem, aus dieser Richtung gesehen, nach rechts oder links weisenden Spin ($|\rightarrow>$ oder $|\leftarrow>$) nach, muß Gretel mit ihrem genauso gedrehten Apparat abermals ein Elektron mit entgegengesetztem Spin (nun $|\leftarrow>$ oder $|\rightarrow>$) antreffen. Weil die jeweils praktisch gleichzeitig durchgeführten Experimente von Hänsel und Gretel sich wegen ihrer großen Entfernung nicht beeinflussen können, haben EPR geschlossen, daß dem Spin eines Teilchens sowohl in die x- wie in die y-Richtung ein «Element der Realität» zukommen muß. Aber die Quantenmechanik kann von diesen Elementen der Realität nur das im jeweiligen Experiment untersuchte berücksichtigen, so daß sie laut EPR unvollständig ist.

Die metaphysikalische Grundüberzeugung, daß es keine Fernwirkungen geben kann, die bereits Newton so kraftvoll geäußert
hat (S. 282), kümmert die Quantenmechanik nicht. Der Drehimpuls des in seinem Ruhesystem zerfallenden Teilchens sei Null.
Deshalb, und weil für den Drehimpuls ein Erhaltungssatz gilt, besitzen auch die Zerfallsprodukte Elektron und Positron zusammen
– also als Paar – diesen Drehimpuls: Das System dreht sich insgesamt nicht. Wohl aber jedes der beiden Zerfallsprodukte. Gibt man
sich nämlich eine Richtung im Raum vor und fragt nach dem
Drehsinn eines Elektrons um diese Richtung herum, so findet
man, daß sich dieses entweder im Uhrzeigersinn oder ihm entgegen dreht. Nach dem Vorbild der Abb. 6 tritt das Elektron in Richtung des Daumens gesehen also entweder als Rechts- oder als
Linksschraube auf. Für Positronen gilt dasselbe wie für Elektronen.
Die Abb. 58 stellt die beiden senkrechten Möglichkeiten des Drehsinns von Elektron und Positron durch Pfeile symbolisch dar, in deren Richtungen gesehen das Teilchen sich im Uhrzeigersinn dreht.

Ein Faktum und eine Interpretation durch die Quantenmechanik kommen hinzu, die vom Standpunkt der nichtquantenmechanischen Physik aus gesehen merkwürdig sind. Das Faktum ist, daß
der Drehimpuls in *jede beliebig vorgegebene Richtung* dem Betrag
nach immer derselbe ist, das Elektron wie auch das Positron also in
quantenmechanischen Einheiten immer entweder den Drehimpuls +1/2 oder −1/2 besitzt. Klassische Gebilde können sich ausnahmslos mit verschiedenen Geschwindigkeiten drehen und damit verschieden große Drehimpulse besitzen. Nicht so
Elementarteilchen. Für Elektronen und, gleichberechtigt, Positronen zeigt das die Abb. 60. Die Magnete lenken die Elektronen oder
Positronen aus der Quelle in Richtungen ab, die von der Größe ihrer Drehimpulse in die senkrechte Richtung abhängen. Daß statt
eines Kontinuums von Spuren nur zwei Flecken auftreten, ist eine
Konsequenz dessen, daß die Spins der Teilchen nur zwei Einstel-

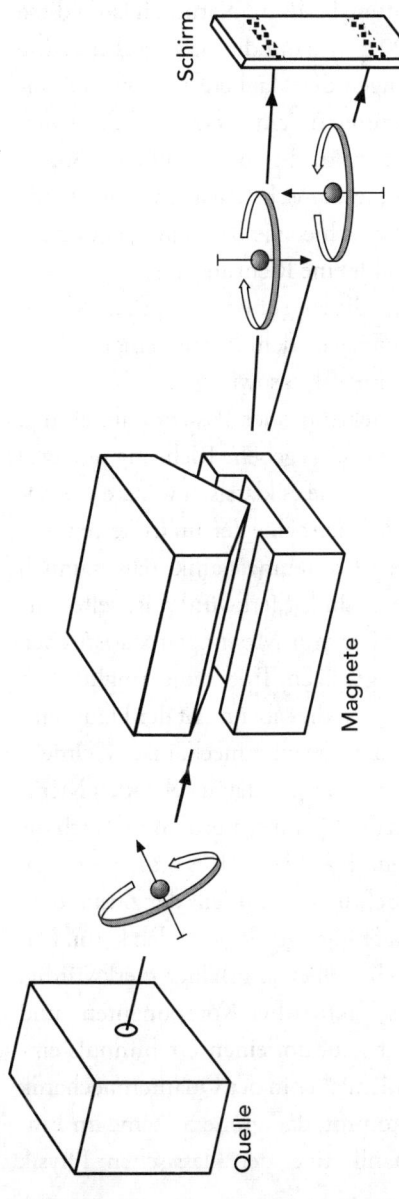

Quelle

Magnete

Schirm

Abb. 60 Elektronen oder Positronen treten aus einer Quelle in das von zwei Magneten erzeugte inhomogene Magnetfeld eines Stern-Gerlach-Apparates ein. Sie werden um Winkel abgelenkt, die über ihre magnetischen Momente von ihren Spineinstellungen abhängen. Die Abbildung zeigt, daß der Spin eines Teilchens nur zwei Einstellungen nach «oben» oder nach «unten» relativ zur Ausrichtung der Magnete besitzt. Die Ausrichtung legt also fest, welche Komponente des Spins eines in ihn eingetretenen Elektrons oder Positrons einen «scharfen» Wert besitzen soll. Für jede Ausrichtung gibt es dieselben zwei Möglichkeiten. In diesem Sinn «mißt» der Stern-Gerlach-Apparat den Teilchenspin. Hat Hänsel seinen Apparat der Abb. 59 genauso ausgerichtet wie Gretel ihren, besitzt «sein» Positron bei dem Gedankenexperiment von EPR und Bohm immer eine Spineinstellung, die der von Gretels Elektron entgegengesetzt ist.

lungen in die vorgegebene Richtung besitzen. Natürlich kann diese
Richtung durch Drehung der Magnete um die waagerechte Achse
verändert werden. Dann erzwingen die Magnete zwei Einstellungen der Spins in diese neue Richtung. Indem wir uns auf die beiden
Richtungen «waagerecht» und «senkrecht» beschränken, können
wir die Teilchen durch quantenmechanische Zustände charakteri-
sieren, in denen ihre Spins vier verschiedene Richtungen besitzen.
Die Einstellung der Magnete wählt eine Richtung aus, also waagerecht oder senkrecht. Wir stellen die zugehörigen Zustände durch
waagerechte oder senkrechte Pfeile in dem bereits eingeführten
Zustandssymbol dar, also $|\rightarrow >$, $|\leftarrow >$, $|\uparrow >$ sowie $|\downarrow >$.

Vier Zustände also, die ein Elektron oder Positron annehmen
kann. Daß der Drehimpuls in eine vorgegebene Richtung nur zwei
getrennt liegende Werte und nicht, wie es klassisch wäre, ein Kontinuum von Werten annehmen kann, ist eine der am frühesten entdeckten Merkwürdigkeiten der Quantenmechanik, daß nämlich
laut ihrer Meßwerte «quantisiert» sind. Merkwürdig ist selbstverständlich auch, daß die Ergebnisse von Messungen statistischen
statt deterministischen Gesetzen genügen. Trotz seines unglücklich
oft zitierten «Gott würfelt nicht» war dies aber nicht der Hauptein-
wand Albert Einsteins gegen die Quantenmechanik. Vielmehr
hatte dieser zu tun mit den nun am Beispiel darzustellenden Merkwürdigkeiten der Interpretation der Quantenmechanik. Durch die
Bezeichnungen der vier Zustände $|\rightarrow >$, $|\leftarrow >$, $|\uparrow >$ und $|\downarrow >$ haben
wir unterstellt, daß durch die Richtung eines Pfeils der Zustand ei-
nes Elektrons oder Positrons eindeutig festgelegt werden kann. Das
ist tatsächlich so, klassisch gesehen aber ungeheuer merkwürdig.
Hat nicht der Drehimpuls als Vektor drei Komponenten, und
müssen nicht alle drei festgelegt sein, um einen Drehimpuls eindeutig festzulegen? In der Tat; nicht aber in der Quantenmechanik
elementarer Systeme. (Wie es kommt, daß große Systeme im Einklang mit der Quantenmechanik und der klassischen Physik

gleichzeitig drei bestimmte Drehimpulskomponenten besitzen, kann aus dem Formalismus der Quantenmechanik zwar leicht erklärt werden, ist aber nicht unser Thema.) Der Leser mag nun denken, durch die Magnete werde das Teilchen so ausgerichtet, daß die Drehimpulskomponente in die auf der Ausrichtung senkrecht stehende Richtung verschwindet, also etwa Null in die waagerechte Richtung ist, wenn der Drehimpuls im Sinn der Abb. 60 durch die Magnete in senkrechter Richtung ausgerichtet wurde. So aber ist es nach Auskunft der Quantenmechanik nicht. Sie dekretiert mit aller Autorität der erfolgreichsten physikalischen Theorie, daß es sinnlos ist, von einem Drehimpuls in die jeweils andere Richtung überhaupt zu sprechen: Liegt der Drehimpuls in die senkrechte Richtung als $|\uparrow>$ oder $|\downarrow>$ fest, gibt es in der Sprechweise von EPR kein «Element der Realität», das einem Drehimpuls in waagerechter Richtung entspräche. Er ist weder Null noch besitzt er überhaupt einen Wert. Genauso steht es selbstverständlich um die Drehimpulse in die vertauschten Richtungen. Es war dies, was Einstein für ausgeschlossen hielt und mit seinem EPR-Gedankenexperiment des Jahres 1935 ad absurdum führen wollte. John Bell konnte durch sein Gedankenexperiment Jahrzehnte später zeigen, daß die Quantenmechanik tatsächlich die von EPR herausgestellte Absurdität besitzt.

Bevor wir uns dem zuwenden, noch ein Wort über den Gesamtdrehimpuls zweier Teilchen. Die Quantenmechanik sagt auch, daß der Drehimpuls eines Systems, das in *irgendeine* Richtung den Drehimpuls Null besitzt, in *alle* Richtungen verschwindet. Die Abb. 58 ist so gezeichnet, daß die Drehimpulse der Zerfallsprodukte des Teilchens Q mit Drehimpuls Null in die senkrechte Richtung sich zu Null ergänzen. Dasselbe muß daher auch für die Drehimpulse von Elektron und Positron in jede andere Richtung gelten. Anwenden wollen wir dies im Sinn der Abb. 59 auf die dort und in der Abb. 58 senkrechte *y*-Richtung und die auf ihrer Papierebene senkrecht stehende x-Richtung. Aufgrund des Erhaltungssatzes für den Drehimpuls ist und bleibt der Gesamtdrehimpuls des Systems aus Elektron und Positron in diesen Abbildungen in alle Richtungen Null – wie weit die Gebiete von Hänsel und Gretel in der Abb. 59 auch voneinander entfernt sein mögen.

Das Problem von EPR und Bohm erwächst daraus, daß Gretel ihren Stern-Gerlach-Apparat (Abb. 60) zur Messung des Elektronenspins in ihrem Gebiet so ausrichten kann, wie sie will. Hänsel und Gretel wählen dieselben auf den Ausbreitungsrichtungen ihrer Teilchen – ihren z-Richtungen – senkrecht stehenden Richtungen als x- und y-Richtungen. Beide, Hänsel und Gretel, richten ihre Apparate so aus, daß diese «transversale» Spins messen – Spins also, die auf den Ausbreitungsrichtungen ihrer Teilchen senkrecht stehen. Stellt Gretel ihren Stern-Gerlach-Apparat so, daß er die Komponente des Elektronenspins, das durch ihn hindurchfliegt, in x-Richtung mißt, kann sie bei jedem einzelnen Elektron zwei Werte erhalten, nämlich +1/2 oder –1/2. Dreht sie ihren Apparat um 90 Grad um die z-Achse ihres Koordinatensystems so, daß er die y-Komponente des Elektronenspins mißt, erhält sie bei jedem einzelnen Elektron abermals einen dieser beiden Werte. Nun erzwingt der Gesamtspin Null des quantenmechanischen Systems aus Elektron und Positron, daß Hänsel in seinem Gebiet bei einer Messung der Einstellung des Positronenspins in die von Gretel vorgegebene Richtung nur Werte finden wird, die Gretels jeweiliges Resultat zu Null ergänzen: Hat Gretel +1/2 (oder –1/2) bei ihrer Ermittlung des Spins in x-Richtung gefunden, muß Hänsel bei seiner Messung in derselben Richtung –1/2 (oder +1/2) erhalten. Hat Gretel aber ihren Stern-Gerlach-Apparat so gedreht, daß er die Einstellung des Elektronenspins in irgendeine andere Richtung, zum Beispiel die y-Richtung, bestimmt, muß Hänsel bei seiner Messung der Einstellung des Positronenspins in dieselbe y-Richtung abermals das Gegenteil von Gretels Resultat erhalten – hat sie 1/2 gefunden, dann findet er –1/2, und umgekehrt.

Kann Gretel durch die Messung und ihr Ergebnis das Ergebnis von Hänsels Experiment mitbestimmt haben? Das, so EPR, ist unmöglich: Denn wir dürfen uns vorstellen, daß Gretels und Hänsels Gebiete beliebig weit voneinander entfernt sind, so daß keine von Gretels Experiment oder dessen Resultat ausgehende Wirkung Hänsel vor Vollendung seines Experimentes erreicht haben kann.

Wie bereits bei einem Teilchen (Abb. 55), sind auch bei zweien die Korrelationen von experimentellen Resultaten über beliebig große Entfernungen hinweg für sich allein nichts Besonderes: Wenn Hänsel aus Versehen nur seinen rechten Handschuh eingesteckt hat, weiß er bei Entdeckung des Fehlers sofort, daß sein anderer Handschuh zu Hause ein linker ist. Der Gelegenheitsphilosoph (Abb. 61) schließt daraus sofort, daß es sich mit den Elektronen und Positronen genauso verhalten wird: Jedes Elektron und Positron eines Paares verläßt die Quelle beider mit korrelierten Einstellungen der Spins. Zeigt der Spin des Elektrons in die eine Richtung, dann der des Positrons in die Gegenrichtung. Niemand vermag zu sagen, in welche Richtung der Spin von Gretels Elektron zeigen wird, denn die Quelle hat die Elektron-Positron-Paare so ausgesandt, daß für makroskopische Beobachter alle Richtungen gleich wahrscheinlich sind. Wenn der Spin von Gretels Elektron aber in eine gewisse Richtung zeigt, dann zeigt der Spin von Hänsels Positron in die Gegenrichtung. Stehen also die Stern-Gerlach-Apparate von Hänsel und Gretel parallel (oder, selbstverständlich, antiparallel), sind sie zudem als Gedankenapparate zum Nachweis von Spins in ihre Richtung oder die Gegenrichtung 100 Prozent effizient, wird Hänsel immer dann, und niemals sonst, ein Positron mit Spin in eine gewisse Richtung nachweisen, wenn Gretel mit ihrer Apparatur ein Elektron mit Spin in die Gegenrichtung entdeckt

Bertlmanns Socken und das Wesen der Wirklichkeit

Einen seiner Vorträge zu EPR ([12], dort englisch) hat John Bell so begonnen: «Der Gelegenheitsphilosoph, der keinen Kurs in der Quantenmechanik durchgestanden hat, bleibt von den EPR-Korrelationen nahezu unbeeindruckt. Er kann auf zahlreiche Beispiele für ähnliche Korrelationen im Alltagsleben verweisen. Oft genannt werden Bertlmanns Socken.

Dr. Bertlmann trägt gerne zwei Socken mit verschiedenen Farben. Die Farbe, die er an einem vorgegebenen Fuß an einem vorgegebenen Tag tragen wird, kann nicht vorhergesagt werden. Sieht man aber, daß die eine Socke rosa ist, kann man bereits sicher sein, daß die zweite Socke nicht rosa sein wird. Beobachtung der ersten und Erfahrung mit Bertlmann ergibt sofortiges Wissen über die zweite. Abgesehen aber vom Geschmack, über den nicht gerichtet werden soll, gibt es hier kein Geheimnis. Steht es um die EPR-Geschichte nicht genauso?

Nehmen wir zum Beispiel das von Bohm vorgeschlagene EPR-Gedankenexperiment. Zwei geeignet gewählte und vorbereitete Teilchen (in ihrem «Spin-Singlet-Zustand») werden so gelenkt, daß sie von einer gemeinsamen Quelle auf zwei weit voneinander entfernte Magnete zufliegen, hinter denen sie auf Schirmen nachgewiesen werden. Jedesmal, wenn das Experiment durchgeführt wird, wird jedes Teilchen von seinem Ma-

gneten entweder nach oben oder nach unten abgelenkt. Ob eines der Teilchen im Einzelfall nach oben oder nach unten fliegen wird, kann nicht vorhergesagt werden. Wenn aber das eine Teilchen nach oben abgelenkt wird, dann das andere nach unten; und genauso umgekehrt. Hat man etwas Erfahrung gesammelt, reicht es aus, die eine Seite zu betrachten, um auch um die andere zu wissen.

Was weiter? Können wir nicht einfach schließen, daß die Teilchen irgendwelche Eigenschaften haben, die von den Magneten irgendwie entdeckt werden und die den Teilchen à la Bertlmann von ihrer Quelle mitgegeben wurden – und zwar verschieden für sie beide? Wie kann es uns gelingen, diese einfache Geschichte als obskur und mysteriös anzusehen? Wir müssen es zumindest versuchen.»

Les chaussettes de M. Bertlmann et la nature de la réalité

Fondation Hvgot juin 17 1980

pink   rot

Abb. 61 Bertlmanns Socken und das Wesen der Wirklichkeit

hat. Wir wollen derartige Korrelationen unabhängig von ihrem Ursprung «Handschuh-Korrelationen» nennen.

Betrachtet man jedes der beiden Experimente von Hänsel und Gretel mit ihren parallelen Detektoren für sich allein, also ohne einen Gedanken daran, daß statt seiner auch das andere hätte durchgeführt werden können, hat man es mit *zwei* Handschuh-

Korrelationen und nichts weiter zu tun. An ihnen haben EPR selbstverständlich keinen Anstoß genommen. Wohl aber daran, daß, wie beschrieben, die Quantenmechanik die Unterstellung verbietet, es gebe ein «Element der Realität», das in dem Gebiet eines Teilchens festlegte, was das dieses Teilchen betreffende Ergebnis eines nicht durchgeführten Experimentes gewesen wäre. Wohlgemerkt eines Experimentes, das aufgrund eines tatsächlich durchgeführten nicht durchgeführt werden kann.

Konkret: Hänsel stellt seine Magnete senkrecht und findet, daß der Positronenspin nach oben weist. Dann kann er mit Sicherheit prognostizieren, daß Gretel, wenn sie ebenfalls mit senkrecht stehenden Magneten experimentiert, ein Elektron mit nach unten weisendem Spin nachweisen wird. Beeinflussen konnten sein Experiment und dessen Ergebnis das von seinem Gebiet weit entfernte Elektron nicht. Folglich gibt es ein Element der Realität, das in Gretels Gebiet dieses Resultat ihres Experimentes mit senkrecht stehenden Magneten festlegt. Hänsel hätte aber auch mit waagerecht stehenden Magneten experimentieren können und hätte entweder einen nach rechts oder nach links weisenden Spin gefunden. Das hätte ihm eine sichere Prognose erlaubt, welchen Spin ihres Elektrons Gretel bei einem Experiment mit waagerecht ausgerichteten Magneten nachweisen würde. Genauso wie sein erstes, tatsächlich durchgeführtes Experiment hätte auch dieses hypothetische in Gretels weit entferntem Gebiet praktisch gleichzeitig und ohne geisterhafte Fernwirkungen keine Wirkung ausüben können. Also gibt es, so EPR weiter, ein Element der Realität, das in Gretels Gebiet den Spin festlegt, den sie bei einem Experiment mit waagerecht ausgerichteten Magneten finden würde. Damit sind wir bei *zwei* Elementen der Realität angekommen, die Gretels Gebiet laut EPR gleichzeitig aufweisen muß: sowohl die senkrechte als auch die waagerechte Einstellung des Spins ihres Elektrons – im Gegensatz zur Quantenmechanik, die das gleichzeitige Bestehen beider Elemente der Realität ausschließt. Elemente der Realität, wie sie EPR einfordern, kennt sie nicht.

EPR haben aus ihren Argumenten geschlossen, daß die Quantenmechanik unvollständig sein muß, indem es Elemente der Realität gibt, die sie nicht einbezieht. Daß die experimentell überprüfbaren Resultate der Quantenmechanik korrekt sind, haben sie nicht angezweifelt. Einen Vorschlag für eine Theorie, die darin mit der Quantenmechanik übereinstimmt, daß sie dieselben experimentell überprüfbaren Resultate liefert und zugleich vollständig ist, haben sie nicht gemacht. Das Gedankenexperiment von John Bell leitete dann eine Entwicklung ein, durch die sich herausstellen sollte, daß allein durch die Prinzipien von EPR Ergebnisse gewonnen werden können, die experimentell überprüfbar sind und sich im Gegensatz zu Ergebnissen der Quantenmechanik befinden. Es sind also die in uns als geradezu selbstverständlich verwurzelten Prinzipien von EPR, oder noch tiefer reichende, die nicht gelten.

Die Schlußfolgerung von EPR basiert auf dreierlei. Erstens, daß die experimentell überprüfbaren Aussagen der Quantenmechanik zu den Korrelationen von Spins bei Messungen mit parallel ausgerichteten Magneten korrekt sind. Zweitens, wie Albert Einstein oftmals hervorgehoben hat, daß es keine geister- oder spukhaften Fernwirkungen geben soll. Drittens, daß auch nicht durchgeführte, ja aufgrund von durchgeführten nicht einmal durchführbare Experimente Resultate besitzen würden, egal welche[52]. Tatsächlich erlaubt die Quantenmechanik auf dem Niveau der Zustände Fernwirkungen, durch die aber, wie wir bereits herausgestellt haben, keine Information übertragen werden kann. Durch sie wirkt Hänsels Wahl eines Experimentes und dessen Resultat in Gretels Gebiet hinein. Die anderen Möglichkeiten, das im Widerspruch zum Experiment stehende Gedankenresultat aufzuheben, werden durch die Quantenmechanik nicht unterstützt.

Weil Hänsel das System Gretels laut EPR weder durch sein wirkliches Experiment beeinflußt hat noch durch das mögliche beeinflußt hätte, besitzen beide Resultate – das wirkliche und das mögliche – in Gretels Gebiet dieselbe Realität. «Was ich nach freier Wahl prophezeien kann», schreibt Albert Einstein [149] 1935 an Karl Popper, «das muß auch in der Wirklichkeit existieren.» Niels Bohr in seiner Antwort auf EPR [22] läßt dieses Argument trotz der großen räumlichen Distanz von Hänsels und Gretels Gebieten übrigens nicht zu.

Die von EPR anvisierte Theorie müßte auf jeden Fall die Korrelationen der Spins von Elektron und Positron festlegen. Wie es um einzelne Spins stünde, bliebe der Theorie überlassen. Eine Möglichkeit, die Albert Einstein als «zu billig» bezeichnete, ist die der Verborgenen Variablen. Ich will sie durch eine Modifikation der Parabel von Hänsel, Gretel und der Hexe darstellen. Dem *A*uflösen und ver*B*rennen der Parabel entsprechen die Experimente mit waagerecht und senkrecht gestellten Magneten, die Farben *r*ot und *g*rün stehen für die Einstellungen der Spins bei dem jeweiligen Experiment, das wir durch die Richtungsweiser $|\!\rightarrow>$, $|\!\leftarrow>$, $|\!\uparrow>$ und $|\!\downarrow>$ charakterisieren wollen. Wie der Leser sich leicht überlegen kann, kommen die den Korrelationen der Spins entsprechenden Farbkorrelationen richtig heraus, wenn die Hexe keine Kügelchen-Paare mit den Farbkombinationen $(r, x)\,\&\,(r, y)$, $(g, x)\,\&\,(g, y)$, $(x, r)\,\&\,(y, r)$ und $(x, g)\,\&\,(y, g)$ mit x und y beliebigen Farben r oder g versendet. Hierzu ist äquivalent, daß sie sich auf die Kombinationen $(r, r)\,\&\,(g, g)$, $(r, g)\,\&\,(g, r)$, $(g, r)\,\&\,(r, g)$ und $(g, g)\,\&\,(r, r)$ beschränkt. Offensichtlich würden, wäre es so, Hänsels «Elemente der Realität» die Gretels, wie von EPR angemahnt, festlegen – und genauso umgekehrt. Daß dieses Szenario experimentell überprüfbare Konsequenzen zeitigt, die sich im Widerspruch zu Konsequenzen der Quantenmechanik befinden und es folglich ausschließen, ist ein weiteres Gedankenresultat von John Bell.

Daß die Quantenmechanik, wenn die Prinzipien von EPR anerkannt werden, unvollständig sein muß, bedeutet laut John Bell [11], daß sie «den Keim ihrer Zerstörung in sich trägt». EPR selbst haben diesen Aspekt so umschrieben: «Wenn man [vermöge der Quantenmechanik] den Wert einer physikalischen Größe mit Sicherheit voraussagen kann, ohne das betrachtete System zu stören, dann existiert ein Element der Realität, das dieser Größe entspricht» ([54]; Übersetzung aus [157]).

Zumindest in der Interpretation des amerikanischen Quantentheoretikers Henry Pierce Stapp [179], der ich mich insofern anschließe, «stellt uns die Gültigkeit der Quantenmechanik vor tiefliegende metaphysikalische Probleme, die nur dadurch gelöst werden können, daß wir *Common-sense*-Ideen über die makroskopische physikalische Welt aufgeben». Wohlgemerkt geht es hier um Ideen über die makroskopische physikalische Welt, die diese Welt selbst betreffen, keinesfalls nur um die Übertragbarkeit dieser Ideen auf die mikroskopische Welt. Einstein hat niemals ernsthaft die Ansicht vertreten, *Common-sense*-Ideen über die makroskopische Welt könnten auf die mikroskopische übertragen werden. An der Quantenmechanik hat Albert Einstein nicht ihr Indeterminismus gestört, sondern ihre Leugnung einer von Beobachtungen unabhängigen Realität. Anders aber als für die Quantenmechanik schloß diese Realität für Einstein den Indeterminismus nicht ein. Für ihn war er nicht real, sondern das Produkt eines unüberwindbaren Unwissens des Beobachters um die deterministische Realität.

Was bewegt sich schneller als das Licht?

Laut Quantenmechanik kann das Ergebnis einer Messung «hier» den Quantenzustand «dort» unmittelbar nach der Messung in beliebig weiter Entfernung festlegen: Gretels Elektron muß sich in jenem eindeutig bestimmten Zustand befinden, in dem eine Messung des Spins mit zu denen Hänsels parallel ausgerichteten Magneten einen Spin ergibt, der den von ihm gefundenen zu Null ergänzt. Im allgemeinen impliziert ein vorgegebener quantenmechanischer Zustand jedoch nur die Wahrscheinlichkeiten von Meßergebnissen, nicht aber die Meßergebnisse selbst. Und Wahrscheinlichkeiten können auch Eins oder Null sein, also Sicherheit oder Unmöglichkeit bedeuten.

Hänsel weiß folglich, was Gretel bei der Messung «seiner» Spinkomponente finden wird. Durch seine Entscheidung, seine Magnete – sagen wir – senkrecht auszurichten, hat er aus den unendlich vielen Quantenzuständen, in die er Gretels Elektron durch seine Messungen versetzen kann, zwei ausgewählt, in deren einen er sein Positron und damit Gretels Elektron tatsächlich versetzt – entweder in jenen mit Spin nach oben oder nach unten. Welches Ergebnis sein Experiment mit diesem Resultat haben wird, kann er nicht vorauswissen; aber am Ende seiner Messung kennt er den Quantenzustand, in dem sich Gretels Elektron befindet, und damit auch das Ergebnis ihrer Messung mit zu seinen parallelen Magneten.

Kann Hänsel also Gretel Mitteilungen beliebig schnell – schneller als mit der Lichtgeschwindigkeit c – übermitteln? Obwohl es auf den ersten und zweiten Blick so aussehen mag, ist es nicht so. Ob Hänsel eingegriffen hat oder nicht – die Statistik von Gretels Resultaten ist dieselbe. Das zeigt eine einfache quantenmechanische Rechnung. Wenn Hänsel und Gretel zuvor verabredet haben, ihre Stern-Gerlach-Apparate senkrecht auszurichten, werden beide in unvorhersehbaren 50 Prozent der Einzelfälle jeweils einen nach «oben» oder nach «unten» gerichteten Spin nachweisen. Daß und wie ihre Ergebnisse korreliert sind, bleibt so lange verborgen, bis sie (auf konventionellem Weg) zusammenkommen und ihre Ergebnisse vergleichen. Hänsels Experiment überführt Gretels

Wahrscheinlichkeiten von quantenmechanischen in klassische; numerisch bleiben sie dieselben. Und das ist abermals alles. Ob aber eine quantenmechanische oder eine klassische Wahrscheinlichkeit die Statistik ihrer Resultate bestimmt, kann Gretel durch kein Experiment herausfinden.

Weil Hänsel auf die Resultate seiner Experimente keinen Einfluß nehmen kann, ist es ihm unmöglich, Gretel durch diese eine Nachricht zu übermitteln. Die Statistik kommt herein, weil die Quelle in einem – verglichen mit den anderen relevanten Zeiten – kurzen Zeitintervall zahlreiche Teilchenpaare zur Verfügung stellen kann. Im Gedankenexperiment könnte Hänsel sie alle auf dieselbe Weise zur Übertragung eines Signals mit Überlichtgeschwindigkeit zu benutzen versuchen. Hinzugefügt sei, daß die Statistik eines jeden Experimentes, das Gretel anstellen kann, auch davon unabhängig ist, wie Hänsel seine Magnete ausgerichtet hat.

Nach Auskunft eines Theorems der Quantenmechanik kann durch kein Experiment ermittelt werden, welchen Zustand ein Teilchen mit unbekannter Vorgeschichte besitzt. Gälte dieses Theorem nicht, würde die Quantenmechanik die Übermittlung von Signalen mit Überlichtgeschwindigkeit ermöglichen, stünde also im Widerspruch zur Speziellen Relativitätstheorie. Wenn nämlich Hänsel seine Magnete so einstellt, daß sie Spins in die senkrechte Richtung messen, kann er das Ergebnis seines Experimentes zwar nicht vorhersehen, aber durch seine jeweils möglichen Resultate und deren instantane Übertragung in Gretels Gebiet erzwingen, daß ihr Elektron nach seinem Experiment sich in einem der beiden Zustände $| \downarrow >$ oder $| \uparrow >$ befindet. Dasselbe gilt, *mutatis mutandis*, für die waagerechte Richtung: Gretels Elektron befindet sich nach seinem Experiment mit waagerecht gestellten Magneten in einem der beiden Zustände $| \rightarrow >$ oder $| \leftarrow >$. Durch die spukhaften Wirkungen auf dem Niveau der Quantenzustände könnte also bereits dann Information übertragen werden, wenn Gretel irgendwie herausfinden könnte, ob der Zustand ihres Elektrons einer der Zustände |↓ >, |↑ > oder einer der Zustände |→>, |← > ist. Denn dann wüßte sie, wie Hänsel seinen Apparat eingestellt hat, und das könnte er – wenn er nur freien Willen besitzt – zum Zweck der Informationsübertragung machen, wie er will. Daß sie das dadurch herausfindet, daß sie den Zustand ihres Teilchens ermittelt, verbietet das oben erwähnte Theorem. Weil es aber zur Übermittlung der Nachricht, wie Hänsel seinen Apparat eingestellt hat, ausreichen würde, wenn Gretel statt des Zustands ihres Elektrons das *Paar* von Zuständen (|↑ >, |↓ >) oder (|→>, |← >) herausfinden könnte, dem dieser angehört, muß auch das unmöglich sein – und ist es. Dies Theorem kann, wie das obige, einzeln bewiesen werden oder aber aus dem umfassenderen geschlossen, daß die Quantenmechanik keine instantane Informationsübertragung zuläßt.

Aus der Unmöglichkeit der instantanen Informationsübermittlung folgt auch, daß Hänsel nicht beeinflussen kann, welchen Zustand des jeweiligen Paares sein Meßergebnis festlegen wird. Denn könnte er das, müßten Hänsel und Gretel zur Informationsübertragung nur verabredet haben, daß sie ihre Magnete beide gleich – sagen wir senkrecht – einstellen. Könnte Hänsel nun bewirken, daß sein Apparat seinem Positron die eine oder andere Spineinstellung aufprägt, könnte Gretel durch Messung mit ihrem parallel eingestellten Apparat an ihrem Elektron in Erfahrung bringen, welche das ist, und wüßte dadurch, was Hänsel sie wissen lassen wollte. Daß das Resultat von Hänsels Experiment nicht deterministisch festlegbar, sondern zufallsbedingt ist, hilft also die Übertragung von Information mit Überlichtgeschwindigkeit zu verhindern. Dies ist ein guter Grund für den Indeterminismus der Quantenmechanik.

Implikationen der friedlichen Koexistenz von Quantenmechanik und Relativität für die Quantenmechanik

Die Serie von Beispielen dafür, daß die Quantenmechanik durch ihre Theoreme die instantane Übertragung von Information verhindert, gleichzeitig aber auf dem Niveau der Quantenzustände die instantane Ausbreitung von Wirkungen ermöglicht, kann und soll fortgesetzt werden. Jetzt die Umkehrung: Wir gehen in diesem Buch der Vermutung nach, daß physikalische Theorien aus Prinzipien folgen, und haben Beispiele dafür angeführt. Die Quantenmechanik könnte ein weiteres Beispiel bilden. Nicht umfassend untersucht wurde, inwiefern manche ihrer Eigenschaften, und vielleicht sogar sie selbst, aus Prinzipien wie den obigen folgen, mögen diese der unverbildeten Intuition noch so sehr widersprechen.

Daß einzelnen Teilchen Zustände, und mit ihnen Wahrscheinlichkeiten, zukommen, diese aber von den einzelnen Teilchen nicht abgelesen werden können, ermöglicht erst die friedliche Koexistenz [172] von Spezieller Relativitätstheorie und Quantenmechanik. Instantane Informationsübertragung wäre aber auch möglich, wenn Gretel Kopien von dem ihr unbekannten Quantenzustand anfertigen könnte, in dem sich ihr Elektron befindet – wenn, anders gesagt, Quantenzustände *geklont* werden könnten. Denn durch Experimente an vielen Teilchen, *die sich alle in demselben Zustand befinden, kann* nach Auskunft der Quantenmechanik dieser Zustand ermittelt werden. Empfängt Gretel also ein Elektron in einem gewissen Zustand und kann sie Kopien von ihm in seinem Zustand anfertigen, so kann sie den Zustand selbst ermitteln – mit allen bereits beschriebenen Konsequenzen.

Also kein Klonen [207] von unbekannten Quantenzuständen[53]. Die erstaunlichen, unserem Gefühl für physikalische Realität widersprechenden Effekte der Quantenmechanik, die in den letzten Jahren in Gedankenexperimenten entdeckt und oft auch experimentell nachgewiesen wurden, sind so zahlreich, daß ich sie nicht alle schildern kann, ohne dies Buch zu einem über Quantenmechanik ausarten zu lassen. Ausgelassen habe ich unter anderem die Teleportation von Zuständen (Vorschlag [18], erste Realisierung [26]), den Quantenlöscher ([93]), *Delayed-Choice*-Experimente ([145], [93]), den Quanten-Zenon-Effekt ([148]) sowie die Quanten-Kommunikation und den Quantencomputer ([135], [111] und jeweils dort angegebene Literatur).

Seltsam – wie weit auch immer zwei Subsysteme eines quantenmechanischen Systems voneinander entfernt sein mögen, sie bleiben bis zu einer Wechselwirkung mit der Außenwelt deterministisch verbunden. Das ist wie bei zwei kleinen, jedes für sich atomaren Subsystemen, deren räumliche Nähe nur Experimente an dem einen zuläßt, von denen zu *erwarten* ist, daß sie auch das andere beeinflussen. Die Quantenmechanik kennt insofern also keinen Unterschied zwischen räumlich getrennten und benachbarten Subsystemen. Sie zeichnet die Ortskoordinate, die Systeme voneinander trennt, nicht vor anderen Koordinaten aus, die verschiedene Subsysteme an nahezu demselben Ort voneinander unterscheiden.

Und doch erlaubt die Quantenmechanik keine Signale, die Ortsunterschiede schneller überwinden könnten als Lichtsignale! Auf der fundamentalen quantenmechanischen Ebene erlaubt sie zwar instantane Fernwirkungen, keine aber auf der abgeleiteten Ebene der Beobachtungen, durch die sich Nachrichten übertragen lassen. Beides folgt aus der Quantenmechanik – als seltsame Konspiration quantenmechanischer Gesetze zur Verhinderung von Mitteilungen mit beliebig großen Geschwindigkeiten? Oder «nur» als Hinweis auf einen noch unbekannten tiefliegenden Zusammenhang zwischen Orten, Zeiten und Ereignissen ([67], [94], [95], [96], [182], [25] sowie [201])? Für mich bildet dieses alles einen Hinweis darauf, daß die Quantenmechanik aus Prinzipien folgt, denen

– anders als den von Albert Einstein zu ihrer Ableitung verwendeten Prinzipien der Relativitätstheorien – bisher als solchen kaum nachgegangen wurde.

Bohrs Reaktion

Niels Bohrs Antwort auf EPR ließ nicht lange auf sich warten [22]. In dieser verteidigt er vor allem die logische Konsistenz der Kopenhagener – seiner – Interpretation der Quantenmechanik, die EPR nicht bezweifelt hatten. Deren wichtigstem Argument – der räumlichen Trennung der Subsysteme von Hänsel und Gretel, die Einflüsse der Ergebnisse von Gretels Aktionen auf Hänsels mögliche Resultate verhindern müßten – stimmt er nebenbei zu: «*Of course there is in a case like that just considered no question of a mechanical disturbance of the system under investigation during the last critical stage of the measurement procedure.*»

In der Hauptsache gelten ihm aber weit entfernte Systeme gleich viel wie benachbarte. Hierfür kann er sich auf die Quantenmechanik in seiner Interpretation berufen. Er tut es so: «*But even at this stage there is essentially the question of an influence on the very conditions which define the possible types of predictions regarding the future behavior of the system.*» Und: «*The quantum mechanical description* [von der EPR gesagt hatten, daß sie unvollständig sein müsse] *may be characterized as a rational utilization of all possibilities of unambiguous interpretation of measurements, compatible with the finite and uncontrollable interaction between the objects and measuring instruments in the field of quantum theory.*»

Ich habe die Bohr-Zitate nicht übersetzt, weil ich sie nicht übersetzen kann, ohne meine persönlichen Schwierigkeiten mit ihnen ins Spiel zu bringen. Leser, die überprüfen wollen, ob sie die Zitate verstehen, mögen versuchen, sie ins Deutsche zu bringen. Ich denke, sie werden scheitern. Wer diese Äußerungen Bohrs nicht versteht, befindet sich übrigens in guter Gesellschaft. John Bell schreibt über sie [12]: «Tatsächlich ist mir nicht ganz klar, was das bedeuten soll.» Und an derselben Stelle zu dem letzten der hier zitierten Sätze Bohrs: «Mir scheint, dieser Satz ignoriert gerade den wichtigsten Punkt von EPR – daß, wenn es keine Fernwirkungen gibt, nur von dem ersten System angenommen werden kann, daß es durch die Messung gestört wird und die Messung es trotzdem ermöglicht, wohlbestimmte Vorhersagen über das zweite System zu machen. Weist Bohr möglicherweise nur die Voraussetzung – keine Fernwirkungen – statt des Argumentes zurück?» Ich kann der Versuchung nicht widerstehen, in diesem Zusammenhang eine briefliche Äußerung Heisenbergs, der Bohrs Interpretation der Quantenmechanik erweitert und modifiziert hat, an Henry P. Stapp [180] wiederzugeben: «Möglicherweise ist es, nebenbei gesagt, für die Kopenhagener Interpretation der Quantenmechanik wichtig, daß ihre Sprache in einem gewissen Grad unbestimmt ist, und ich [Heisenberg] bezweifle, daß sie durch den Versuch, diese Unbestimmtheit zu vermeiden, klarer werden kann.»

Trotzdem oder gerade deshalb ist zuzugeben, daß Niels Bohr mit seiner Weigerung, überhaupt jemals die Existenz einer Quantenwelt anzuerkennen, deren Verhalten über die von ihr durch tatsächlich miteinander mögliche Experimente erwerbbare Kenntnis hinaus beschrieben werden könnte, bis heute gegenüber dem Realisten Einstein recht behalten hat. Aber die Debatte geht weiter. Unverstanden ist insbesondere, ob und wie es instantane Fernwirkungen geben kann, die keine Signale übertragen.

Der Dreh von John Bell

«Unser Beweis, daß die Wellenfunktion die physikalische Realität nicht vollständig beschreibt, gibt zwar keine Antwort auf die Frage, ob eine solche Beschreibung möglich ist. Aber wir denken, daß es eine derartige Theorie geben kann», lautet der letzte Absatz von EPR. Oft wird beklagt, daß Einstein den – im Wortsinn – «Dreh» von John Bell [10] nicht mehr erlebt hat, durch den sein Einspruch gegen die Bohrsche Kopenhagener Interpretation der Quantenmechanik aus dem milden Licht einer nur metaphysikalischen Kontroverse in das Flutlicht eines offenen Widerspruchs zwischen den statistischen Vorhersagen der Quantenmechanik und seinen *Common-sense*-Ideen über die makroskopische physikalische Welt gerückt wurde.

Die Gedankeneinwände von EPR und Nachfolgern gegen die Quantenmechanik als fundamentale Theorie haben sich bis zu der 1964 veröffentlichten Arbeit *On the Einstein-Podolsky-Rosen paradox* von John Bell [10] nur gegen den Formalismus, nicht aber gegen experimentell überprüfbare Schlußfolgerungen der Quantenmechanik gewandt. Die Arbeit von John Bell zieht als erste aus den Prinzipien, die den Einwänden gegen die Quantenmechanik zugrunde liegen, experimentell überprüfbare Folgerungen, die experimentell überprüfbaren Folgerungen der Quantenmechanik widersprechen. Den Weg Bells von den Prinzipien zu den Schlüssen bahnen Gedankenexperimente, die von allem anderen – insbesondere von der Quantenmechanik – unabhängig sind. Erst am Ende werden die Konsequenzen der Quantenmechanik einberufen und wie tatsächliche experimentelle Daten behandelt – mit der Konsequenz, daß die Gedankenschlüsse und mit ihnen die Prinzipien, auf denen sie beruhen, widerlegt sind. Denn die experimentell überprüfbaren Konsequenzen der Prinzipien und der Quantenmechanik widersprechen einander. Aufgrund des immensen Erfolgs der Quantenmechanik in allen bisher überprüften Anwendungen denken wir jedoch, daß sich ihre experimentell überprüfbaren Konsequenzen ausnahmslos bewahrheiten werden. Das ist, wie bereits gesagt, der Standpunkt dieses Buches. Zudem wurde die Quantenmechanik durch tatsächlich durchgeführte, dem Widerspruch zwischen Prinzipien und ihren Konsequenzen gewidmete Experimente triumphal bestätigt (zusammenfassend [132]). Hierzu nur kurz weiter unten. Denn wirklich durchgeführte Experimente gehören nur am Rande zu unserem Thema.

Eine Bellsche Ungleichung

John Bell nimmt an, daß es Verborgene Variable gibt, die den tatsächlichen Zustand eines Systems der Quantenmechanik genauer festlegen, als es die Wellenfunktion tut. Die Erwartungswerte von Observablen bei zahlreichen Messungen können, wenn das so ist, auch als Mittelwerte über die unbekannten Werte der Verborgenen Variablen berechnet werden. Der Erwartungswert einer Observablen ist definiert als die Summe der Werte, die eine große Zahl N von Einzelmessungen ergeben haben, geteilt durch N. Um die Allgemeinheit, sozusagen den Gedankencharakter, des Drehs von John Bell hervorzuheben, beginne ich auch diese Schilderung mit einer Parabel.

Hänsel und Gretel erhalten von der Quantenhexe wieder und wieder – insgesamt N-mal – je ein Körnchen, das sie wie in der vorigen Parabel mit den Resultaten g und r entweder *A*uflösen oder ver*B*rennen können. Anders als oben verwendet Hänsel nicht dasselbe Lösungsmittel wie Gretel. Als einzige Korrelation fällt ihnen beim Vergleich ihrer Kladden auf, daß immer dann, wenn sie beide ihr Körnchen ver*B*rannt haben, dieselbe Farbe aufgetreten ist –

entweder r oder g. Für eine quantitativere Analyse ihrer Ergebnisse verwenden sie folgende Codierung: Dem Ergebnis r ordnen sie in allen Fällen die Zahl +1 zu, dem Ergebnis g die Zahl –1. Mit A (B) bezeichnen sie die Codes ±1 der Resultate, die aufgetreten sind, wenn Hänsel (Gretel) sein (ihr) Körnchen Aufgelöst hat; die Codes der Ergebnisse des Ver$B$rennens, die ja für beide gleich sind, heißen C.

Wieder sei darauf hingewiesen, daß weder Hänsel noch Gretel mit seinem/ihrem Körnchen beide Experimente durchführen kann – wird ein Körnchen Aufgelöst, kann es nicht ver$B$rannt werden, und umgekehrt. Aber, so räsonieren Hänsel und Gretel, *wenn* er oder sie das jeweils andere Experiment durchgeführt *hätte, wäre* ebenfalls eine Zahl ±1 als Ergebnis herausgekommen. Also gibt es für jedes Körnchen-Paar, das ihnen die Hexe geschickt hat und das sie mit j durchnumerieren, drei Zahlen ±1, die kennzeichnen, welche Ergebnisse die vier Experimente gehabt hätten, wäre es nur möglich gewesen, sie alle durchzuführen. Sie brauchen nur drei Zahlen A_j, B_j und C_j für die vier möglichen Experimente, weil das Experiment Ver$B$rennen in allen Fällen, in denen Hänsel *und* Gretel es durchgeführt haben, bei beiden dasselbe Resultat ergibt und, so räsonieren sie weiter, auch ergeben hätte, hätten sie es nur beide durchgeführt. Denn sie denken, daß die Wahl eines von ihnen, sein Körnchen *nicht* zu ver$B$rennen, und das Ergebnis r oder g des Auflösens statt des Ver$B$rennens keinen Einfluß darauf haben kann, was der jeweils andere in seinem weit entfernten Bereich nahezu gleichzeitig tut und was das Ergebnis dieses Tuns ist. Obwohl sie es nicht vollständig überprüfen können, nehmen sie an, daß es Verborgene Variable gibt, die in dem Sinn lokal sind, daß bereits ihre Werte hier und jetzt die Ergebnisse von hier und jetzt durchgeführten Experimenten festlegen. Was weit entfernte Akteure ungefähr gleichzeitig tun und welche Resultate sie erhalten, kann sich hier und jetzt nicht auswirken – weder darauf, welches der Experimente *A*uflösen oder Ver*B*rennen durchgeführt wird, noch darauf, welches Ergebnis es zeitigt.

Gretel bemerkt[54], daß drei Größen A_j, B_j und C_j, die jeweils Zahlenwerte zwischen ±1 annehmen können, eine der beiden Gleichungen

$$A_j(B_j - C_j) = \pm(1 - B_j C_j)$$

erfüllen. Denn ist $B_j = C_j$, verschwinden beide Seiten; anderenfalls sind sie 2 oder −2. In jedem Einzelfall besitzen die lokalen Verborgenen Variablen Werte, die unbekannt, aber festgelegt sind. Also impliziert jede Seriennummer *j* bestimmte Werte der Verborgenen Variablen, und eine Mittelung über *j* ist mit der Mittelung über deren Werte gleichbedeutend. Mit <*AB*> bezeichnen wir die durch *N* dividierte Summe aller $A_j B_j$, und genauso für <*AC*> sowie <*BC*>. Nun sind offenbar die $(1 - B_j C_j)$ positiv oder Null, so daß wir aus den obigen zwei alternativen Gleichungen die Ungleichungen $A_j(B_j - C_j) \leq (1 - B_j C_j)$ und $-A_j(B_j - C_j) \leq (1 - B_j C_j)$ erhalten und damit die Ungleichung

$$|<AB> - <AC>| \leq 1 - <BC>$$

für die Korrelationen der Ergebnisse der vier möglichen Experimente von Hänsel und Gretel.

Denn um Korrelationen handelt es sich, und diese sind im Gegensatz zu einigen der einzelnen Ergebnisse A_j, B_j und C_j beobachtbar. Dazu müssen die *N* Einzelfälle nur danach sortiert werden, welche zwei Experimente Hänsel und Gretel jeweils durchgeführt haben. Um zum Beispiel <*AB*> zu berechnen, werden die jeweiligen Ergebnisse $A_j = \pm 1$ und $B_j = \pm 1$ miteinander multipliziert, die Produkte zusammengezählt, und die Summe wird durch die Zahl der Fälle geteilt, in denen die A_j und B_j zugeordneten Experimente durchgeführt wurden – das eine, egal welches, von Hänsel, das andere von Gretel.

Nachdem sie gemittelt haben, müssen Hänsel und Gretel feststellen, daß ihre Korrelationen die Ungleichung, die sie aus der Annahme lokaler Verborgener Variabler abgeleitet haben, *nicht* erfüllen. An dieser Stelle kehren wir zur Quantenmechanik zurück. Es
sollte klar sein, daß die in der Parabel abgeleitete Ungleichung mit
der Quantenmechanik nichts zu tun hat. Zu ihren Voraussetzungen gehört, daß die Ergebnisse von Hänsel und Gretel, wenn sie
beide ihre Körnchen ver*B*rennen, dieselben sind. Dies entnehmen
wir direkt dem Experiment. Mit dieser Voraussetzung als einziger
Ausnahme ist die Ungleichung eine Konsequenz von Prinzipien,
die wir geneigt sind, für wahr zu halten. Ihre Herleitung ist insofern ein reines Gedankenexperiment und gehört keinesfalls der
Theoretischen Physik an. Wir nehmen aber interessiert zur Kenntnis, daß gewisse Voraussagen der Quantenmechanik die Ungleichung *nicht* erfüllen. Da für uns experimentell überprüfbare Aussagen der Quantenmechanik für die Resultate der Experimente
selbst stehen, können wir auch sagen, daß die nach John Bell benannte Ungleichung experimentell widerlegt wurde und deshalb
die Prinzipien, aus denen sie folgt, nicht gelten.

Kehren wir dafür zur Abb. 59 zurück. Zusätzlich zu der dort angenommen parallelen[55] Einstellung ihrer Stern-Gerlach-Apparate,
die dem Experiment Ver*B*rennen entsprechen soll, können Hänsel
und Gretel ihre Apparate auch unabhängig voneinander anders
ausrichten – Hänsel so, daß sein Apparat einen Winkel α mit der
ursprünglichen Ausrichtung einschließt; Gretels einen Winkel β.
Die Messungen mit den so eingestellten Apparaten entsprechen
dem *A*uflösen von Hänsel und Gretel mit ihren verschiedenen Lö-
sungsmitteln. Werden die Vorhersagen der Quantenmechanik für
<*AB*>, <*AC*> und <*BC*> in die oben abgeleitete Ungleichung ein-
getragen, ergibt sich

$$|\cos[2(\alpha - \beta)] - \cos(2\alpha)| + \cos(2\beta) \le 1.$$

Für und nur für Winkel, welche diese Ungleichung erfüllen, genügen die Vorhersagen der Quantenmechanik den Bellschen Ungleichungen – zum Beispiel also nicht für $\alpha = 60$ Grad und $\beta = 30$ Grad, denn für diese Winkel besitzen die drei Cosinus-Funktionen der Ungleichung in dieser Reihenfolge die Werte $1/2$, $-1/2$ und $1/2$, so daß diese $3/2 \leq 1$ verlangt, was falsch ist.

Noch einmal EPR

«Einstein», so N. David Mermin [131], «hätte die Bedeutung von Bells Argument sofort eingesehen. Als zutiefst rationaler Mann war er davon überzeugt, daß seine Kollegen einer Massenillusion über die physikalische Realität erlegen waren. [...] Hätte Einstein seinen Widerstand jetzt aufgegeben, oder wäre er mit einer Sichtweise hervorgetreten, die uns alle überrascht hätte?» John Bell (zitiert in [19], S. 84) hat im selben Zusammenhang geäußert, daß die anderen wie Bohr trotz der Bestätigung ihrer Ansichten durch spätere Entwicklungen ihren Kopf im Sand vergraben hatten: «Nach meinem Gefühl war in dieser Sache die intellektuelle Überlegenheit von Einstein über Bohr riesengroß – ein Abgrund klaffte zwischen dem einen, der sah, was erforderlich war, und dem anderen, dem Rauner (*obscurantist*). Deshalb bedaure ich zutiefst, daß die Idee Einsteins nicht zutrifft. Das Vernünftige ist falsch.»

Als «zu billig» hat Albert Einstein Versuche eingestuft, die Quantenmechanik durch Verborgene Variable – zum Beispiel feste Einstellungen der Spins, mit denen die Teilchen von Hänsel und Gretel ihre Quelle verlassen würden – zu vervollständigen. Gäbe es solche Variable, würde nicht bereits der quantenmechanische Zustand eines Systems dessen physikalischen Zustand festlegen. Dann wären dazu auch die Werte der zusätzlichen Variablen erforderlich. In seiner frühesten Form zeigt der Dreh von John Bell nur, daß entweder experimentell überprüfbare Konsequenzen der Quantenmechanik nicht gelten oder daß Verborgene Variable die Schwierigkeiten der Quantenmechanik mit der Lokalität nicht nur nicht aufheben, sondern sogar verstärken würden. EPR hatten Lokalität wie selbstverständlich vorausgesetzt, hierin sogar Bohrs Zustimmung gefunden, Realität aber entgegen Bohr eingefordert. Verborgene Variable würden der Quantenmechanik (wie die Atome der Thermodynamik) zwar Realität, nicht aber Lokalität verleihen können – es sei denn, nicht alle experimentell überprüfbaren Konsequenzen der Quantenmechanik wären korrekt.

Die friedliche Koexistenz von Quantenmechanik und Spezieller Relativitätstheorie, die darauf beruht, daß die Quantenmechanik trotz ihrer Nichtlokalität keine Signale ermöglicht, die schneller wären als das Licht, würde durch Verborgene Variable eben wegen der geforderten Realität aller Ursachen gefährdet. Theorien, in denen Verborgene Variable auftreten, kennen zusätzlich zu ihnen, die sich bei genauerem Hinsehen als die öffentlichen Variablen dieser Theorien erweisen, also die Spineinstellungen, Orte und Geschwindigkeiten der Teilchen, auch Funktionen von Raum und Zeit namens «Führungswellen» oder «Nichtlokale Potentiale», die sich, wie es laut Bell sein muß, instantan und nichtlokal ändern. Wie aber kann *jenen*, die durchaus als Ursachen auftreten, Realität zugesprochen werden, ohne daß ihre Änderungen die Übermittlung von Signalen mit Überlichtgeschwindigkeit ermöglichen würden?

Bellsche Theoreme ohne Verborgene Variable

Theoreme, die Verborgene Variable voraussetzen, müssen waschechte Quantenmechaniker nicht interessieren. Denn in Bohrs Gefolge leugnen sie deren Existenz sowieso. Voraussetzungen aber wie

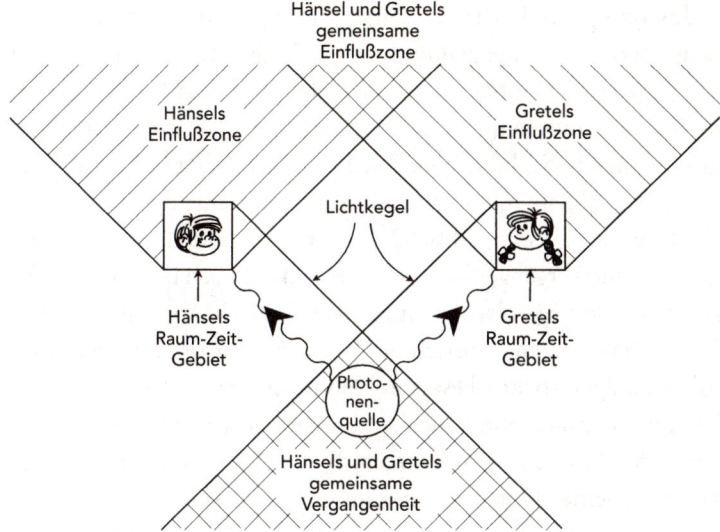

Abb. 62 Die Aktivitäten von Hänsel und Gretel zur Vorbereitung von Experimenten und zur Feststellung ihrer Resultate seien auf ihre eingezeichneten Raum-Zeit-Gebiete beschränkt. Sie liegen raumartig zueinander, was bedeutet, daß laut Spezieller Relativitätstheorie kein Signal vom Gebiet des einen in das Gebiet des anderen gelangen kann. Aber kann es Einflüsse geben, die keine Informationen übermitteln? Die «gemeinsame Vergangenheit» von Hänsel und Gretel ist auf den Durchschnitt ihrer Rückwärtslichtkegel beschränkt. In ihm, und nur in ihm, kann die Quelle der Teilchen – hier Photonen –, mit denen sie experimentieren, aktiv sein.

die, daß auch nicht durchgeführte Experimente Resultate besessen hätten, wären sie nur durchgeführt worden, entstammen deren ureigensten Diskussionen. Daher das große Interesse an den neueren Theoremen à la Bell, deren Voraussetzungen der Quantenmechanik näher sind als die ursprüngliche Annahme Verborgener Variabler. Beispielsweise (Anhang B von [23]) ist es möglich, aus den drei Prinzipien des freien Willens, der Induktion sowie der

Nahwirkung, an deren unbedingte Gültigkeit zu glauben wir geneigt sind, zusammengenommen Ungleichungen abzuleiten, die mit experimentell überprüften und überprüfbaren Konsequenzen der Quantenmechanik im Widerspruch stehen, also nicht alle drei gelten können. Sie bilden ein Paket, soll heißen, daß sie nicht ganz und gar unabhängig voneinander sind. Zunächst der freie Wille. Zwar besitzen, wie die Abb. 62 zeigt, Hänsel und Gretel ein Stück gemeinsame Vergangenheit, aber weder diese noch irgend sonst ein Agent soll festlegen, wie sie ihre Stern-Gerlach-Apparate in ihren Raum-Zeit-Gebieten ausrichten. Dann das Prinzip der Induktion. Allgemein gesprochen besagt es, daß Schlüsse von der Vergangenheit auf die Zukunft möglich sind. Benötigt wird nur eine schwache Form dieses Prinzips (Anhang B von [23]): Wenn ein Experiment bei seiner Durchführung immer ein Resultat besessen hat, hätte es auch eins besessen – irgendeins von denen, die zuvor aufgetreten sind –, wäre es nur durchgeführt worden. Dies auch dann, wenn tatsächlich durchgeführte Experimente es unmöglich machen, daß das in Rede Stehende durchgeführt wird. Aller philosophischen Zweifel am Prinzip der Induktion ungeachtet unterschreibt es die Quantenmechanik zumindest in dieser schwachen Form. Sie gibt sogar Wahrscheinlichkeiten für die Ergebnisse von Experimenten an, über die sie zugleich sagt, daß von ihnen nicht alle durchgeführt werden können. Drittens der Ausschluß von Fernwirkungen. Es soll nicht so sein, daß die Aktivitäten Hänsels in seinem Raum-Zeit-Gebiet und die Ergebnisse dieser Aktivitäten das Tun von Gretel und dessen Ergebnisse in ihrem Raum-Zeit-Gebiet beeinflussen – und selbstverständlich umgekehrt. Dies ist nach Auskunft der Speziellen Relativitätstheorie *für Signale* garantiert, wenn die raum-zeitlichen Verhältnisse (Abb. 62) bei den Experimenten von Hänsel und Gretel so beschaffen sind, daß während der Aktivitäten von Hänsel und Gretel zum Nachweis eines Teilchens kein von dem Gebiet des einen ausgehender Lichtstrahl das Gebiet des anderen erreichen kann – die Gebiete ihrer Aktivitäten in Raum und Zeit müssen, so der technische Ausdruck, *raumartig* zueinander liegen. Darüber hinaus sollten sie die Vorbereitungen ihrer Experimente abgeschlossen haben, bevor Photonen aus der Quelle – also reale Signale – bei ihnen angekommen sein können. Denn sonst könnten Signale dieser Art aus der Quelle sie beim Einstellen ihrer Apparate beeinflussen.

Wird all dies angenommen, folgt, wie gesagt, eine der Bellschen Ungleichungen, die den Voraussagen der Quantenmechanik widerspricht. Ich wiederhole, daß dies nach meiner Ansicht ausreicht, um einen Widerspruch der Prinzipien, aus denen die Ungleichung folgt, nicht nur mit der Quantenmechanik, sondern auch mit der physikalischen Realität zu beweisen. Denn die Quantenmechanik ist eine der am besten überprüften physikalischen Theorien überhaupt. Nicht gerade in dem Sektor, über den die Bellschen Ungleichungen Aussagen machen, wohl aber in anderen Sektoren, die von der Physik der Elementarteilchen über die der Festkörper bis zur Kosmologie reichen. Alle für mindestens zwei Teilchen gemeinten Rechnungen der Quantenmechanik nehmen an, daß ihre Aussagen über verschränkte Zustände wie den von Gretels Elektron und Hänsels Positron zutreffen – damit also den Bellschen Ungleichungen widersprechen. Ja, die Aussagen der Quantenmechanik über verschränkte Zustände gehören zu ihren zentralen Aussagen, und es ist unvorstellbar, daß ihre experimentell überprüfbaren Konsequenzen falsch sein könnten, ohne daß dadurch das ganze Gebäude der Quantenmechanik zu wanken begänne. Denn seit Bell geht es nicht mehr nur um eine alternative Theorie zur Quantenmechanik, die dieselben Konsequenzen für Experimente lieferte wie sie, sondern um die Konsequenzen selbst.

Diese generelle Aussage läßt Schlupflöcher zu, so daß die direkten experimentellen Überprüfungen der Bellschen Ungleichungen mit (nahezu) allen relevanten Voraussetzungen in den letzten zwanzig bis dreißig Jahren durch Experimente mit Photonen[56] willkommene zusätzliche Sicherheit gebracht haben: Auch die Aussagen der Quantenmechanik über die Ergebnisse von Experimenten an Teilchen, die sich einzeln in getrennten Gebieten befinden, zusammen aber einen verschränkten Zustand besitzen, wurden und werden zunehmend als korrekt erwiesen.

In die andauernde Diskussion um Schlupflöcher der Experimente zu den Bellschen Ungleichungen steige ich aus den genannten Gründen nicht ein. Erwähnen möchte ich wegen ihres grundsätzlichen Charakters aber die von D. Wick in *The Infamous Boundary* [204] ausführlich dokumentierte Diskussion der Tatsache, daß wie alle Experimente auch jene zur Überprüfung der Bellschen Ungleichung wirkliche Experimente sind, also keine idealen Gedankenapparate benutzen und deshalb auf statistische Auswertungen angewiesen sind. Also können Abweichungen vom erwarteten Funktionieren der Apparate und statistische Fluktuationen, die dann nur scheinbar Fluktuationen wären, verschwörerisch so zusammenwirken, daß sie Verletzungen der Bellschen Ungleichungen vortäuschen, obwohl diese auf dem fundamentalen Niveau tatsächlich erfüllt sind. Da der Zweck, bei diesem Ergebnis anzukommen, die einzige erkennbare theoretische Basis des Zusammenwirkens ist, überzeugen solche Einwände nur eine Minderheit der Physiker.

Deterministisches zur Realität

Abermals verschärft hat den Widerspruch zwischen EPR-artigen Argumenten und Aussagen der Quantenmechanik ein von Daniel Greenberger, Michael Horne und Anton Zeilinger (GHZ) ersonnenes Gedankenexperiment ([91]; siehe auch Anhang D von

[23]), dessen zu erwartende Resultate nicht nur den statistischen Aussagen der Quantenmechanik widersprechen, sondern auch ihren deterministischen. Einer deterministischen Aussage der Quantenmechanik sind wir bereits begegnet – der nämlich, daß die Ergebnisse von Hänsels und Gretels Spinmessungen unter geeigneten Voraussetzungen streng antikorreliert sind: Das Produkt der Vorzeichen ihrer Meßresultate ist bei paralleler Ausrichtung ihrer Stern-Gerlach-Apparate zur Messung von Spins unabdingbar –1 (bzw. 1 bei einer anderen Codierung). Das GHZ-Experiment geht von einem verschränkten Zustand *dreier* Teilchen aus und benötigt dementsprechend drei Beobachter. Jeder von ihnen kann an seinem Teilchen zwei alternative Beobachtungen mit jeweils zwei möglichen Resultaten anstellen, und der Zustand der drei Teilchen ist so ersonnen, daß durch Fernerkundungen, die auf Messungen an jeweils zwei Teilchen beruhen, Eigenschaften des dritten Teilchens festgelegt werden, die davon abhängen, *welche* Experimente an den beiden anderen durchgeführt wurden. Diese Vorhersage der Quantenmechanik steht im Widerspruch zu Konsequenzen von Realitätsannahmen, die wir alle für unverbrüchlich halten, die aber falsch sind, wenn – was wir hier immer annehmen – die Quantenmechanik in ihren experimentell überprüfbaren Aussagen recht hat. In ihrer Ausgabe vom 26. April 1999 berichtete die *Süddeutsche Zeitung*, daß dem Experimentalphysiker Dik Bouwmeester der Nachweis gelungen sei, daß die Quantenmechanik und nicht der *common sense* in dieser Frage recht hat. Als Bildunterschrift zieht die *SZ* ein Resümee, dem man nur zustimmen kann: «Nicht die Theorie, wie Albert Einstein glaubte, sondern unser Weltverständnis ist falsch.»

Im Dunkeln sehen

Übungsaufgabe Nr. 2 auf dem ersten, übrigens nicht bewerteten Übungsblatt zu meiner Vorlesung Quantenmechanik I im Sommersemester 1998:

> Ein Terrorist verfügt über jede Menge Bomben mit Zündern, die durch ein einziges Photon ausgelöst werden. Sein Problem ist, daß einige Zünder defekt sind und er nicht weiß, welche. Für seine Mission braucht er eine Bombe, die (nahezu) mit Sicherheit funktioniert. Doch wie kann er eine herausfinden? Sicher nicht dadurch, daß er die Bomben ausprobiert, indem er ihre Zünder betrachtet, also mit Photonen in Kontakt bringt: Ist ein Zünder defekt, *läßt er Photonen, die auf ihn treffen, ungehindert durch,* und der Terrorist erfährt durch seinen Test, daß die Bombe unbrauchbar ist. Ist ein Zünder hingegen intakt, löst ihn das erste Photon, das auf ihn trifft, aus, und die Bombe ist verloren. Wissen Sie Rat?

In der Vorlesung war das Zwei-Loch-Experiment besprochen und auf den Ursprung der komplexen Amplituden A_1 und A_2 an F_1 und F_2 (Abb. 51) sowie auf deren Bedeutung für das Interferenzbild hingewiesen worden. Die einzelnen Elektronen, die in der Abbildung das Interferenzbild aufbauen, sollen hier durch einzelne Photonen ersetzt werden. Wir wollen auch annehmen, daß die komplexen Amplituden eines jeden Photons an F_1 und F_2 *entgegengesetzt gleich* sind, also $A_1 = -A_2$ statt $A_1 = A_2$, wie es oben war. Das können wir beispielsweise dadurch erreichen, daß wir die Quelle Q nicht in der Mitte zwischen F_1 und F_2 anbringen, sondern versetzt.

Wie auch immer wir $A_1 = -A_2$ erreichen, die für unsere Aufgabenstellung relevante Konsequenz ist dieselbe: Im Punkt O der Abbildung, in dem bei $A_1 = A_2$ das größte Maximum der Interferenzkurve P_{12} auftritt, löschen die von F_1 und F_2 ausgehenden Beiträge zur Wellenfunktion einander jetzt völlig aus. Dort, im Punkt O kommt, wenn beide Löcher offen sind, niemals ein Photon an. Ist aber eines der beiden Löcher – sagen wir F_2 – geschlossen, erreichen die Photonen nach Auskunft der Kurve P_1 den Punkt O.

Wenn der Terrorist über die modifizierte Apparatur der Abb. 51 verfügt, kann er sein Ziel erreichen. Dazu stellt er einen Detektor D für Photonen an O auf und plaziert den Zünder seiner ersten Bombe so vor dem Loch F_2, daß jener das Loch verdeckt, wenn er intakt ist, und daß es offensteht, wenn er das nicht ist. Denn der Terrorist weiß wie wir, daß ein intakter Zünder von dem ersten Photon, das ihn trifft, ausgelöst wird, während ein defekter Zünder Photonen ungehindert passieren läßt.

Nach diesen Vorbereitungen veranlaßt er die Quelle S, ein Photon in Richtung der Apparatur zu schicken. Ist der Zünder der Bombe defekt, handelt es sich bei dem Experiment um ein Zwei-Loch-Experiment mit $A_1 = -A_2$, und kein Photon erreicht den Punkt O. Folglich spricht der Detektor «nahezu sicher» nicht an. Ganz sicher ist das nicht, weil der Detektor – wie überhaupt jeder Detektor – ein Intervall statt nur eines Punktes abdecken muß, so daß er auch dann anspricht, wenn ein Photon unmittelbar neben O ankommt. Auf diese allgegenwärtige statistische Unsicherheit gehe ich nicht ein. Ist der Zünder hingegen intakt, versperrt er das Loch F_2. Dann handelt es sich bei dem Experiment tatsächlich um jenes Ein-Loch-Experiment, bei dem nur F_1 offensteht. Da das Photon mit derselben Wahrscheinlichkeit 1/2 auf F_1 wie auf F_2 trifft, besteht dieselbe Wahrscheinlichkeit dafür, daß das Photon den Zünder trifft und die Bombe zur Explosion bringt, wie dafür, daß es durch F_1 in die Apparatur eintritt. Im zweiten Fall trifft es mit einer von der Kurve P_1 abzulesenden endlichen Wahrscheinlichkeit den an O aufgestellten Detektor – was, wie wir gesehen haben, nahezu niemals der Fall ist, wenn der Zünder defekt ist.

Ich denke, der Leser sieht, wo wir angekommen sind: Ist die Bombe explodiert, ist sie verloren. Ist das nicht geschehen und hat der Detektor nicht angesprochen, kann der Zünder defekt oder intakt sein. Hat der Detektor aber angesprochen, weiß der Terrorist, daß F_2 geschlossen, der Zünder also intakt ist. Dann hat er sein Ziel erreicht: Er verfügt über eine Bombe, die (nahezu) sicher einen intakten Zünder besitzt. Ist die Bombe nicht explodiert und hat der Zähler nicht angesprochen, ist die Wahrscheinlichkeit gewachsen, daß der Zünder defekt ist. Da er über beliebig viele Bomben verfügt, ist es am vernünftigsten, auch in dem Fall das zu tun, was er sowieso tun müßte, wenn die Bombe explodiert wäre, nämlich eine neue Bombe derselben Prozedur zu unterziehen. Und so weiter, mit immer neuen Bomben. Weil beziehungsweise wenn tatsächlich ein gewisser Prozentsatz seiner beliebig vielen Bomben einen intakten Zünder besitzt, wird nach den Regeln der Wahrscheinlichkeitsrechnung einmal eintreten, was er ersehnt: Der Detektor D spricht an, er besitzt eine Bombe mit einem Zünder, der (nahezu) sicher intakt ist.

Dies Gedankenexperiment, das nur auf Vorhersagen der Quantenmechanik beruht[57], läßt die «Realität» physikalischer Objekte wie Photonen oder anderer Objekte, mit denen Interferenz-Experimente ebenfalls durchgeführt wurden oder werden könnten, in einem unsicheren Licht erscheinen. Zu nennen sind hier neben Elektronen, Protonen, Neutronen oder anderen nicht allzu kurzlebigen Elementarteilchen auch Atomkerne wie α-Teilchen sowie Atome, Moleküle und vielleicht gar Viren, wie Anton Zeilinger in seinem Buch *Einsteins Schleier – Die neue Welt der Quantenphysik* [132] berichtet. Die größten Objekte, an denen bisher erfolgreich Interferenz-Experimente durchgeführt wurden, sind – selbstverständlich einzelne – Moleküle namens Fullerene aus 60 (!) Kohlenstoffatomen.

Wie «real» kann ein Objekt aber sein, von dessen Verhalten das

Vorhandensein von Hindernissen an Orten abgelesen werden kann, an die es niemals gekommen ist? Hier steht mehr auf dem Spiel als beim Zwei-Loch-Experiment in seiner üblichen Interpretation, die wir im Zusammenhang mit der Abb. 51 beschrieben haben. Denn jetzt geht es nicht nur um die Statistik vieler Teilchen, sondern um die Realität eines einzelnen, dessen Wirkung auf den Detektor D das Vorhandensein einer Sperrschicht an einem Zünder beweist, dem es nicht einmal nahe gekommen ist. Wie durch Geisterhand erhalten wir Informationen über ein Objekt, ohne daß es irgendeine Form der Wechselwirkung mit ihm gegeben hat.

The most profound discovery of science

Wenn man in Überlegungen zur Natur physikalischer Gesetze die Evolution einbezieht, wird man nicht erwarten, daß uns plausibel bis selbstverständlich erscheinende Prinzipien auf einem fundamentalen Niveau die Naturgesetze festlegen. Erstaunlich ist dann vielmehr, daß es solche Prinzipien überhaupt *gibt*, und insbesondere, *daß wir sie kennen können*. Hier tritt eine Realität hervor, die nicht unsere Realität, sondern die der Naturgesetze ist. Unsere Realität ist die unserer Beobachtungen, ihrer Verbindungen und Korrelationen.

Henry P. Stapp hat in *Bell's Theorem and World Process* [181] das Bellsche Theorem als die tiefschürfendste/inhaltsschwerste/gründlichste (so die Übersetzungen von *profound* in *Langenscheidts großem Schulwörterbuch* [133]) Entdeckung der Wissenschaft bezeichnet. Dies deshalb, weil es in der Natur *nicht* gilt. Daß ein Theorem nicht gilt, bedeutet genauer, daß seine Voraussetzungen nicht erfüllt sind. So steht es, wie wir wissen, um das Theorem von Bell. Und dessen Voraussetzungen sind nicht irgendwelche, son-

dern gehören zu den Prinzipien, welche Natur und Nachdenken
zutiefst in uns verankert haben. Trotzdem – sie gelten nicht, und
wir müssen fragen, ob es andere Prinzipien gibt, die auf die Gesetze
der Quantenmechanik führen oder zumindest mit ihnen verträglich sind. Wenn es sie gibt, beschreiben vermutlich *sie* die verborgene Realität [62] der Welt besser als jene, die sich uns aufdrängen.

Bisher ist es nicht gelungen, die Quantenmechanik aus Prinzipien abzuleiten, die ohne Mathematik verstanden werden könnten. Zwei Kandidaten für derartige Prinzipien kennen wir
(S. 178 f.). Erstens das Prinzip der Verschränkung. Gott, so wurde
gemutmaßt [34], hält hierdurch seine Schöpfung zusammen.
Zweitens das Prinzip der friedlichen Koexistenz von Quantenmechanik und Spezieller Relativitätstheorie, nach der es keine Übertragung von Nachrichten, auch nicht durch Verschränkungen, mit
Überlichtgeschwindigkeit gibt. Die Raffinesse, mit der die Natur
beides in den Gesetzen der Quantenmechanik vereinigt, ist atem-
beraubend. Sind die Theoreme der Verschränkung und der Koexistenz akzeptiert, können sie benutzt werden, um in Gedankenexperimenten Konsequenzen wie das Verbot des Klonens
unbekannter Quantenzustände abzuleiten. Gedankenexperimente
und ihr Vergleich mit den unbezweifelbaren experimentellen Konsequenzen der Quantenmechanik haben gezeigt, daß Prinzipien,
an deren Gültigkeit zu glauben wir unbedingt geneigt sind, wie das
der Induktion, des freien Willens, der Lokalität und der Realität in
ihrer naiven Form nicht zusammen gelten können. Ich halte dies
für den größtmöglichen Erfolg von Gedankenexperimenten. Ein-
drucksvoller aber ist, wenn es im Gedankenexperiment gelingt,
physikalische Theorien wie die Spezielle Relativitätstheorie aus
Prinzipien abzuleiten (Abb. 26), die, auch wenn sie naiver Erwartung widersprechen, einsichtige Bedeutungen besitzen und durch
ihre mathematischen Formulierung der Theorie zu experimentellen Triumphen verhelfen.

Anmerkungen

[1] Eine bemerkenswert klare populärwissenschaftliche Darstellung der Quantenmechanik und ihrer Interpretation durch einen führenden Quantenphysiker ist [132], meiner Auffassung kommt [62] am nächsten und [137] gibt auf hohem Niveau das Spektrum der gegenwärtigen Meinungen wieder.

[2] Seine Bemerkung «Raffiniert ist der Herrgott, aber boshaft ist er nicht» hat Einstein so erläutert: «Die Natur verbirgt ihr Geheimnis durch die Erhabenheit ihres Wesens, aber nicht durch List.» Hier zitiert nach der englischen Originalausgabe ([218], S. VI dort deutsch) der deutschen Übersetzung [146]. In der deutschen Ausgabe fehlen die Zitate.

[3] Formulierung des Vertreters der Ansichten des Aristoteles, Simplicio, in Galileis Dialog [71], S. 136.

[4] Da sich der Punkt oberhalb der Erdoberfläche, an dem der Körper losgelassen wurde, mit derselben *Winkel*geschwindigkeit bewegt wie sie, fällt er genaugenommen schräg nach vorn. Dieser Effekt ist aber selbst bei den höchsten Türmen viel zu klein, um wahrgenommen zu werden.

[5] Wie alle Sätze der Mathematik besteht auch der Satz des Pythagoras aus einer Voraussetzung – hier den Axiomen Euklids, zu denen implizit gehört, daß unser Raum flach ist – und einer Folgerung, die hier $a^2 + b^2 = c^2$ lautet. Wenn wir, wie in derartigen Zusammenhängen der Kürze wegen üblich, sagen, der Satz des Pythagoras gelte nicht, meinen wir genauer, daß die *Folgerung* zusammenbricht (was sein kann, wenn und weil die Voraussetzungen des Satzes ungültig sind).

[6] Bei Wittgenstein heißt es nicht «Sinneseindrücke», sondern «Tatsachen». Die Geschichte von Mach und dem Bleistift im Wasser wurde [130], S. 24, entnommen.

[7] Eben *daß* Newtons Gesetze der Bewegung ohne äußere Kräfte für ein System gelten, bedeutet, daß es sich mit konstanter Geschwindigkeit bewegt. So auch für jedes andere System, wobei sich herausstellt, daß sich alle diese Systeme mit konstanter Geschwindigkeit *relativ zueinander* bewegen. Da durch kein Experiment innerhalb eines so bewegten Systems festgestellt werden kann, wie schnell es sich bewegt, kann von einem Zustand der Ruhe nur durch Ernennung gesprochen werden.

8 Sein Gedankenresultat, daß im luftleeren Raum, den er «nicht herstellen»
   konnte, «die verschiedensten Körper» gleich schnell fallen, läßt Galilei
   seinen Sprecher Salviati in seinem Dialog [72] auf S. 65f. so begründen:
   «Wir wollen die Bewegung der verschiedensten Körper in einem nicht widerstehenden Mittel untersuchen, so daß alle Verschiedenheit auf die fallenden Körper zurückzuführen wäre. Und da nur ein Raum, der völlig
   luftleer ist und auch keine andere Materie enthält, sei dieselbe noch so
   fein und nachgiebig, geeignet erscheint das zu zeigen, was wir suchen,
   und da wir solch einen Raum nicht herstellen können, so wollen wir prü-
   fen, was in feineren Medien und weniger widerstehenden geschieht im
   Gegensatz zu anderen weniger feinen und stärker widerstehenden. Finden wir thatsächlich, dass verschiedene Körper immer weniger verschieden sich bewegen, je nachgiebiger die Medien sind, und daß schließlich,
   trotz sehr großer Verschiedenheit der fallenden Körper im allerfeinsten
   Medium der allerkleinste Unterschied verbleibt, ja eine kaum noch wahr-
   nehmbare Differenz, dann, scheint mir, dürfen wir mit grosser Wahrscheinlichkeit annehmen, dass im Vacuum völlige Gleichheit eintreten
   werde.»

9 In dem höchst amüsanten und lehrreichen Artikel [15] geht John Bell der
   Frage nach, *was* sich schneller ausbreiten könne als das Licht. Er bemerkt,
   daß der Prinz von Wales, auch wenn er sich in Australien aufhält, *sofort*
   König wird, wenn seine Mutter, die Königin, in London stirbt (*may it
   long be delayed*). Ernsthafter ist der Hinweis, daß das Skalare Potential Φ
   der Elektrodynamik in der sogenannten Coulomb-Eichung der Laplace-
   Gleichung $\Delta\Phi = 0$ genügt und sich deshalb mit der Geschwindigkeit unendlich ausbreitet. Das aber bereitet uns kein Kopfzerbrechen, weil das
   Potential nur durch Konventionen festgelegt werden kann und Konventionen sich beliebig schnell ausbreiten dürfen. Signale aber nicht!

10 Ich folge hier Barbour ([7], S. 462ff.), der auch darauf hinweist, daß für
   Huygens im Gefolge von Descartes jede Bewegung eines Körpers als Bewegung relativ zu einem anderen Körper verstanden werden mußte, Huygens aber den Bezugskörper für geradlinig-gleichförmige Bewegungen
   nicht zu nennen wußte.

11 Letztlich zeigt das Argument, daß der Körper *A* keine bestimmte Temperatur besitzen kann.

12 Der Leser mit philosophischer Vorbildung wird bemerken, daß ich hier

(abermals) Stellung beziehe: und zwar gegen eine «synthetische Erkenntnis a priori». Die sogenannte «analytische» betrifft nichts weiter als den logischen Zusammenhang von Annahmen und Folgerungen. Sie habe ich, weil trivial, als Voraussetzung nicht erwähnt.

13 Quantitative Formeln für den Fall ungleicher Massen hat Huygens aus der Annahme, daß es kein Perpetuum mobile geben könne, ebenfalls abgeleitet ([23], S. 35f.).

14 Ausführlicher habe ich mich hierzu in [85], [20] und [23] geäußert.

15 «Sprunghöhe» soll der Abstand heißen, um den der Schwerpunkt des Tieres durch den Sprung im höchsten Punkt angehoben wurde.

16 Einfache Darstellungen der Planckschen Hohlraumstrahlung und des Lichtelektrischen Effektes finden sich in an vielen Stellen. Mir gefällt besonders gut [87], S. 451–460. Auf professionellem Niveau und mit besonderer Berücksichtigung der Vakuum-Effekte wird die zugehörige Theorie in [136] beschrieben. Eine schöne pädagogische Darstellung für Studenten und andere, die das Wissen der Grundkurse in Theoretischer Physik besitzen, ist [119]. Formeln vermeidet die populärwissenschaftliche Darstellung des Autors dieses Buches [76].

17 Ich kann der Versuchung nicht widerstehen, eine Äußerung von Richard P. Feynman (Band 1 von [65], S. 232) über die Vorstellungen von, wie er schreibt, Cocktailparty-Philosophen zur physikalischen Relativität einzufügen. Diese Philosophen, so Feynman, sagen: «‹Daß alles relativ ist, ist eine Konsequenz von Einstein, und es hat tiefgründige Einflüsse auf unsere Vorstellungen›. Zusätzlich sagen sie: ‹Es wurde in der Physik nachgewiesen, daß Phänomene von ihrem Bezugssystem abhängen›. […] Wir hören das sehr häufig, aber es ist schwierig herauszufinden, was es bedeutet. […] So soll die Tatsache, daß ‹die Dinge von ihrem Bezugssystem abhängen›, angeblich einen tiefgründigen Einfluß auf die moderne Denkungsart gehabt haben. Man kann sich sehr wohl darüber wundern, warum; schließlich ist die Idee, daß die Dinge vom Gesichtspunkt eines jeden abhängen, so simpel, daß es gewiß nicht erforderlich gewesen sein kann, all die Mühe mit der physikalischen Relativitätstheorie aufzuwenden, um das zu entdecken. Daß alles, was man sieht, vom eigenen Bezugssystem abhängt, ist jedermann bekannt, der herumläuft, weil er einen sich nähernden Fußgänger zuerst von vorn und dann von hinten sieht; da ist nichts Tiefergehendes in der meisten Philosophie, von welcher gesagt

wird, daß sie von der Relativitätstheorie herrührt, als in der Bemerkung, daß ‹eine Person von vorn anders aussieht als von hinten›.»

18 Statt in Gedanken den Beobachter der Transformation zu unterwerfen, können wir ihn beibehalten und die Abläufe transformieren. Die Frage, ob für beide Beobachter dieselben Naturgesetze gelten, ist zu jener äquivalent, ob mit jedem ursprünglichen Ablauf auch der transformierte mit den Naturgesetzen im Einklang ist.

19 Wenn es Teilchen gäbe, die sich mit Überlichtgeschwindigkeit bewegen, müßten sie als solche geboren werden – wie ja auch das Licht mit seiner Geschwindigkeit geboren wird. Solche hypothetischen Teilchen, für deren Existenz es keinerlei Anzeichen gibt, haben bereits einen Namen: Tachyonen.

20 Das wohl ausführlichste Kompendium solcher Effekte ist [203].

21 Dieser Abschnitt folgt [219]. Das Zahlenbeispiel ist das von [212].

22 Nicht alle Beschleunigungen können durch Schwerefelder simuliert werden. Ein Beispiel bilden die Beschleunigungen, denen Systeme auf rotierenden Scheiben ausgesetzt sind.

23 Die relativistische Erhöhung der Energie, also sowohl der trägen wie auch der schweren Masse, durch eine Erhöhung der Geschwindigkeit, die im Zusammenhang mit der Abb. 25 näher beschrieben wird, berücksichtigen wir hier nicht, so daß unsere Betrachtungen nur bei gegenüber der Lichtgeschwindigkeit c kleinen Geschwindigkeiten v gelten. Die Schlußfolgerungen zur Gleichheit von schwerer und träger Masse, die beide sowieso besser durch Energie im Sinne der Relativitätstheorie beschrieben werden, sind hiervon aber unabhängig. Beispielsweise wächst sowohl die träge als auch die schwere Masse eines Körpers mit seiner Temperatur; das Verhältnis beider aber bleibt dasselbe.

24 Der lateinische Originaltitel von Newtons Werk ist *Philosophiae Naturalis Prinzipia Mathematica.*

25 Sollte der Leser jemals nach Cordoba, Spanien, kommen, sollte er zur Zeit des Dunkelwerdens von der Brücke Puente Romano aus die Ruhe suchenden Vogelschwärme beobachten.

26 Eine Zusammenstellung von Essays, unter ihnen der berühmte von Bertrand Russell aus [160], zu Zenons Paradoxa ist [161]. Um einen Grenzwert angeben zu können, habe ich die qualitativen Annahmen Zenons in konkrete Zahlen übersetzt – i. e. «zehnmal so schnell» und «einen Meter».

27 Laplace, zitiert nach [52], S. 70.

28 *Law without law* – Gesetz ohne Gesetz – lautet der griffige Titel ([199], [200]), mit dem der amerikanische Theoretische Physiker John Archibald Wheeler (geb. 1911) seine Bemühungen überschrieben hat, den Ursprung von Naturgesetzen zu verstehen, ohne Gesetze als Grundlage für sie anzunehmen. Alle Gesetze, deren Wirken wir heute zu erkennen glauben, will Wheeler auf die Art und Weise zurückführen, wie wir Beobachtungen machen. Der dänische Physiker Holger Nielsen will durch sein *Random Dynamics Projekt* [143] beweisen, daß etwaige fundamentale Gesetze beliebig abgeändert werden können, ohne daß sich dies auf unsere Daseinsebene auswirken würde. Eine kritische Stellungnahme zu beidem findet sich in Steven Weinberg [193] auf S. 241. Wie in [85] beschrieben, wollten bereits Erwin Schrödinger und Franz Exner in der ersten Hälfte des 20. Jahrhunderts die deterministischen Gesetze der nicht-quantenmechanischen Physik auf statistische zurückführen.

29 Die Moleküle eines Gases mit einheitlicher Temperatur sind *nicht* alle gleich schnell. Die Beträge ihrer Geschwindigkeiten streuen vielmehr gemäß der nach Maxwell benannten Geschwindigkeitsverteilung um einen Mittelwert, der von der Temperatur abhängt und mit steigender Temperatur ansteigt.

30 Der Öffentlichkeit hat Maxwell seinen Dämon gegen Ende seines Buches [128] vorgestellt.

31 Zu nennen sind vor allem zwei Bücher, die ganz Maxwells Dämon gewidmet sind: die kommentierende Sammlung von Originalarbeiten [122] (erweiterte Neuauflage [214]) sowie das hierauf basierende populärwissenschaftliche Buch [4]. Informative Passagen zum Wirken des Dämons enthalten [88] (S. 220–228) und [9] (S. 142–147). Eine leicht lesbare Darstellung aus neuerer Sicht ist der Artikel [17] von Charles H. Bennett in *Spektrum der Wissenschaft*. Hinzu kommen Richard P. Feynmans Ausführungen über Sperräder und Flügelräder im ersten Band seiner Vorlesungen [65] sowie in [64].

32 Siehe auch die Abb. 25. Bei einem Stoß wird, anders als in der Abb. 25, der stoßende Körper nicht mit dem gestoßenen vereinigt.

33 Archytas-Zitat nach [90], S. 106 (dort englisch).

34 Lukrez-Zitat nach [102], S. 166.

35 In der projektiven Geometrie können als Darsteller von «Punkten» die

Geraden der Ebene gewählt werden; die Darsteller von «Geraden» sind dann die Bona-fide-Punkte. Diese mathematische Möglichkeit ist für die Physik irrelevant, weil sie über ihre Punkte und Geraden mehr zu sagen weiß als nur, daß sie gewissen Axiomen der Geometrie genügen. Das Realitätsproblem der Physik und Philosophie, das darin besteht, daß ontologisch verschiedene Gebilde auf dieselben Beobachtungen führen, stellt sich in diesem Fall also nicht. Wohl aber bei der Frage, ob der Raum, in dem wir leben, gekrümmt ist.

36 Genauer verlangt Euklids ursprüngliches Axiom, daß sich jede gerade Linie nicht nur «unbegrenzt», sondern sogar «bis ins Unendliche» verlängern läßt. Diese Forderung schließt, wie das Parallelenaxiom selbst, Geometrien aufgrund des Verhaltens ihrer Objekte «im Unendlichen» aus. Zu nennen ist insbesondere die zwar «unbegrenzte», nicht aber «unendliche» Kugeloberfläche. Sie muß offenbar einbezogen werden, wenn alle Geometrien erfaßt werden sollen, für die «im Kleinen» – also für Beobachter, die klein sind, verglichen mit dem Radius der Kugel – die Axiome Euklids gelten, «im Großen» aber möglicherweise nicht. Bernhard Riemann hat als erster «elliptische» Geometrien wie die der Kugeloberfläche untersucht und zu diesem Zweck nicht nur das Parallelenaxiom Euklids aufgegeben, sondern zudem die Abschwächung von «unendlich» auf «unbegrenzt» eingeführt. Erwähnen muß ich auch, daß genaugenommen die Kugelgeometrie der Mathematiker nicht die Kugeloberfläche selbst betrifft, sondern ein Gebilde, in dem einander diametral gegenüberliegende Punkte der Oberfläche als «derselbe Punkt» aufgefaßt werden. Denn zwei derartige Punkte liegen nicht nur auf einem Großkreis – Großkreise sind die «Geraden» der Kugelgeometrie –, sondern auf unendlich vielen. Für die Physik der Kugeloberfläche ist dieser mathematische Trick zur Rettung von Euklids erstem Axiom offensichtlich irrelevant: Nordpol und Südpol sind und bleiben physikalisch verschiedene Orte.

37 Von der Drehung der Erde sehen wir ab.

38 Während ich dies im August 2004 korrigiere, steht in allen Zeitungen die Nachricht, daß Stephen Hawking die Seiten gewechselt hat. Hatte er vor kurzem noch eine ganze Enzyklopädie gewettet, daß Schwarze Löcher – anders als eine Enzyklopädie – die Information, die in sie hineingesteckt wurde, nicht wieder hergeben, kann er nun zeigen, daß sie das doch tun.

Die Enzyklopädie hat er damit verloren; *a self-defeating system* nennt man
so etwas auf Englisch.

[39] Wenn der Leser fragt, warum wir eines der berühmtesten Gedankenexperimente der Quantenphysik, Heisenbergs Mikroskop, nicht aufgenommen haben, so antworten wir, daß dieses Gedankenexperiment eine allzu
umfangreiche Darstellung der Wirkungsweise eines Mikroskops als Voraussetzung gehabt hätte. Eine vortreffliche Darstellung etwa auf dem Niveau dieses Buches findet sich auf den Seiten 162–168 von [132].

[40] Natürlich sind alle Teilchen genaugenommen «Teilchen der Quantenmechanik».

[41] Die von vorneherein exotisch anmutende Möglichkeit, daß der Hauptef-
fekt bei zwei offenen Spalten daher kommt, daß das Elektron beide Spalte
vorwärts und rückwärts mehrmals durchläuft, diskutiere ich nicht.

[42] In diesem Kapitel wurden mehrere Darstellungen durch Formeln und
Rechnungen unterdrückt, die sich in [23] finden.

[43] Genauer bilden die absoluten Quadrate $|\Psi(x)|^2$ von Wellenfunktionen
$\Psi(x)$, die vom Ort x abhängen, Wahrscheinlichkeits*dichten*. Aus ihnen entstehen Wahrscheinlichkeiten, die sich auf Intervalle mit der kleinen Breite
Δx um x herum beziehen, durch die Bildung $|\Psi(x)|^2 \cdot \Delta x$. Im Gefolge zahlreicher Bücher zur Quantenmechanik bezeichnet der Text zur Vereinfa-
chung auch Wahrscheinlichkeitsdichten als Wahrscheinlichkeiten.

[44] Die Rechnung, die unsere qualitative Darstellung zusammenfaßt, findet
sich in [23], S. 191f. Dort folgt sie [39].

[45] Gibt es mehrere Teilchen und befinden sich diese, wie weiter unten im
Detail beschrieben, in einem verschränkten Zustand, kann *nicht* von einem Zustand gesprochen werden, der den beteiligten Teilchen einzeln
zukäme. Diese Tatsache besitzt in der nicht-quantenmechanischen Physik *kein* Analogon.

[46] Das reicht laut [86] nicht aus: Die Zustände $|X\rangle$ und $|Y\rangle$ müssen den Zu-
stand der restlichen Welt einbeziehen, in den ihn das jeweilige Meßergebnis versetzt.

[47] Unsere Darstellung des Ursprungs der Lehrbuch-Quantenmechanik
kann nur nebelhaft sein. Die Originalarbeiten von Max Born, Johann
von Neumann und Eugene P. Wigner sind in der empfehlenswerten Darstellung [137] des gegenwärtigen Zustands der Interpretationen der
Quantenmechanik angeführt.

[48] Eine Reihe tentativer Antworten beschreibt [86]. Unter ihnen die, daß die Umwelt durch ihre Einflüsse fortwährend die Orte von Objekten mißt. Zu nennen ist besonders die Streuung von Photonen. Zur Lokalisierung von Staubkörnchen im Weltall reicht die Kosmische Hintergrundstrahlung aus. Hinzu kommt die Wärmestrahlung, durch die nach Art der Infrarotfotografie Objekte geortet werden können. Daß dies tatsächlich durch Beobachter geschieht, ist für die Lokalisierung unnötig. Dafür reicht aus, daß Information, die Lokalisierung ermöglichen würde, zur Verfügung steht. Wie die Verbindung zur Unschärferelation zeigt, ist es unmöglich, in diesem Zusammenhang von den materiellen Trägern von Information abzusehen: Information ist kein Abstraktum, sondern physikalisch. Lagebestimmungen durch Photonen können nicht genauer sein als einige Wellenlängen; bei 650 Grad Celsius sind das um die $5 \cdot 10^{-6}$ Meter. So heiß sind die Fullerenmoleküle, deren Interferenz an einem Beugungsgitter mit $0,1 \cdot 10^{-6}$ Meter Abstand zweier Öffnungen beobachtet werden konnte ([132], S. 104). Die Wellenlänge der von den Molekülen abgegebenen Wärmestrahlung reichte also nicht aus, ihren Ort so genau beobachtbar zu machen, daß hätte entschieden werden können, durch welche Öffnung ein jedes den Detektor erreicht hatte.

[49] Die Abbildung stellt eine idealisierte Folge von Filmszenen zum Verhalten von Wellenpaketen dar, die ich um 1980 zusammen mit meinem Karlsruher Kollegen H.-M. Staudenmaier (geb. 1939) und anderen angefertigt habe. Die Filme zeigen durch Computersimulation, wie sich Wellenpakete im Laufe der Zeit unter verschiedenen Umständen verhalten. Zusammen mit Begleitmaterial sind sie vom Göttinger Institut für den Wissenschaftlichen Film veröffentlicht worden und können von dort bezogen werden.

[50] Die quantenmechanische Originalarbeit ist [100], eine verwandte Darstellung [101].

[51] Nebenbei sei bemerkt, daß von den insgesamt 16 möglichen Kombinationen $(x, y) \& (x', y')$ nur 5 vorkommen dürfen, wenn keine der nicht beobachteten Kombinationen von Experimenten und Resultaten auftreten soll. Wird andererseits eine der 4 Forderungen gestrichen, kann kein Widerspruch abgeleitet werden.

[52] Hypothetische Argumente wie dieses sehen zwar unproblematisch aus, sind es aber nicht. Zunächst ist jeder Wenn-dann-Satz nach Auskunft der

Logik wahr, wenn die Prämisse falsch ist. Wenn der Leser also die Eigenschaft eines Objektes, *wasserlöslich* zu sein, dadurch definiert, daß dieses, *wenn* es ins Wasser getan wird, sich *dann* auflöst, muß er zugeben, daß ein Stück Eisen, das sich *nicht* im Wasser befindet, die Prämisse des Wenn-dann-Satzes nicht erfüllt und deshalb nach seiner Definition *wasserlöslich ist*. Logikern ist es gelungen, eine zufriedenstellende Definition von Eigenschaften wie *wasserlöslich* anzugeben [156], [185]. Aber die Frage, um die es hier geht, ist keine logische, sondern eine naturwissenschaftliche: Was, wenn jedes Experiment zur Beantwortung der ersten von zwei Fragen es aus prinzipiellen Gründen unmöglich macht, ein Experiment anzustellen, das zur Beantwortung der zweiten dienen könnte? Die Parabel ab S. 297 verdeutlicht dies Dilemma durch Übersetzung der Auswahl, welche die Quantenmechanik uns zu treffen nötigt, in eine zwischen *A*uflösen und ver*B*rennen.

53   Ist der Zustand eines Systems bekannt, *können* selbstverständlich andere Exemplare desselben Systems in denselben Zustand versetzt werden – zum Beispiel dadurch, daß man sie wie das vorgegebene präpariert. Verfügt ein Experimentator über zahlreiche Systeme, die sich *alle in demselben Zustand befinden, kann er diesen Zustand experimentell ermitteln* ([151], [69], [70] und dort angegebene Literatur). Für die Informationsübertragung würde es aber nichts nützen, wenn die Quelle in rascher Folge Teilchenpaare zur Verfügung stellte und Hänsel in allen Fällen den Spin seines Teilchens in die vorgegebene Richtung, beispielsweise senkrecht, mäße. Dann würde Gretel zwar beliebig viele Teilchen in einem der Zustände $|\!\downarrow>, |\!\uparrow>$ in rascher Folge erhalten, aber diese befänden sich *nicht* in demselben Zustand – sie bildeten, technisch gesprochen, ein Gemisch. Und dieses von Hänsel in der Ferne erzeugte Gemisch unterscheidet sich nicht von jenem, das er erzeugen würde, wenn er statt des Spins in die senkrechte Richtung den in die waagerechte mäße. Das *Gemisch* kann Hänsel im Prinzip ermitteln, und gemessen an der Flugzeit sogar beliebig schnell, aber das nützte ihm nichts, weil die beiden *Gemische* dieselben sind.

54   Unsere Darstellung folgt, wenn auch verfremdet, [148].

55   Genauer ist die dort angenommene Einstellung *anti*parallel, um den gleichen Farben beim Ver*B*rennen entgegengesetzte Resultate für die Spins entsprechen zu lassen. Ich habe diese Umdeutung einer Abänderung der Formeln von [148] vorgezogen.

56   Als Probeteilchen mit zwei Einstellungen des Spins verwende ich in die-
     sem Buch durchgehend ein Elektron und ein Positron. Dadurch ver-
     meide ich Fragen, welche die Verwendung identischer Teilchen anregen
     könnte. Tatsächliche Experimente zu den Bellschen Ungleichungen und
     anderen grundsätzlichen Fragen wie Teleportation benutzen Photonen.
     Die Stelle der zwei Einstellungen des Spins von Elektron und Positron in
     eine Richtung vertreten bei Photonen zwei senkrecht aufeinander ste-
     hende Polarisationsrichtungen. Nach Vorläufern mit widersprüchlichen
     Ergebnissen hat zuerst das Experiment [3] von Alan Aspect im Jahr 1982
     klare Evidenz für die Quantenmechanik (also gegen die Gültigkeit der
     Bellschen Ungleichungen) erbracht. Ein neueres Experiment mit demsel-
     ben Resultat ist [188]. Mehrere neuere Experimente diskutiert [192].
     Siehe auch [132].

57   Wechselwirkungfreie Messungen wie die hier beschriebene haben eine
     lange Geschichte [154], [48]. Die wohl ersten, noch immer sehr theoreti-
     schen, Vorschläge zur experimentellen Realisierung von A. Elitzur und L.
     Vaidman ([61], [189]) illustrieren ihre Idee durch eine Bombe mit einem
     anderen Zünder als dem hier angenommenen und verwenden als Nach-
     weisinstrument ein Mach-Zehnder-Interferometer. Tatsächlich mögliche
     und durchgeführte Experimente beschreibt [120]. Dort wird auch be-
     schrieben, wie der Quanten-Zenon-Effekt zur Erhöhung der Effektivität
     der Suche nach einer intakten Bombe auf Werte beliebig nahe an 100
     Prozent verwendet werden kann.

Literaturverzeichnis

[1]   Aristoteles, Vom Himmel ...; dtv, München 1983

[2]   V.I. Arnold, Mathematische Methoden der Klassischen Mechanik; VEB Deutscher Verlag der Wissenschaften, Berlin 1988

[3]   Alain Aspect, Jean Dalibard und Gérard Roger, Experimental Test of Bell's Inequalities Using Time-Varying Analyzers; Phys. Rev. Lett. 49, 1804 (1982)

[4]   Hans Christian von Baeyer, Maxwell's Demon; Random House, New York 1998

[5]   L.E. Ballentine (Ed.), Foundations of Quantum Mechanics since the Bell Inequalities; American Association of Physics Teachers, College Park 1988

[6]   Jae R. Ballif und William E. Dibble, Anschauliche Physik; Walter de Gruyter, Berlin 1987

[7]   Julian B. Barbour, Absolute or Relative Motion; Cambridge University Press, Cambridge 1989

[8]   John D. Barrow and Frank J. Tipler, The Anthropic Cosmological Principle; Clarendon Press, Oxford 1986

[9]   John D. Barrow, Die Entdeckung der Unmöglichkeit; Spektrum Akademischer Verlag, Heidelberg 1999

[10]   John S. Bell, On the Einstein-Podolsky-Rosen paradox; Physics 1, 195 (1964); nachgedruckt in [13]

[11]   John S. Bell und David Nauenberg, The moral aspects of quantum mechanics; in: A. De Shalit et. al. (Eds.), Preludes in Theoretical Physics; North Holland, Amsterdam 1966; nachgedruckt in [13]

[12]   John S. Bell, Bertlmann's socks and the nature of reality; Journ. de Phys., Coll. C2, suppl. au numero 3, Tome 42 (1981) pp C2 41; nachgedruckt in [13]

[13]   John S. Bell, Speakable and Unspeakable in Quantum Mechanics; Cambridge University Press, Cambridge 1987

[14]   John S. Bell, Interview; OMNI, Mai 1988, S. 85

[15]   J.S. Bell, La nouvelle cuisine; in: Andries Sarlemijn and Peter Kroes (Eds.), Between Science and Technology; North-Holland, Amsterdam 1990

[16]   John Bell, Against «measurement»; Physics World, August 1990, S. 33.
       Deutsche Übersetzung: Wider die Messung; Phys. Bl. 48, 267 (1992)

[17]   Charles H. Bennett, Maxwells Dämon; in: Spektrum der Wissen-
       schaft, Januar 1988, S. 48

[18]   C. B. Bennett et. al., Teleporting an Unknown Quantum State via
       Dual Classical and Einstein-Podolsky-Rosen Channels; Phys. Rev.
       Lett. 70, 1895 (1993)

[19]   Jeremy Bernstein, Quantum Profiles; Princeton University Press,
       Princeton 1991

[20]   Henning Genz, Nichts als das Nichts; Wiley/VCH, Weinheim 2004

[21]   David Bohm, Quantum Theory; Prentice-Hall, Englewood Cliffs
       1951

[22]   Niels Bohr, Can quantum-mechanical description of physical reality
       be considered complete?; Phys. Rev. 48, 696 (1935); nachgedruckt in
       [197]

[23]   Henning Genz, Gedankenexperimente; Wiley/VCH, Weinheim
       1999 (Gde)

[24]   Max Born (Hg.), Albert Einstein – Max Born, Briefwechsel 1916–
       1955; nymphenburger, München 1991

[25]   J. M. Burgers, The Measuring Process in Quantum Theory; Rev.
       Mod. Phys. 35, 145 (963)

[26]   Dik Bouwmeester et. al., Experimental quantum teleportation; Na-
       ture 390, 575 (1997)

[27]   Vladimir B. Braginsky und Farid Ya. Khalili, Quantum Measure-
       ment; Cambridge University Press, Cambridge 1992

[28]   Thomas Macho und Annette Wunschel (Hg.), Science & Fiction –
       Über Gedankenexperimente in Wissenschaft, Philosophie und Lite-
       ratur; S. Fischer, Frankfurt/Main 2004 (Gde)

[29]   Bertolt Brecht, Flüchtlingsgespräche; in: Jan Knopf u. a. (Hg.): Ber-
       tolt Brecht Werke; Band 18, Prosa 3; Aufbau und Suhrkamp, Berlin,
       Weimar, Frankfurt 1995

[30]   Reinhard Breuer, Das anthropische Prinzip; Ullstein, Frankfurt 1984

[31]   James Robert Brown, The laboratory of the mind; Routledge, Lon-
       don und New York 1991 (Gde)

[32]   James Robert Brown, Thought Experimentation: A Platonic Ac-
       count; in: [109] (Gde)

[33] James Robert Brown, Why Empiricism Won't Work; in: [110] (Gde)

[34] Mark Buchanan, Why God plays dice; New Scientist, 22. August 1998, S. 27

[35] Paul Humphreys, Seven Theses on Thought Experiments; in: John Earman et. al. (Hg.), Philosophical Problems on the Internal and External Worlds – Essays on the Philosophy of Adolf Grünbaum; Universitätsverlag Konstanz, Konstanz 1993 (Gde)

[36] Wolfgang Buschlinger, Denkkapriolen? Gedankenexperimente in Naturwissenschaften, Ethik und Philosophy of Mind; Königshausen und Neumann, Würzburg 1993 (Gde)

[37] H. B. G. Casimir: Koninkl. Ned. Akad. Wetenschap. Proc. 51, 793 (1948)

[38] Hendrik Casimir, Haphazard Reality; Harper and Row, New York 1983

[39] Claude Cohen-Tannoudji, Bernhard Diu und Franck Laloë, Quantenmechanik I; de Gruyter, Berlin 1999

[40] David Cole; Thought and Thought Experiments; Philosophical Studies 45, 431 (1984) (Gde)

[41] James T. Cushing und Ernan McMullin (Eds.), Philosophical Consequences of Quantum Theory; University of Notre Dame Press, Notre Dame Indiana 1989

[42] Paul Davies, The Accidental Universe; Cambridge University Press, Cambridge 1985

[43] Albert Einstein, Zum Ehrenfestschen Paradoxon, Physikalische Zeitschrift 12/15, 509 (1911) (Gde)

[44] Paul Davies, The Thought that Counts; in: New Scientist, 6. Mai 1995, S. 26 (Gde)

[45] Paul Davies, Die Unsterblichkeit der Zeit; Heyne, München 1998

[46] Leopold Infeld, Der Mann neben Einstein – Ein Leben zwischen Raum und Zeit; WeymannBauer Verlag, ohne Ortsangabe 1999

[47] David Deutsch, Die Physik der Welterkenntnis; Birkhäuser, Basel 1996

[48] R. H. Dicke, Interaction-free quantum measurements: A paradox?; Am. J. Phys. 49, 925 (1981)

[49] Albrecht Behmel, Was sind Gedankenexperimente?; ibidem-Verlag, Stuttgart 2001 (Gde)

[50] Pierre Duhem, Ziel und Struktur der physikalischen Theorien; Felix Meiner, Hamburg 1998

[51] Arthur Eddington, Das Weltbild der Physik; Vieweg, Braunschweig 1931

[52] Arthur Eddington, Die Naturwissenschaft auf neuen Bahnen; Vieweg, Braunschweig 1935

[53] Albert Einstein, Über die Entwicklung unserer Anschauungen über das Wesen und die Konstitution der Strahlung; Physikalische Zeitschrift, No. 22, S. 817 (1909)

[54] Albert Einstein, Boris Podolsky und Nathan Rosen, Can quantummechanical description of physical reality be considered complete?; Phys. Rev. 47, 777 (1935); nachgedruckt in [197]

[55] Albert Einstein, Physik und Realität; Journal of The Franklin Institute 221 (No. 3) 313 (1936)

[56] Albert Einstein, Über die spezielle und die allgemeine Relativitätstheorie; Vieweg, Braunschweig 1969

[57] Albert Einstein, Mein Weltbild; Ullstein, Frankfurt/M. Berlin 1989

[58] Albert Einstein, Über den Einfluß der Schwerkraft auf die Ausbreitung des Lichtes; Annalen der Physik 35, 898 (1911). Nachgedruckt in: John Stachel (Ed.), The collected papers of Albert Einstein, Volume 3; Princeton University Press, Princeton 1989

[59] Albert Einstein, Out of my later years; Wing Books 1993

[60] Henry Guerlac, Essays and Papers in the History of Modern Science; Johns Hopkins University Press, Baltimore 1977

[61] Albert Elitzur and L. Vaidman, Quantum Mechanical Interaction-Free Measurements; Found. Phys. 23, 987 (1993)

[62] Bernard d'Espagnat, Veiled Reality; Addison-Wesley, Reading 1995

[63] Timothy Ferris, The whole Shebang; Weidenfels and Nicholson, London 1997

[64] Richard P. Feynman, Vom Wesen physikalischer Gesetze; Piper, München 1965

[65] Richard P. Feyman, Feynman Vorlesungen über Physik, Band 1–3; R. Oldenbourg, München 1991

[66] Richard P. Feynman, Sechs physikalische Fingerübungen; Piper, München 2003

[67] D. Finkelstein, Space-Time Code; Phys. Rev. 184, 1261 (1968)

[68] Hans-Ludwig Freese, Abenteuer im Kopf – Philosophische Gedankenexperimente; Beltz, Weinheim 1995 (Gde)

[69] Matthias Freyberger et. al., The art of measuring quantum states; Physics World, November 1997, S. 41

[70] Matthias Freyberger and Wolfgang P. Schleich, True vision of a quantum state; Nature 386, 121 (1997)

[71] Galileo Galilei, Dialog über die beiden hauptsächlichsten Weltsysteme; Teubner, Stuttgart 1982

[72] Galileo Galilei, Unterredungen und Mathematische Demonstrationen über zwei neue Wissenszweige, die Mechanik und die Fallgesetze betreffend; Wissenschaftliche Buchgesellschaft, Darmstadt 1985

[73] George Gamov, Mr. Tompkins seltsame Reise durch Kosmos und Mikrokosmos; Vieweg, Braunschweig 1980

[74] Henning Genz und Roger Decker, Symmetrie und Symmetriebrechung in der Physik; Vieweg, Braunschweig 1991

[75] Henning Genz, Symmetrie – Bauplan der Natur; Piper, München 1987 und 1992

[76] Henning Genz, Die Entdeckung des Nichts – Leere und Fülle im Universum; Carl Hanser, München 1994. Als Taschenbuch: Rowohlt, Reinbek 1999

[77] Henning Genz, Wie die Zeit in die Welt kam – Die Entstehung einer Illusion aus Ordnung und Chaos; Carl Hanser, München 1996. Als Taschenbuch: Rowohlt, Reinbek 1999

[78] Henning Genz, Gedankenexperimente; Physik in unserer Zeit, 27. Jahrg. 1996, Nr. 2, S. 79 (Gde)

[79] Henning Genz, Gedankenexperimente – Buridans Esel und die Spontane Symmetriebrechung; Physik in unserer Zeit, 27. Jahrg. 1996, Nr. 5, S. 216 (Gde)

[80] Henning Genz, Gedankenexperimente – Mögliche und unmögliche Vergrößerungen, Physik in unserer Zeit, 28. Jahrg. 1997, Nr. 1, S. 38 (Gde)

[81] Henning Genz, Gedankenexperimente – Das Paradoxon von Einstein, Podolsky und Rosen; Physik in unserer Zeit, 28. Jahrg. 1997, Nr. 6, S. 251 (Gde)

[82] Henning Genz, Gedankenexperimente – $E = mc^2$; Physik in unserer Zeit, 29. Jahrg. 1998, Nr. 1, S. 242 (Gde)

[83] Wolf Singer, Ein neues Menschenbild?; Suhrkamp, Frankfurt/Main 2003

[84] Wolf Singer, Der Beobachter im Gehirn; Suhrkamp, Frankfurt/Main 2002

[85] Henning Genz, Wie die Naturgesetze Wirklichkeit schaffen – Über Physik und Realität; Hanser, München 2002. Als Taschenbuch: Rowohlt, Reinbek 2004

[86] D. Giulini, E. Joos, G. Kiefer, J. Kupsch, I.-O. Stamatescu und H. D. Zeh, Decoherence and the Appearence of a Classical World; Springer, Berlin 1996

[87] Sheldon L. Glashow, From Alchemy to Quarks; Brooke/Cole Publishing Pacific Grove 1994

[88] Martin Goldstein and Inge F. Goldstein, The Refrigerator and the Universe; Harvard University Press, Cambridge (Mass.) 1993

[89] David C. Gooding, What is experimental about Thought Experiments?; in: [110] (Gde)

[90] Edward Grant, Much ado about nothing; Cambridge University Press, Cambridge 1981

[91] D. M. Greenberger, M. A. Horne und A. Zeilinger, Going Beyond Bell's Theorem; in: M. Kafatos (Ed.): Bell's Theorem, Quantum Theory and Conceptions of the Universe; Kluwer, Dordrecht 1989

[92] Wolf Singer, Bindungsprobleme; Audio-CD, supposé 2004

[93] George Greenstein and Arthur G. Zajonic, The Quantum Challenge; Jones and Bartlett, London 1997

[94] R. Haag, Thoughts on the Synthesis of Quantum Physics and General Relativity and the Role of Space-Time; Nucl. Phys. B (Proc. Suppl.) 18B, 135 (1990)

[95] R. Haag, Fundamental Irreversibility and the Concept of Events; Comm. Math. Phys. 132, 245 (1990)

[96] R. Haag, An Evolutionary picture for Quantum Physics; DESY 96-006

[97] Jan Hacking, Do Thought Experiments have a Life of Their Own? Comments on James Brown, Nancy Nersessian and David Gooding; in: [110] (Gde)

[98] J. B. S. Haldane, Warum die Natur keine Riesen schuf, Bild der Wissenschaft, Heft 2, 1981

[99]　R. W. Hamming, The Unreasonable Effectiveness of Mathematics; Am. Math. Monthly 87, 81 (1980)

[100]　L. Hardy, Quantum Mechanics, Local Realistic Theories, and Lorentz-Invariant Realistic Theories; Phys. Rev. Lett. 68, 2981 (1992)

[101]　Lucien Hardy, Spooky action at a distance in quantum mechanics; Contemporary Physics 39, 419 (1998)

[102]　Edward Robert Harrison, Kosmologie; Verlag Darmstädter Blätter, Darmstadt 1980

[103]　S. W. Hawking, Black Hole Explosions?; Nature, Vol. 248, Nr. 5, S. 30 (1974)

[104]　Stephen Hawking und Roger Penrose, Raum und Zeit; Rowohlt, Reinbek 1998

[105]　Richard P. Feynman, Sie belieben wohl zu scherzen, Mr. Feynman; Piper, München 1985

[106]　Werner Heisenberg, Der Teil und das Ganze; dtv, München 1973

[107]　Douglas R. Hofstadter, Gödel, Escher, Bach – ein Endloses Geflochtenes Band; Ernst Klett Verlage, Stuttgart 1985

[108]　John H. Holland, Emergence; Addison-Wesley, Reading 1998

[109]　Tamara Horowitz und Gerald T. Massey, Thought Experiments in Science and Philosophy; Rowman and Littlefield, Savage 1991 (Gde)

[110]　David Hull, Micky Forbes und Kathleen Okruhlik (Eds.): Proceedings of the 1992 biennial meeting of the philosophy of science association; Volume 2; Philosophy of science association, East Lansing Michigan 1993 (Gde)

[111]　Viktor Hund, Massimo Malvetti und Hartmut Pilkuhn, Eine kleine Quantenphysik; Vieweg, Braunschweig 1997

[112]　V. Icke, The force of symmetry; Cambridge University Press, Cambridge 1995

[113]　Peter King, Mediaeval Thought-Experiments: The Metamethology of Mediaeval Science; in: [109] (Gde)

[114]　Cargill Gilston Knott, Life and scientific work of Peter Guthrie Tait; Cambridge University Press, Cambridge 1911

[115]　Alexandre Koyré, Von der geschlossenen Welt zum unendlichen Universum; Suhrkamp, Frankfurt/Main 1958

[116]　Sheldon Krimsky, The Use and Misuse of Critical Gedankenexperi-

mente; Zeitschrift für allgemeine Wissenschaftstheorie IV/2, 322 (1973) (Gde)

[117] Thomas S. Kuhn, Eine Funktion für das Gedankenexperiment; in: Thomas S. Kuhn, Die Entstehung des Neuen; Suhrkamp, Frankfurt/ Main 1977 (Gde)

[118] Wilfried Kuhn (Hg.), Einführung in die Physik; Weltbild Verlag, Augsburg 1993

[119] Wilfried Kuhn und Janez Strnad, Quantenfeldtheorie; Vieweg, Braunschweig/ Wiesbaden 1995

[120] Paul Kwiat et. al., Interaction-Free Measurement; Phys. Rev. Lett. 74, 4763 (1994)

[121] S. K. Lamoreaux, Demonstration of the Casimir Force in the 0.6 to 6 µm Range; Phys. Rev. Lett. 78, 5 (1996)

[122] Harvey S. Leff und Andrew F. Rex, Maxwell's Demon; Adam Hilger, Bristol 1990

[123] Ernst Mach, Die Mechanik; Wissenschaftliche Buchgesellschaft Darmstadt 1963

[124] J. Thiele (Hg.), Ernst Mach: Abhandlungen; J. Bonset, Amsterdam 1969

[125] Ernst Mach, Popular Scientific Lectures; Open Court, La Salle 1986

[126] Ernst Mach, Erkenntnis und Irrtum; Wissenschaftliche Buchgesellschaft, Darmstadt 1991

[127] Eli Maor, Dem Unendlichen auf der Spur; Birkhäuser, Basel 1986

[128] James Clerk Maxwell, Theory of Heat; Longmans, Green, and Co., London 1871

[129] Thomas A. McMahon und John Tyler Bonner, Form und Leben – Konstruktionen vom Reißbrett der Natur; Spektrum, Heidelberg 1985

[130] Shimon Malin, Dr. Bertlmanns Socken – Wie die Quantenphysik unser Weltbild verändert; Reclam, Leipzig 2003

[131] N. David Mermin, The (Non)World (Non)View of Quantum Mechanics; New Literary History 23, 855 (1992)

[132] Anton Zeilinger, Einsteins Schleier – Die neue Welt der Quantenphysik; C. H. Beck Verlag, München 2003

[133] Heinz Messinger, Langenscheidts Großes Schulwörterbuch Englisch-Deutsch; Langenscheidt, Berlin 1999

[134] Ronald E. Mickens (Ed.), Mathematics and science; World Scientific, Singapore 1990

[135] Gerard J. Milburn, The Feynman Processor; Perseus Books, Reading 1998

[136] Peter W. Milonni, The Quantum Vacuum; Academic Press Boston 1994

[137] John Barrow, Paul Davies und Charles L. Harper, jr. (Hg.), Science and Ultimate Reality; Cambridge University Press, Cambridge UK 2004

[138] Hermann Bondi, Relativity theory and gravitation; in: [232], S. 113

[139] J. H. Mulvey (Ed.), The nature of matter; Clarendon Press Oxford 1981

[140] Nancy J. Nersessian, In the Theoretican's Laboratory; Thought Experimenting as Mental Modeling; in: [110] (Gde)

[141] Gerhard Vollmer, Wieso können wir die Welt erkennen? Hirzel, Stuttgart 2003

[142] Isaac Newton, Die mathematischen Prinzipien der Physik. Übersetzt und herausgegeben von Volkmar Schüller; Walter de Gruyter, Berlin 1999

[143] Colin D. Frogatt and Holger B. Nielsen, Origin of Symmetries; World Scientific, Singapore 1991

[144] John Norton, Thought Experiments in Einsteins Work; in: [109] (Gde)

[145] Roland Omnes, The Interpretation of Quantum Mechanics; Princeton University Press, Princeton 1994

[146] Abraham Pais, Raffiniert ist der Herrgott; Vieweg, Braunschweig 1986

[147] Roger Penrose, Das Große, das Kleine und der menschliche Geist; Spektrum, Heidelberg 1998

[148] Asher Peres, Quantum Theory – Concepts and Methode; Kluwer Dordrecht 1993

[149] K. R. Popper, Logik der Forschung; J. C. B. Mohr (Paul Siebeck), Tübingen 1994

[150] Hans Poser, Wovon handelt ein Gedankenexperiment? In: H. P. Poser und H.-W. Schütt (Hg.), Ontologie und Wissenschaft; TUB-Dokumentationen 19, 181 (1984) (Gde)

[151]   M. G. Raymer, Measuring the quantum mechanical wave function; Comtemp. Phys. 38, 343 (1997)

[152]   M. Kafatos (Ed.), Bell's Theorem, Quantum Theory and Conceptions of the Universe; Kluwer, Dordrecht 1989

[153]   Wulf Rehder, Versuche zu einer Theorie von Gedankenexperimenten; Grazer Philosophische Studien 11, 105 (1980) (Gde)

[154]   M. Renninger, Messungen ohne Störung des Meßobjekts; Z. Phys. 158, 417 (1960)

[155]   Nicholas Rescher, Thought Experimentation in Presocratic Philosophy; in: [109] (Gde)

[156]   Nicholas Rescher, Hypothetical Reasoning; North-Holland, Amsterdam 1964

[157]   H. Rollnik, Quantenmechanik; Vieweg, Braunschweig 1996

[158]   Hanns und Margret Ruder, Die Spezielle Relativitätstheorie; Vieweg, Braunschweig/Wiesbaden 1993

[159]   David Ruelle, Zufall und Chaos; Springer, Berlin 1992

[160]   Bertrand Russell, Our Knowledge of the External World; Norton, New York 1929

[161]   Wesley C. Salmon (Ed.), Zeno's Paradoxes; The Bobbs-Merrill Company, Indianapolis 1970

[162]   Shmuel Sambursky, Der Weg der Physik; Artemis, Zürich und München 1975

[163]   Erhard Scheibe, Die Entstehung des wissenschaftlichen Realismus: Boltzmann, Planck, Einstein; Preprint 19/1993 des ZHS, Universität Leipzig, 1993

[164]   Erhard Scheibe, Die Reduktion physikalischer Theorien – I; Springer, Heidelberg 1997

[165]   Paul Arthur Schilpp (Hg.), Albert Einstein als Philosoph und Naturforscher; Vieweg, Braunschweig 1979

[166]   George N. Schlesinger, The Power of Thought Experiments; Foundations of Physics 26, 467 (1996) (Gde)

[167]   H. J. Schlichting und B. Rodewald, Von großen und kleinen Tieren; Praxis der Naturwissenschaften – Physik 5/37, S. 2 (1988)

[168]   Venan Schubert (Hg.), Der Raum; Eos Verlag, Erzabtei St. Ottilien 1987

[169]   Volkmar Schüller, Der Leibniz-Clarke Briefwechsel; Akademie Verlag, Berlin 1991

[170] Emilio Segrè, Von den fallenden Körpern zu den elektromagnetischen Wellen; Piper, München 1984

[171] Roman Sexl und Herbert K. Schmidt, Raum – Zeit – Relativität; Vieweg, Braunschweig 1978

[172] Abner Shimony, Our Worldview and Microphysics; in [41]

[173] K. Simonyi, Kulturgeschichte der Physik; Harri Deutsch, Thun 2001

[174] M. v. Smoluchowski, Gültigkeitsgrenzen des Zweiten Hauptsatzes der Wärmetheorie; in: Mathematische Vorträge an der Universität Göttingen: IV – Vorträge über die Kinetische Theorie der Materie und der Elektrizität; B. G. Teubner, Berlin 1914

[175] Roy Sorensen, Thought Experiments; American Scientist 79, 250 (1991) (Gde)

[176] Roy A. Sorensen, Thought Experiments; Oxford University Press, New York 1992 (Gde)

[177] M. J. Sparnaay: Physica (Utrecht) 24, 751 (1958)

[178] Euan Squires, Is the Universe mathematical?; Physics World August 1990, S. 13

[179] Henry P. Stapp, S-Matrix Interpretation of Quantum Theory; Phys. Rev. D3, 1303 (1971)

[180] Henry P. Stapp, The Copenhagen Interpretation; Am J. Phys. 40, 1089 (1972); nachgedruckt in [5]

[181] Henry P. Stapp, Bell's Theorem and World Process; NC 29B, 270 (1975)

[182] Henry P. Stapp, Whiteheadian Approach to Quantum Theory and the Generalized Bell's Theorem; Found. Phys. 9, 1 (1979)

[183] Henry P. Stapp, Bell's Theorem and the foundations of quantum physics; Am. J. Phys. 53, 306 (1985)

[184] Henry P. Stapp, Are faster-than-light influences necessary?; in: Franco Selleri (Ed.): Quantum Mechanics Versus Local Realism; Plenum Press, New York 1988

[185] Wolfgang Stegmüller, Wissenschaftliche Erklärung und Begründung; Springer, Berlin 1969

[186] Jonathan Swift, Gullivers Reisen; Wiss. Buchgesellschaft, Darmstadt 1958

[187] Albert Neuburger, Die Technik des Altertums; Reprint-Verlag Leipzig, Holzminden, Nachdruck der Ausgabe von 1919

[188] W. Tittel et. al., Violation of Bell Inequalities by Photons More Than 10 km Apart; Phys. Rev. Lett. 81, 3563 (1998)

[189] Lev Vaidman, On the realisation of interaction-free measurements; Quantum Optics 6, 119 (1994)

[190] Steven Vogel, Life's Devices; Princeton University Press, Princeton 1988

[191] Gerhard Vollmer, Evolutionäre Erkenntnistheorie; S. Hirzel, Stuttgart 1994

[192] Th. Walther und E. S. Fry, Ein neues Einstein-Podolsky-Rosen-Experiment; Phys. Bl. 53, 229 (1997)

[193] Steven Weinberg, Der Traum von der Einheit des Universums; Bertelsmann, München 1993

[194] Victor F. Weisskopf, Of Atoms, Mountains, and Stars: A Study in Qualitative Physics; Science, Band 187, Nummer 4177, S. 605 (Gde)

[195] Carl Friedrich von Weizsäcker, Die Einheit der Natur; dtv, München 1974

[196] Hermann Weyl, Gesammelte Abhandlungen – IV; K. Chandrasekharan (Hg.); Springer, Berlin 1968

[197] John Archibald Wheeler und W. H. Zurek (Eds.), Quantum Theory and Measurement; Princeton University Press, Princeton 1983

[198] John Archibald Wheeler, Gravitation und Raumzeit; Spektrum Akademischer Verlag, Heidelberg 1992

[199] John Archibald Wheeler, Am. J. Phys. 51, 396 (1983)

[200] John Archibald Wheeler, At Home in the Universe; AIP Press, Woodbury 1994

[201] A. N. Whitehead, Process and Reality; The Free Press, New York 1978

[202] E. P. Wigner, The Unreasonable Effectiveness of Mathematics in the Natural Sciences; Commun. Pure Appl. Math. 13, 1 (1960)

[203] Moses Fayngold, Special Relativity and Motions Faster than Light; Wiley-VCH, Weinheim 2002

[204] D. Wick, The Infamous Boundary; Birkhäuser, Boston 1995

[205] Ludwig Wittgenstein, Schriften; Suhrkamp, Frankfurt/M. 1960

[206] Ludwig Wittgenstein, Bemerkungen über die Grundlagen der Mathematik; Suhrkamp, Frankfurt/M. 1994

[207] W. K. Wooters and W. H. Zurek, A single quantum cannot be cloned; Nature 299, 802 (1982)

[208] Wolfgang Yourgrau, On the logical status of so-called thought experiments; in: Proceedings of the Xth International Congress of the History of Science, 1964 (Gde)

[209] Wolfgang Yourgrau, On models and thought experiments in quantum theory; in: G. Rienäcker (Hg.) Monatsberichte der Deutschen Akademie der Wissenschaften zu Berlin, Band 9, S. 886; Akademie-Verlag, Berlin 1967 (Gde)

[210] Manfred Zahn, Einführung in Kants Theorie des Raumes; in: Venant Schubert (Hg.): Der Raum; Eos Verlag, Erzabtei St. Ottilien 1987

[211] Leo Sartori, Understanding Relativity; University of California Press, Berkeley 1996

[212] Paul A. Tipler, Elementary Modern Physics; Worth Publishers, New York 1992

[213] M. Berry, Kosmologie und Gravitation; Teubner, Stuttgart 1990

[214] Harvey S. Left und Andrew F. Rex (Hg.), Maxwell's Demon 2 – Entropy, Classical and Quantum Information, Computing; Institute of Physics Publishing IoP, Bristol 2003

[215] Henri Poincaré, Wissenschaft und Hypothese; Xenomos, Berlin 2003

[216] Albert Einstein, Geometrie und Erfahrung; Springer, Berlin 1921

[217] Henning Genz, Die quantenmechanischen Grundzustände physikalischer Systeme, Praxis der Naturwissenschaften – Physik in der Schule, 3/50, 50. Jahrgang, 15. April 2001, S. 10

[218] Abraham Pais, «Subtle is the Lord ...» – The science and life of Albert Einstein; Clarendon Press, Oxford 1982

[219] Henning Genz, Das Zwillingsparadoxon; Physik in unserer Zeit, 33. Jahrg. 2002, Nr. 5, S. 226 (Gde)

[220] John Stachel, The Rigidly Rotating Disk as the «Missing Link» in the History of General Relativity; in: Don Howard und John Stachel (Ed.), Einstein and the History of General Relativity; Birkhäuser, Boston 1989 (Gde)

Register

Quellen der Abbildungen

Alle nicht näher genannten Abbildungen entstammen der 1999 im Verlag Wiley-VCH, Weinheim, erschienenen Originalausgabe von «Gedankenexperimente».

Die Abbildungen 3, 4, 8, 11, 14, 18, 20, 25, 26, 31, 37, 58, 59 und 60 hat Holger Trepke nach Vorlagen des Autors gezeichnet.

Weitere Abbildungen sind einigen im Literaturverzeichnis genannten Büchern entnommen: 5 [75], 6 [130], 7 [74], 29 [76], 33 [76], 36 [187], 41 [85], 43 [20], 48 [217]. Wir danken den Verlagen für ihre freundliche Erlaubnis.